21世纪高等学校计算机教育实用规划教材

C#程序设计及项目实践
(第二版)

于世东 邵中 主编
刘春颖 卜霄菲 王艳 副主编

清华大学出版社
北京

内 容 简 介

本书系统地讲解了C#语言的基础语法和高级应用。每一章的内容从一个问题开始,按照"提出问题"→"分析问题"→"明确目标"→"学习知识"→"解决问题"→"总结提高"的思路进行编写。每一部分的知识点都给出了应用案例,并对案例进行了剖析,有利于读者自我学习。综合案例采用三层架构开发的Web应用程序,对开发工具、技术和开发过程进行了全面讲解,读者学习后可以举一反三。本书内容包括:C#语法基础;面向对象程序设计、泛型;Windows程序设计;文件操作、数据库操作;异常处理、网络编程和多线程;综合开发案例全程讲解;课后习题;实训指导。

本书可作为高等院校C#程序设计相关课程的教材,也可供广大.NET开发人员学习和参考。

本书封面贴有清华大学出版社防伪标签,无标签者不得销售。

版权所有,侵权必究。举报: 010-62782989, beiqinquan@tup.tsinghua.edu.cn。

图书在版编目(CIP)数据

C#程序设计及项目实践/于世东,邵中主编. —2版. —北京:清华大学出版社,2017(2021.1重印)
(21世纪高等学校计算机教育实用规划教材)
ISBN 978-7-302-46557-7

Ⅰ. ①C… Ⅱ. ①于… ②邵… Ⅲ. ①C语言-程序设计-高等学校-教材 Ⅳ. ①TP312

中国版本图书馆CIP数据核字(2017)第030195号

责任编辑:贾 斌
封面设计:常雪影
责任校对:焦丽丽
责任印制:杨 艳

出版发行:清华大学出版社
网　　址:http://www.tup.com.cn, http://www.wqbook.com
地　　址:北京清华大学学研大厦A座
邮　　编:100084
社 总 机:010-62770175
邮　　购:010-83470235
投稿与读者服务:010-62776969, c-service@tup.tsinghua.edu.cn
质量反馈:010-62772015, zhiliang@tup.tsinghua.edu.cn
课件下载:http://www.tup.com.cn, 010-83470236

印 装 者:北京富博印刷有限公司
经　　销:全国新华书店
开　　本:185mm×260mm　　印　张:24.5　　字　数:592千字
版　　次:2013年9月第1版　2017年4月第2版　　印　次:2021年1月第4次印刷
印　　数:4201~4700
定　　价:49.80元

产品编号:070482-01

出 版 说 明

随着我国高等教育规模的扩大以及产业结构调整的进一步完善,社会对高层次应用型人才的需求将更加迫切。各地高校紧密结合地方经济建设发展需要,科学运用市场调节机制,合理调整和配置教育资源,在改革和改造传统学科专业的基础上,加强工程型和应用型学科专业建设,积极设置主要面向地方支柱产业、高新技术产业、服务业的工程型和应用型学科专业,积极为地方经济建设输送各类应用型人才。各高校加大了使用信息科学等现代科学技术提升、改造传统学科专业的力度,从而实现传统学科专业向工程型和应用型学科专业的发展与转变。在发挥传统学科专业师资力量强、办学经验丰富、教学资源充裕等优势的同时,不断更新教学内容、改革课程体系,使工程型和应用型学科专业教育与经济建设相适应。计算机课程教学在从传统学科向工程型和应用型学科转变中起着至关重要的作用,工程型和应用型学科专业中的计算机课程设置、内容体系和教学手段及方法等也具有不同于传统学科的鲜明特点。

为了配合高校工程型和应用型学科专业的建设和发展,急需出版一批内容新、体系新、方法新、手段新的高水平计算机课程教材。目前,工程型和应用型学科专业计算机课程教材的建设工作仍滞后于教学改革的实践,如现有的计算机教材中有不少内容陈旧(依然用传统专业计算机教材代替工程型和应用型学科专业教材),重理论、轻实践,不能满足新的教学计划、课程设置的需要;一些课程的教材可供选择的品种太少;一些基础课的教材虽然品种较多,但低水平重复严重;有些教材内容庞杂,书越编越厚;专业课教材、教学辅助教材及教学参考书短缺,等等,都不利于学生能力的提高和素质的培养。为此,在教育部相关教学指导委员会专家的指导和建议下,清华大学出版社组织出版本系列教材,以满足工程型和应用型学科专业计算机课程教学的需要。本系列教材在规划过程中体现了如下一些基本原则和特点。

(1)面向工程型与应用型学科专业,强调计算机在各专业中的应用。教材内容坚持基本理论适度,反映基本理论和原理的综合应用,强调实践和应用环节。

(2)反映教学需要,促进教学发展。教材规划以新的工程型和应用型专业目录为依据。教材要适应多样化的教学需要,正确把握教学内容和课程体系的改革方向,在选择教材内容和编写体系时注意体现素质教育、创新能力与实践能力的培养,为学生知识、能力、素质协调发展创造条件。

(3)实施精品战略,突出重点,保证质量。规划教材建设仍然把重点放在公共基础课和专业基础课的教材建设上;特别注意选择并安排一部分原来基础比较好的优秀教材或讲义修订再版,逐步形成精品教材;提倡并鼓励编写体现工程型和应用型专业教学内容和课程体系改革成果的教材。

(4) 主张一纲多本,合理配套。基础课和专业基础课教材要配套,同一门课程可以有多本具有不同内容特点的教材。处理好教材统一性与多样化,基本教材与辅助教材,教学参考书,文字教材与软件教材的关系,实现教材系列资源配套。

(5) 依靠专家,择优选用。在制订教材规划时要依靠各课程专家在调查研究本课程教材建设现状的基础上提出规划选题。在落实主编人选时,要引入竞争机制,通过申报、评审确定主编。书稿完成后要认真实行审稿程序,确保出书质量。

繁荣教材出版事业,提高教材质量的关键是教师。建立一支高水平的以老带新的教材编写队伍才能保证教材的编写质量和建设力度,希望有志于教材建设的教师能够加入到我们的编写队伍中来。

21 世纪高等学校计算机教育实用规划教材编委会
联系人:魏江江 weijj@tup.tsinghua.edu.cn

前言

C#语言是一种安全的、稳定的、简单的、优雅的面向对象编程语言。它在继承C和C++强大功能的同时去掉了它们的一些复杂特性(例如,没有宏以及不允许多重继承)。C#综合了VB简单的可视化操作和C++的高运行效率,以其强大的操作能力、优雅的语法风格、创新的语言特性和便捷的面向组件编程等特性成为.NET开发的首选语言。

C#增强了开发者的效率,同时也致力于消除编程中可能导致严重结果的错误。C#使C/C++程序员可以快速进行网络开发,同时也保持了开发者所需要的强大性和灵活性。

1. 编写背景

国家中长期教育改革和发展规划纲要(2010—2020)指出:坚持能力为重。优化知识结构,丰富社会实践,强化能力培养。着力提高学生的学习能力、实践能力、创新能力,教育学生学会知识技能,学会动手动脑。

本教材就是按照构建创新型、应用型人才培养模式的要求,突出对学生实践应用能力的培养,适应社会需求。从问题开始,按照"提出问题"→"分析问题"→"明确目标"→"学习知识"→"解决问题"→"总结提高"的思路编写。激发学生学习的主动性,提高学生的思考能力和创新应用能力。

2. 本书内容

在第一版的基础上,本书对原有的部分内容进行了精简,增加了部分习题。根据实际应用的需要,新增了LINQ集成查询和网络编程的内容,包括以下6部分。

(1) C#语法基础:包括基本语法、类型系统、表达式和流程控制。

(2) 面向对象程序设计:包括类、接口、继承和多态性、泛型。

(3) Windows程序设计:包括各种常用控件的使用和GDI+编程。

(4) 商业开发的知识:包括文件操作、数据库操作、异常处理、网络编程和多线程编程。

(5) 综合开发案例全程讲解。

(6) 实训指导。

3. 本书特色

(1) 充分研讨,适合教学。作者根据多年的实际教学经验,在内容深度、编程方法和案例选择等方面进行了深入的分析和研讨,使本书内容尽量满足高等院校学生的学习需要。

(2) 由浅入深,通俗易懂。书中知识点的讲解尽量用简洁、形象的语言来表达,避免过于冗长和烦琐的表述。

(3) 问题导入,以问开始。每一章的内容从一个问题开始,按照"提出问题"→"分析问题"→"明确目标"→"学习知识"→"解决问题"→"总结提高"的思路编写。

(4) 案例丰富,以用促学。书中每一个知识点都有相应的应用案例,案例程序符合实际应用,减少理论知识的讲解,通过实践应用让读者来领悟知识的内涵。

(5) 案例讲解,满足自学。对每一个案例的程序都进行了分析讨论,特别是涉及扩充知识的会详细说明,有利于读者很好地自我学习。

(6) 校企合作,保证质量。本书的作者既有院校的一线授课教师,也有 IT 企业的资深技术人员,将教师的教学经验与工程技术人员的工程实践经验相结合,满足培养应用实践型人才的需要。

(7) 代码详细,配套完善。书中每个案例都有详细的源代码,另外提供相应的 PPT 课件、实训指导、习题及参考答案、综合开发案例,满足课堂教学、课后练习、上机实验和课程设计的一体化需要。

4. 读者对象

本书以问题导入知识的学习,通过丰富的案例和案例剖析,帮助读者在实践中体会知识的应用,通过问题的解决获得学习的成就感。综合案例是采用三层架构开发的 Web 应用程序,对开发工具、技术和开发过程进行了全面讲解,读者学习后可以举一反三。本书可作为高等院校 C#程序设计相关课程的教材,也可供广大.NET 开发人员学习和参考。

本书第 3、4、6、7、9、12、13 章由于世东编写,第 1、2 章由邵中编写,第 10 章由刘春颖编写,第 8 章由卜宵菲编写,第 5、第 11 章由王艳编写。辽宁省信息中心高级工程师高山对第 12、13 章的编写进行了指导。杜庆东教授审阅了全稿并提出了许多有益的意见。沈阳工业大学牛连强教授在本书编写过程中给予了指点和帮助,在此谨向他们表示衷心的感谢。感谢清华大学出版社在本书的出版过程中给予的支持。

由于作者学识浅陋,见闻不广,书中必然存在不足之处,敬请读者批评、指正和建议。作者的 E-mail 地址是:ysd0510@sina.com,欢迎读者与作者进行交流和探讨。

编 者

2017 年 3 月

目 录

第1章 概述 ··· 1
  1.1 Microsoft.NET 技术 ·· 1
    1.1.1 Microsoft.NET 概述 ··· 1
    1.1.2 Microsoft.NET 框架 ··· 1
  1.2 C♯语言简介 ·· 3
    1.2.1 C♯的起源 ·· 3
    1.2.2 C♯语言的特点 ·· 4
  1.3 Visual Studio 2012 开发环境 ·· 4
    1.3.1 安装 Visual Studio 2012 ··· 4
    1.3.2 熟悉 Visual Studio 2012 开发环境 ·· 6
  1.4 第一个 C♯程序 ·· 9
  1.5 程序的调试与规范 ·· 10
    1.5.1 断点设置与程序调试 ··· 10
    1.5.2 C♯编写命名建议 ·· 11
  小结 ··· 11
  课后练习 ··· 12

第2章 C♯编程基础 ··· 13
  2.0 问题导入 ·· 13
  2.1 数据类型 ·· 13
    2.1.1 值类型和引用类型概述 ··· 13
    2.1.2 值类型 ··· 14
    2.1.3 引用类型 ··· 17
  2.2 常量与变量 ·· 17
    2.2.1 变量 ··· 17
    2.2.2 常量 ··· 18
    2.2.3 隐式类型的局部变量 ··· 18
  2.3 类型转换 ·· 19
    2.3.1 隐式转换 ··· 19
    2.3.2 显式转换 ··· 20
    2.3.3 使用 Convert 类转换 ··· 21

2.3.4 装箱和拆箱 …………………………………………………………………… 23
2.3.5 数值和字符串之间的转换 …………………………………………………… 23
2.4 操作符和表达式 …………………………………………………………………………… 23
2.4.1 算术操作符 …………………………………………………………………… 23
2.4.2 自增和自减操作符 …………………………………………………………… 24
2.4.3 位操作符 ……………………………………………………………………… 24
2.4.4 赋值操作符 …………………………………………………………………… 26
2.4.5 关系操作符 …………………………………………………………………… 26
2.4.6 逻辑操作符 …………………………………………………………………… 27
2.4.7 条件操作符 …………………………………………………………………… 28
2.4.8 运算符的优先级 ……………………………………………………………… 29
2.5 流程控制语句 ……………………………………………………………………………… 29
2.5.1 分支语句 ……………………………………………………………………… 29
2.5.2 循环语句 ……………………………………………………………………… 33
2.5.3 跳转语句 ……………………………………………………………………… 37
2.6 数组和枚举 ………………………………………………………………………………… 41
2.6.1 数组的定义和使用 …………………………………………………………… 41
2.6.2 Array 类 ……………………………………………………………………… 45
2.6.3 匿名数组 ……………………………………………………………………… 47
2.6.4 枚举的定义和使用 …………………………………………………………… 47
2.7 字符串 ……………………………………………………………………………………… 49
2.7.1 字符串的创建与表示形式 …………………………………………………… 49
2.7.2 字符串比较 …………………………………………………………………… 50
2.7.3 字符串查找 …………………………………………………………………… 50
2.7.4 求子字符串 …………………………………………………………………… 52
2.7.5 字符串的插入、删除与替换 ………………………………………………… 52
2.7.6 移除首尾指定的字符 ………………………………………………………… 52
2.7.7 字符串的合并与拆分 ………………………………………………………… 53
2.7.8 字符串中字母的大小写转换 ………………………………………………… 54
2.7.9 String 与 StringBuilder 的区别 ……………………………………………… 54
2.8 问题解决 …………………………………………………………………………………… 55
小结 ………………………………………………………………………………………………… 57
课后练习 …………………………………………………………………………………………… 57

第 3 章 面向对象编程基础 …………………………………………………………………………… 61
3.0 问题导入 …………………………………………………………………………………… 61
3.1 类的定义 …………………………………………………………………………………… 61
3.1.1 类的声明与成员组织 ………………………………………………………… 61
3.1.2 字段和局部变量 ……………………………………………………………… 63
3.1.3 静态成员和实例成员 ………………………………………………………… 64

        3.1.4　访问修饰符 ·· 66
    3.2　构造函数和析构函数 ·· 68
        3.2.1　构造函数 ·· 68
        3.2.2　析构函数 ·· 68
    3.3　类的方法 ·· 70
        3.3.1　方法的声明 ·· 70
        3.3.2　方法中的参数传递 ·· 70
        3.3.3　方法重载 ·· 76
    3.4　属性与索引器 ·· 77
        3.4.1　属性 ·· 77
        3.4.2　索引器 ·· 80
    3.5　结构 ·· 82
        3.5.1　结构的定义及特点 ·· 82
        3.5.2　结构的使用 ·· 82
    3.6　操作符重载 ·· 83
    3.7　问题解决 ·· 86
    小结 ·· 88
    课后练习 ·· 88

第4章　面向对象高级编程 ·· 93
    4.0　问题导入 ·· 93
    4.1　继承 ·· 93
        4.1.1　基类和派生类 ·· 94
        4.1.2　继承过程中的构造函数和析构函数 ·· 95
    4.2　多态 ·· 98
        4.2.1　成员的虚拟和重写 ·· 98
        4.2.2　成员隐藏 ·· 100
    4.3　抽象类 ·· 102
    4.4　密封类 ·· 103
    4.5　接口 ·· 105
        4.5.1　接口的声明与实现 ·· 105
        4.5.2　显式方式实现接口 ·· 107
    4.6　委托与事件 ·· 108
        4.6.1　委托 ·· 108
        4.6.2　事件 ·· 109
    4.7　泛型 ·· 112
        4.7.1　泛型的定义和使用 ·· 112
        4.7.2　可空类型的泛型 ·· 114
    4.8　泛型集合 ·· 115
        4.8.1　列表 ·· 115

4.8.2　字典 ··· 117
4.9　问题解决 ··· 119
小结 ··· 121
课后练习 ·· 122

第 5 章　Windows 程序设计 ·· 125

5.0　问题导入 ··· 125
5.1　Windows 窗体 ··· 126
　　5.1.1　Windows 窗体简介 ·· 126
　　5.1.2　创建简单的 Windows Form ····································· 126
5.2　窗体控件 ··· 128
　　5.2.1　文本输入类控件 ··· 128
　　5.2.2　选择类控件 ··· 132
　　5.2.3　列表控件 ·· 137
　　5.2.4　容器 ·· 143
　　5.2.5　菜单、状态栏和工具栏 ··· 148
　　5.2.6　对话框 ··· 152
　　5.2.7　其他常用控件 ··· 155
5.3　多文档界面 ·· 159
　　5.3.1　设置 MDI 窗体 ··· 159
　　5.3.2　排列子窗体 ··· 160
5.4　GDI＋编程 ··· 161
　　5.4.1　创建 Graphics 对象 ··· 161
　　5.4.2　创建 Pen 对象 ·· 162
　　5.4.3　创建 Brush 对象 ··· 162
　　5.4.4　绘制基本图形 ··· 164
5.5　问题解决 ··· 165
小结 ··· 172
课后练习 ·· 172

第 6 章　目录与文件管理 ·· 173

6.0　问题导入 ··· 173
6.1　目录管理 ··· 173
　　6.1.1　DirectoryInfo 类 ·· 173
　　6.1.2　Directory 类 ··· 176
　　6.1.3　Path 类 ··· 177
6.2　文件管理 ··· 179
　　6.2.1　FileInfo 类 ··· 179
　　6.2.2　File 类 ·· 181
6.3　驱动器管理 ·· 182

6.4 文件的读写 ··· 184
    6.4.1 文件编码 ··· 184
    6.4.2 Stream 类 ·· 184
    6.4.3 StreamReader 和 StreamWriter 类 ······························· 186
    6.4.4 BinaryReader 和 BinaryWriter 类 ································ 188
6.5 问题解决 ··· 189
小结 ··· 191
课后练习 ·· 191

第 7 章 数据库与 ADO.NET ··· 194

7.0 问题导入 ··· 194
7.1 ADO.NET 简介 ·· 194
7.2 数据源连接 ·· 196
    7.2.1 操作数据库的简单示例 ·· 196
    7.2.2 通过向导的方式建立数据库连接 ·································· 199
    7.2.3 通过编程的方式建立数据库连接 ·································· 200
    7.2.4 连接字符串 ··· 202
    7.2.5 连接池的使用 ·· 203
7.3 Command 对象与 DataReader 对象 ·································· 204
    7.3.1 Command 对象与 DataReader 对象简介 ························ 204
    7.3.2 建立 SqlCommand 对象 ·· 205
    7.3.3 使用 SqlCommand 执行 SQL 语句 ······························ 205
7.4 DataAdapter 对象与 DataSet 对象 ···································· 209
    7.4.1 SqlDataAdapter 对象 ·· 210
    7.4.2 DataTable 对象 ·· 212
    7.4.3 DataSet 对象 ··· 214
7.5 存储过程 ··· 216
7.6 综合实例 ··· 219
7.7 问题解决 ··· 222
小结 ··· 230
课后练习 ·· 230

第 8 章 LINQ 语言集成查询 ··· 232

8.0 问题导入 ··· 232
8.1 LINQ 概述 ·· 232
8.2 LINQ 预备知识 ·· 233
    8.2.1 对象和集合初始化器 ·· 233
    8.2.2 Lambda 表达式 ·· 234
    8.2.3 扩展方法 ·· 235
8.3 LINQ 查询 ··· 236

8.3.1　查询步骤 ………………………………………………………… 236
　　8.3.2　查询方法定义查询 ……………………………………………… 237
　　8.3.3　查询表达式定义查询 …………………………………………… 240
8.4　LINQ to SQL …………………………………………………………… 243
　　8.4.1　创建对象映射模型 ……………………………………………… 243
　　8.4.2　设定 DataContext ……………………………………………… 244
　　8.4.3　LINQ to SQL 查询和操作 ……………………………………… 244
小结 ……………………………………………………………………………… 246
课后练习 ………………………………………………………………………… 246

第 9 章　异常处理 …………………………………………………………… 248

9.0　问题导入 ………………………………………………………………… 248
9.1　错误和异常 ……………………………………………………………… 248
9.2　C# 中的异常处理结构 ………………………………………………… 251
　　9.2.1　使用 try-catch 语句捕捉异常 ………………………………… 251
　　9.2.2　使用 try-catch-finally 语句捕捉异常 ………………………… 252
　　9.2.3　使用 throw 语句抛出异常 …………………………………… 254
9.3　C# 中异常的层次结构 ………………………………………………… 255
　　9.3.1　异常传播 ………………………………………………………… 255
　　9.3.2　Exception 类和常见异常类型 ………………………………… 257
9.4　使用异常的原则和技巧 ………………………………………………… 259
9.5　问题解决 ………………………………………………………………… 259
小结 ……………………………………………………………………………… 261
课后练习 ………………………………………………………………………… 261

第 10 章　网络编程 ………………………………………………………… 266

10.0　问题导入 ……………………………………………………………… 266
10.1　网络编程基础 ………………………………………………………… 266
10.2　主机的定义及管理 …………………………………………………… 267
　　10.2.1　IPAddress 类 ………………………………………………… 267
　　10.2.2　IPEndPoint 类 ………………………………………………… 267
　　10.2.3　Dns 类 ………………………………………………………… 269
10.3　Socket 网络通信 ……………………………………………………… 269
　　10.3.1　Socket 连接原理 ……………………………………………… 269
　　10.3.2　Socket 数据处理模式 ………………………………………… 270
　　10.3.3　Socket 类 ……………………………………………………… 270
10.4　TcpClient 类和 TcpListener 类 …………………………………… 273
　　10.4.1　TcpClient 类 ………………………………………………… 274
　　10.4.2　TcpListener 类 ……………………………………………… 275
　　10.4.3　TcpListener 类和 TcpClient 类应用 ……………………… 276

10.5 UdpClient 类	279
小结	281
课后练习	281

第 11 章 进程和线程技术 … 283

- 11.0 问题导入 … 283
- 11.1 进程与线程 … 283
- 11.2 进程 … 284
- 11.3 线程概述 … 287
  - 11.3.1 线程的定义和分类 … 287
  - 11.3.2 多线程的使用 … 287
  - 11.3.3 线程的生命周期和状态 … 288
  - 11.3.4 线程对象和属性 … 289
- 11.4 线程调度 … 289
  - 11.4.1 创建线程 … 289
  - 11.4.2 线程休眠 … 290
  - 11.4.3 终止线程 … 291
- 11.5 线程优先级 … 294
- 11.6 线程同步 … 295
  - 11.6.1 线程同步机制 … 295
  - 11.6.2 使用 lock 关键字实现线程同步 … 296
  - 11.6.3 使用 Monitor 驱动对象实现线程同步 … 298
  - 11.6.4 使用 Mutex 类实现线程同步 … 300
- 11.7 问题解决 … 301
- 小结 … 303
- 课后练习 … 303

第 12 章 综合实例——图书馆管理系统 … 305

- 12.1 开发背景 … 305
- 12.2 需求分析 … 305
- 12.3 系统设计 … 306
  - 12.3.1 系统目标 … 306
  - 12.3.2 业务流程图 … 306
  - 12.3.3 系统功能结构 … 307
  - 12.3.4 系统预览 … 307
  - 12.3.5 数据库设计 … 308
- 12.4 系统架构的设计与实现 … 311
- 12.5 数据访问层的设计与实现 … 313
  - 12.5.1 数据实体类的设计与实现 … 313
  - 12.5.2 数据访问类的设计与实现 … 315

  12.5.3 其他问题说明 ······ 320
 12.6 业务逻辑层的设计与实现 ······ 321
 12.7 呈现层的设计与实现 ······ 322
  12.7.1 母版页的设计 ······ 323
  12.7.2 系统首页的设计 ······ 326
  12.7.3 典型模块的设计 ······ 329
 12.8 发布和部署应用 ······ 337
 小结 ······ 340

第 13 章 实训指导 ······ 341

 13.1 实训 1 熟悉 C♯ 开发环境 ······ 341
  13.1.1 实训目的和要求 ······ 341
  13.1.2 题目 1 如何运行和中断程序 ······ 341
  13.1.3 题目 2 模拟邮箱注册 ······ 342
  13.1.4 题目 3 创建和调用 C♯ 类库程序 ······ 342
 13.2 实训 2 C♯ 数据类型与数组 ······ 343
  13.2.1 实训目的和要求 ······ 343
  13.2.2 题目 1 定义用户结构体 ······ 343
  13.2.3 题目 2 数组的统计运算 ······ 344
  13.2.4 题目 3 使用 DateTime 结构 ······ 345
 13.3 实训 3 表达式和流程控制 ······ 346
  13.3.1 实训目的和要求 ······ 346
  13.3.2 题目 1 计算购物金额 ······ 346
  13.3.3 题目 2 计算最小公倍数和最大公约数 ······ 347
  13.3.4 题目 3 冒泡排序算法的实现 ······ 348
 13.4 实训 4 类和结构 ······ 349
  13.4.1 实训目的和要求 ······ 349
  13.4.2 题目 1 圆类 ······ 349
  13.4.3 题目 2 用户注册登录模型 ······ 350
  13.4.4 题目 3 按销量对图书排序 ······ 350
 13.5 实训 5 继承和多态 ······ 351
  13.5.1 实训目的和要求 ······ 351
  13.5.2 题目 1 顾客类的派生 ······ 352
  13.5.3 题目 2 汽车类的派生与多态 ······ 353
  13.5.4 题目 3 管理学生信息 ······ 353
 13.6 实训 6 接口和泛型 ······ 354
  13.6.1 实训目的和要求 ······ 354
  13.6.2 题目 1 接口定义和实现 ······ 355
  13.6.3 题目 2 泛型方法 ······ 356
  13.6.4 题目 3 泛型集合 ······ 356

13.7　实训 7　Windows 应用程序 ·· 357
　　13.7.1　实训目的和要求 ··· 357
　　13.7.2　题目 1　计算器的设计 ··· 358
　　13.7.3　题目 2　菜单设计 ·· 358
　　13.7.4　题目 3　多文档界面设计 ··· 359
　　13.7.5　题目 4　控件综合应用 ··· 360
13.8　实训 8　GDI＋编程 ··· 362
　　13.8.1　实训目的和要求 ··· 362
　　13.8.2　题目 1　基本图形绘制 ··· 363
　　13.8.3　题目 2　绘制实体图形 ··· 363
　　13.8.4　题目 3　绘制图形和文字 ··· 364
13.9　实训 9　文件和流 ·· 365
　　13.9.1　实训目的和要求 ··· 365
　　13.9.2　题目 1　目录的管理 ·· 365
　　13.9.3　题目 2　文件的管理 ·· 366
13.10　实训 10　数据库应用 ·· 367
　　13.10.1　实训目的和要求 ·· 367
　　13.10.2　题目 1　数据库显示 ··· 367
　　13.10.3　题目 2　数据库操作 ··· 368
　　13.10.4　题目 3　学生信息的管理 ··· 369
13.11　实训 11　异常处理 ·· 370
　　13.11.1　实训目的和要求 ·· 370
　　13.11.2　题目 1　处理运算溢出异常 ··· 370
　　13.11.3　题目 2　自定义异常及处理 ··· 371

参考文献 ··· 372

第1章 概 述

C♯语言(读作 C Sharp)是 .NET 平台为应用开发而全新设计的一种现代编程语言,它可以生成在 .NET Framework 上运行的多种应用程序,包括本地程序和 Web 程序等。C♯是一种语法简单、功能强大、类型安全的面向对象语言,C♯语句既保持了 C 语言的优美语法形式,又在语法上与 C++ 和 Java 非常相似,因此,C++ 和 Java 的程序员可以非常容易地掌握 C♯程序设计。另外,它还提供了庞大的 Windows 开发接口,从而实现了应用程序的快速开发。

本章从介绍 .NET 技术开始,为读者提供一个 C♯快速入门级的指导,从而帮助读者对 C♯有一个初步的了解,为今后的进一步学习做好准备。

1.1 Microsoft.NET 技术

1.1.1 Microsoft.NET 概述

Internet 技术在 20 世纪 60 年代末才开始起步,却成为人类历史上意义最为深刻的变革之一。附着计算机网络技术的逐步成熟,网络上的资源(包括数据和服务)也随之迅速增长。如何有效地组织、维护与利用这些庞杂的非结构化海量数据便成为亟待解决的问题,传统的软件开发方法面临着前所未有的挑战。为了突破时间、地域及平台的限制,提高软件系统的重用和集成能力,为了更加有效地利用网络资源,Microsoft.NET 应运而生。2000 年 6 月,微软公司宣布了自己的 .NET 战略,推出了面向第三代 Internet 的计算计划——Microsoft.NET。从技术角度理解,.NET 是一个全新的计算平台,它的主要特点如下:

(1) 面向异构网络、硬件平台和操作系统,为软件提供最大限度的可扩展性、互操作性及可重用性。例如,它能够将 PC 上的软件方便地移植到手机、PDA 等终端中。

(2) 实现软件系统之间的智能交互和协同工作,提高整个网络的效率和利用率,特别是实现企业级的系统集成和资源优化,给开放型企业的生产力水平带来质的飞跃。

(3) 提供一个标准化的、安全的、一致性的模型和环境,简化分布式应用程序的开发难度,从而大幅度提高软件系统的质量和生产率。例如,.NET 支持在不同编程语言开发的组件之间进行无缝的交互和集成。

1.1.2 Microsoft.NET 框架

.NET 框架是 .NET 平台的基础架构,其目的是为了更容易建立网络应用程序和网络服务。此外,Microsoft.NET 框架还规定了代码访问安全和基于角色的安全。通过代码访问安全机制,为应用程序指定完成工作所必需的权限,从而保障按照开发人员的意图全面、细致地设计安全可靠的应用程序。

如图1-1所示,.NET开发框架主要由以下几部分组成:公共语言运行时(Common Language Runtime,CLR),它是整个开发框架的基础;由CLR所提供的一组基本类库;在开发技术方面,.NET提供了全新的数据库访问技术ADO.NET,以及网络应用开发技术ASP.NET和Windows编程技术Windows Form;在开发语言方面,.NET提供了VB、C++、C#、JScript等多种语言支持;而Visual Studio.NET则是全面支持.NET的开发工具。

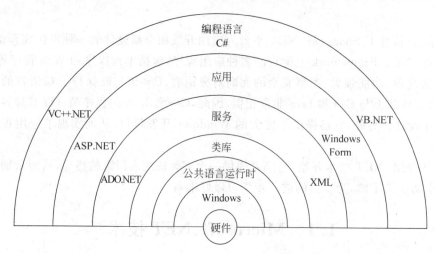

图1-1 .NET Framework框架结构

由此可以看出,.NET框架是开发、运行.NET应用程序的基础,它简化了Web服务和应用程序的开发,并使得.NET应用程序更为可靠、安全和易用。在.NET框架中,主要包括公共语言运行时和类库(Class Library)两项关键技术。

1. 公共语言运行时

在.NET应用程序执行过程中,公共语言运行时提供了一些服务并对这些服务进行管理。这些服务包括:增强安全性,管理内存、进程和线程,语言集成。从技术上说,公共语言运行时就是一个虚拟机,它为各种.NET应用提供了一个高性能、抽象于底层操作系统和硬件的运行时环境。CLR的主要功能体现在以下三个方面。

1) 管理代码的执行

各类.NET应用程序的代码被编译为通用中间语言。在程序执行时,CLR将通用中间语言翻译为具体的机器指令,负责加载所需的元数据类型、组件及其他各种资源,并在执行过程中提供安全性管理、错误处理、垃圾回收、版本控制等服务。

2) 提供通用类型系统

CLR利用通用类型系统对代码进行严格的验证,以保证组件和程序的可靠性。

3) 提供系统服务

CLR屏蔽了底层操作系统和硬件的差异,应用程序在该虚拟机上而不是操作系统上直接运行。在需要进行资源管理、内存分配、系统API访问等工作时,由CLR与操作系统打交道,这不仅简化了开发难度,也大大方便了程序的跨平台移植。

2. 类库

类库提供了一组标准和系统服务，为 Web 应用程序和 Web 服务提供了基本模块。类库提供了与 C++ 中的 Win32 API 相同的函数，并与命名空间相连。与一般的 DLL 和 API 不同，这个类库是以面向对象的方式提供的。利用命名空间和在它们中定义的类，可以访问平台的任何特性。如果希望自定义类的行为，可以从已有的类中派生出自己的类。具体来说，要引用这些类，只要用 Use 语句(C♯程序中)将对应的命名空间链入程序即可。

在 .NET 中，按照应用领域的不同，将类库划分为 4 个部分。

(1) 基本类库(Base Class Library，BCL)。

BCL 中提供了输入/输出、字符串操作、安全性管理、网络通信、线程管理、文本管理及其他函数等标准功能。例如 System.IO，它包含输入/输出服务。

(2) ADO.NET：数据和 XML 类。

ADO.NET 是下一代 ActiveX Data Object(ADO)技术。ADO.NET 提供了易于使用的类集，以访问数据。同时，微软希望统一 XML 文档中的数据，因此，ADO.NET 也提供了对 XML 的支持。因此 ADO.NET 的数据和 XML 类中包括两个命名空间：System.Data 和 System.XML。

(3) ASP.NET：Web 服务和 Web 窗体。

ASP.NET 是建立在 CLR 基础上的编程框架，用来建立强大的 Web 应用程序。其中，Web 窗体为建立动态 Web 用户界面提供了简单而有效的方法，Web 服务为以 Web 为基础的分布式应用程序提供了模块。

(4) Windows 窗体类。

Windows 窗体支持一组类，通过这些类可以开发基于 Windows 的 GUI 应用程序。此外，Windows 窗体类还为 .NET 框架下的所有编程语言提供了一个公共的、一致的开发界面。Windows 窗体类包括 System.WinForms 和 System.Drawing 两个命名空间。

总之，Microsoft.NET 开发框架在公共语言运行时的基础上，为开发者提供了完善的基本类库、数据库访问技术 ADO.NET、网络开发技术 ASP.NET，开发者可以使用多种语言及 Visual Studio 开发工具来快速构建下一代的网络应用。

1.2　C♯语言简介

C♯是微软公司开发的一种程序语言，也是 .NET 公共语言运行环境的内置语言之一。它完美地结合了 C/C++ 的强大功能、Java 的面向对象特征和 Visual Basic 的易用性，从而成为一种简单的类型安全、面向对象的编程语言。作为 .NET 的全新开发工具，C♯几乎集中了所有关于软件开发和软件工程研究的最新成果，包括面向对象、类型安全、组件技术、自动内存管理、跨平台异常处理、版本控制、代码安全管理等。

1.2.1　C♯的起源

在过去的 20 年内，C 和 C++ 的灵活性已经使其成为软件开发中广泛使用的编程语言，但是它们的灵活性是以牺牲开发效率为代价的。和其他的开发语言相比(比如 VB)，C/C++ 通常需要更长的开发周期。正是由于 C/C++ 开发的复杂性和开发周期长，所以许多 C/C++ 开发人员都在寻找一种可以在功能和开发效率间提供更多平衡的开发语言。

合理的C、C++替代语言应该对现存和潜在的平台上的高效开发提供有效的支持，并可以使Web开发非常方便地与现存的应用开发相结合。此外，应该提供一些C/C++开发人员在必要的时候使用底层编程的功能。

C♯语言就是微软公司对这一问题的解决方案。起初，微软公司在Java上花费了很大的精力，但在与Sun公司反垄断的诉讼中败诉，无法在Java方面有所发展。之后，微软公司利用其最佳资源，开发出了C♯语言。

1.2.2 C♯语言的特点

C♯是一种面向对象的编程语言，主要用于开发可以在.NET平台上运行的应用程序。C♯是从C和C++派生出来的一种简单、现代、面向对象和类型安全的编程语言，其语言体系都构建在.NET框架上，并且能够与.NET框架完美结合。C♯具有以下突出的特点。

(1) 语法简洁。不允许直接操作内存，去掉了指针操作。

(2) 彻底的面向对象设计。C♯具有面向对象语言所应有的一切特性——封装、继承和多态。

(3) 与Web紧密结合。C♯支持绝大多数的Web标准，如HTML、XML、SOAP等。

(4) 强大的安全机制。可以消除软件开发中的常见错误（如语法错误），.NET提供的垃圾回收器能够帮助开发者有效地管理内存资源。

(5) 兼容性。因为C♯遵循.NET的公共语言规范，从而保证能够与其他语言开发的组件兼容。

(6) 灵活的版本处理技术。因为C♯语言本身内置了版本控制功能，使得开发人员可以更容易地开发和维护。

(7) 完善的错误、异常处理机制。C♯提供了完善的错误和异常处理机制，使程序在交付应用时能够更加健壮。

1.3 Visual Studio 2012 开发环境

1.3.1 安装 Visual Studio 2012

1. 安装 Visual Studio 2012 的必备条件

安装Visual Studio 2012之前，需要了解安装Visual Studio 2012所需的必备条件，检查计算机的软硬件配置是否满足Visual Studio 2012开发环境的安装要求，具体要求如表1-1所示。

表1-1 安装 Visual Studio 2012 必备的条件

软 硬 件	描 述
处理器	1.6GHz处理器，建议使用2.0GHz双核处理器
RAM	1GB，建议使用2GB内存
可用硬盘空间	10GB
CD-ROM 或 DVD-ROM 驱动器	必须使用
显示器	分辨率：1024×768，增强色16位
操作系统及所需补丁	Windows 7 及以上

2. 安装 Visual Studio 2012

下面将详细介绍如何安装 Visual Studio 2012,其步骤如下。

(1) 将 Visual Studio 2012 安装盘放到光驱中,光盘自动运行后会进入安装程序界面。如果光盘不能自动运行,可以双击 vs_ultimate.exe 可执行文件,应用程序会自动跳转到如图 1-2 所示的"Visual Studio 2012 开始安装"界面,接着进入如图 1-3 所示的"Visual Studio 2012 安装程序"界面。

图 1-2　Visual Studio 2012 开始安装界面

(2) 选择产品安装路径,并选中"我同意许可条款和条件"复选框。

(3) 单击"下一步"按钮,弹出如图 1-4 所示的 Visual Studio 2012"要安装的可选功能"界面,该界面显示的是关于 Visual Studio 2012 安装程序所需的组件信息,依据自己的需求选择功能,单击"安装"按钮。

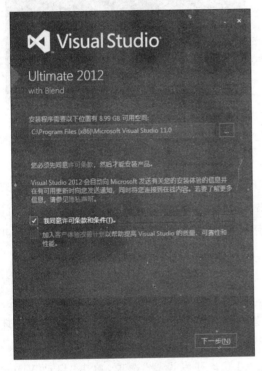

图 1-3　Visual Studio 2012 选择安装路径

图 1-4　Visual Studio 2012 选择安装功能

(4) 开始安装,弹出如图 1-5 所示的 Visual Studio 2012"正在安装"界面,这一过程耗时较长。

(5) 安装完毕后,弹出如图 1-6 所示的 Microsoft Visual Studio 2012"安装程序需要重新启动才能完成安装"界面,单击"立即重新启动"按钮。至此,Visual Studio 2012 程序开发环境安装完成。

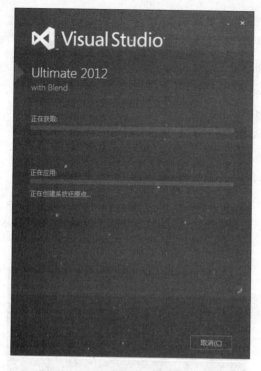

图 1-5 Visual Studio 2012 正在安装

图 1-6 Visual Studio 2012 安装后重新启动

1.3.2 熟悉 Visual Studio 2012 开发环境

Visual Studio 2012 是一套完整的开发工具集,提供了在设计、开发、调试和部署 Windows 应用程序、Web 应用程序、XML Web Services 和传统的客户端应用程序时所需的工具,可以快速、轻松地生成 Windows 桌面应用程序、ASP.NET Web 应用程序、XML Web Services 和移动应用程序。本节将对 Visual Studio 2012 开发环境进行介绍。

1. 打开 Visual Studio 2012 的方法

(1) 选择"开始"→"程序"→Microsoft Visual Studio 2012→Visual Studio 2012 命令,如果用户是第一次使用 Visual Studio 2012 开发环境,将弹出如图 1-7 所示的"选择默认环境设置"对话框。

(2) 在如图 1-7 所示的对话框中选择"Visual C♯ 开发设置"选项,单击"启动 Visual Studio"按钮,开始加载用户设置,如图 1-8 所示。

(3) 加载完成后,即进入 Visual Studio 2012 开发环境起始页,如图 1-9 所示。

2. 创建应用程序

(1) 启动 Visual Studio 2012 开发环境之后,可以通过以下两种方法创建项目。

① 在菜单栏中选择"文件"→"新建"→"项目"命令;

② 选择"起始页"→"新建项目"命令。

图 1-7 "选择默认环境设置"对话框　　　　图 1-8 正在加载用户设置

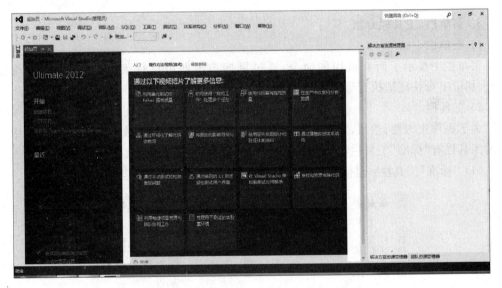

图 1-9　Visual Studio 2012 起始页

（2）选择其中一种方法创建项目，弹出如图 1-10 所示的"新建项目"对话框。

（3）选择要使用的 .NET 框架和应用程序类型后，用户可对所要创建的应用程序进行命名、选择存放位置、是否创建新的解决方案目录等设定（在命名时可以使用用户自定义的名称，也可以使用默认名称；用户可以单击"浏览"按钮设置项目存放的位置），最后单击"确定"按钮，完成应用程序的创建。

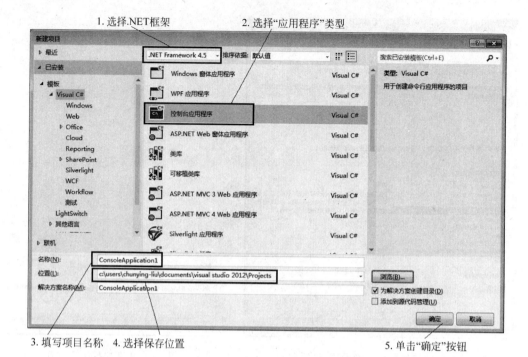

图1-10 "新建项目"对话框

3. 菜单栏、工具栏介绍

1) 菜单栏

菜单栏中显示了所有可用的命令,通过鼠标单击即可执行菜单命令,也可以通过按Alt＋相应字母快捷键执行菜单命令。

2) 工具栏

为了操作更方便、快捷,常用的菜单命令按功能分组,被分别放入相应的工具栏中。常用的工具栏有"标准"工具栏和"调试"工具栏。下面分别进行介绍。

(1) "标准"工具栏:包括大多数常用命令按钮,如"新建项目"等,如图1-11所示。

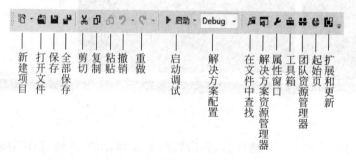

图1-11 Visual Studio 2012 "标准"工具栏

(2) "调试"工具栏:主要包括对应用程序进行调试的快捷按钮,如图1-12所示。

4. 解决方案资源管理器介绍

解决方案资源管理器(如图1-13所示)提供了项目及文件的视图,并且提供对项目和文件相关命令的便捷访问。这些窗口关联的工具栏提供了适用于列表中突出显示项的常用命令。若要访问解决方案资源管理器，可选择"视图"→"解决方案资源管理器"或单击"标准"工具栏上的"解决方案资源管理器"图标。

图 1-12 Visual Studio 2012"调试"工具栏

图 1-13 解决方案资源管理器

1.4 第一个 C♯ 程序

让我们从经典的"Hello, World!"程序开始 C♯ 之旅。这里将给出的是使用标准的控制台输出信息，对应的模板是"控制台应用程序"。当然，也可以使用 Windows 消息框输出信息，为了简单起见，我们将使用"Windows 应用程序"的方法留在后面章节再加以介绍。

【例 1-1】 在控制台窗口中输出"Hello, World!"字样。

在 Visual Studio 开发环境中新建一个控制台应用程序项目，并在源代码文件中输入如下语句。

```
01.    using System;
02.    class HelloWorld
03.    {
04.      public static void Main()
05.      {
06.        Console.WriteLine("Hello,World!");
07.        Console.Read();
08.      }
09.    }
```

【运行结果】

将上面内容保存后，然后选择菜单"调试"→"启动"或直接按 F5 键运行此程序。可以看到运行结果出现在控制台窗口，并且在窗口中显示出"Hello, World!"字样，如图 1-14 所示。

【程序说明】

下面通过上述一段代码来认识 C♯。

（1）代码第 1 行是以 using 关键字开始的命名空间导入语句，然后在第 2 行使用 class 关键字对类 HelloWorld 进行声明。

图 1-14 例 1-1 运行结果

（2）命名空间是为了防止相同名字的不同标识符发生冲突而设计的隔离机制，C♯ 程序是利用命名空间组织起来的。如果要调用某个命名空间中的类或者方法，首先需要使用

using 指令引入命名空间，using 指令将命名空间所标识的命名空间内的类型成员导入当前编译单元中，从而可以直接使用每个被导入的类型的标识符，而不必加上它们的完全限定名。

（3）在 C#程序中，源代码块包含在大括号{}中，由此可以判断出类的内容包括在最外面的大括号中，其中，Main 函数是类的方法，方法的代码又包括在里面的花括号中。

（4）由于 C#是一种完全的面向对象的语言，所以不会有独立于类的代码出现，应用程序的入口也必须是类的方法，C#规定命名为 Main 的方法作为程序的入口。

（5）public、static 关键字是对方法的修饰，其含义会在后续章节中详细介绍，我们在这里所要知道的就是 public 使得这个方法能被外部访问，static 使得这个方法在类的实例被建立之前就可以调用。此外还有一个关键字 void 代表该方法没有返回值，这与 C/C++ 和 Java 是一样的。

（6）方法中的代码"Console.WriteLine("Hello,World!");"是调用.NET 框架类库中对象的方法来向控制台输出信息。

（7）如果没有第 7 行的"Console.Read()"语句，运行结果窗口会一闪而过。这条语句的意思是从输入设备上读入一个字符，这样，当程序执行到此处时就需要等待用户的输入，我们就可以看清窗口中的内容了。之后，任意输入一个字符，窗口将自动关闭退出。

（8）C#是一种大小写敏感的语言，在书写程序的时候一定要注意大小写。

（9）如果在某些情况下程序无法正常结束，可通过以下三种方式终止程序的运行：按 Shift + F5 组合键、单击工具栏中的"停止调试"按钮、选择"调试"菜单下的"停止调试"命令。

1.5 程序的调试与规范

1.5.1 断点设置与程序调试

断点是调试器设置源程序在执行过程中自动进入中断模式的一个标记。当程序运行到断点时，程序中断执行，进入调试状态。通过设置断点查找程序运行的逻辑错误，是调试程序常用的手段。

1. 设置和取消断点

在 VS 2012 的源程序编辑界面中，设置和取消断点的方法有下面几种。

方法一：单击某代码行左边的灰色区域。单击一次设置断点，再次单击取消断点。

方法二：右击某代码行，从弹出的快捷菜单中选择"断点"→"插入断点"或者"删除断点"命令。

方法三：单击某代码行，直接按 F9 键设置断点或取消断点。

2. 利用断点调试程序

设置断点后，即可运行程序。程序执行到断点所在的行，就会中断运行。断点可以有一个，也可以有多个。

需要注意的是，程序中断后，断点所在的行还没有执行。

当程序中断后，如果将鼠标放在希望观察的执行过的语句的变量上面，调试器就会自动显示执行到断点时该变量的值。

观察以后,可以按 F5 键继续执行到下一个断点。

如果大范围调试仍然未找到错误之处,也可以在调试器执行到断点处停止后,直接按 F11 键逐语句执行,按一次执行一条语句。

还有一种调试方法,即按 F10 键"逐过程"执行,它和"逐语句"执行的区别是把一个过程也当作一条语句,不再转入到过程内部。

1.5.2 C♯编写命名建议

用 C♯编写程序代码时,尽量不要使用缩写命名方式,这是因为在一切都是对象的编程语言中,使用缩写的意义已经不大了。再者,随着开发工具提供的控件越来越多,使用缩写命名方式也容易引起理解上的混淆。

这里需要强调一点,对一个合格的程序员来说,不论是练习还是实际开发,一定不要养成随便命名的坏习惯。良好的命名习惯会给项目开发带来很多益处。

C♯语言编码命名规范对字段、变量、类、方法和属性等均指定了统一的命名形式,具体规定如下。

(1) 类名、方法名和属性名均使用 Pascal 命名法,即所有单词连写,每个单词的第一个字母大写,其他字母小写。例如:HelloWorld、GetData 等。

(2) 变量名、一般对象名、控件对象名以及方法的参数名均使用 Camel 命名法,即所有单词连写,第一个单词全部小写,其他每个单词的第一个字母大写。例如:userName、userAge 等。

关于控件对象的命名,有两种常用的命名形式,一种是"有意义的名称+控件名",如 nameButton、ageButton 等。另一种是"控件名+有意义的名称",如 buttonName、buttonAge 等。两种命名形式各有优缺点,C♯语言编码规范中并没有对其进行规定,实际应用中使用哪种命名形式,一般由程序员的编程习惯和项目开发组的统一规定决定。

小　　结

C♯是为 .NET Framework 开发的,它需要同 .NET Framework 一起工作,它在保持强大功能的同时,能够显著地提高现代软件的开发效率。

类是 C♯语言中最基本的一种数据类型,程序功能主要是通过类和类的方法来实现的。C♯使用命名空间来组织各种数据类型,而命名空间又包含在程序集中。这种层次化的结构是 C♯程序的基本组织方式。

任何可执行程序都必须有一个入口点,该入口由一个 Main 方法定义。不管是控制台应用程序还是 Windows 应用程序,都免不了要和用户进行交互,Console 类提供了控制台应用程序与用户进行交互的基本方法。

在创建 C♯程序时,对于变量、方法、类型等需要遵循一定的命名规则,这样可以有效避免一些语法错误,同时便于对程序的理解。

课 后 练 习

1. 以下不属于 .NET 编程语言的是(　　)。
   A. Java　　　　　B. C#　　　　　C. VC.NET　　　　D. VB.NET
2. C#语言经编译后得到的是(　　)。
   A. 汇编指令　　　　　　　　　　B. 机器指令
   C. 本机指令　　　　　　　　　　D. Microsoft 中间语言指令
3. C#程序的执行过程是(　　)。
   A. 从程序的第一个方法开始,到最后一个方法结束
   B. 从程序的 Main 方法开始,到最后一个方法结束
   C. 从程序的第一个方法开始,到 Main 方法结束
   D. 从程序的 Main 方法开始,到 Main 方法结束
4. Console 标准的输入和输出设备分别是(　　)和(　　)。
   A. 键盘　　　　　B. 鼠标　　　　　C. 屏幕　　　　　D. 打印机
5. 以下不属于 .NET 公共语言运行时的功能的是(　　)。
   A. 管理代码的执行　　　　　　　B. 提供 XML 类库
   C. 提供通用类型系统　　　　　　D. 提供系统服务
6. 以下不属于 C#语言特点的是(　　)。
   A. 面向对象设计　　　　　　　　B. 灵活的指针处理
   C. 兼容性强　　　　　　　　　　D. 强大的安全机制

第 2 章　C♯编程基础

变量、运算符和表达式是任何一种程序语言的基础,C♯同样如此。C♯变量对应了数据在计算机内存中相应的位置,每一种变量都具有名字、类型、大小和值;运算符指示出需要对操作数采取哪种操作;表达式指定一个计算的一系列运算符和操作数。变量、类型、运算符和表达式共同构成了C♯语言的基础。

如果一个程序按照预定的步骤顺序执行下去,中间不发生任何变化,程序设计就要简单多了。然而,实际生活中并非所有的事情都是按部就班地进行,程序也是一样,为了适应应用的需要,经常要改变程序的执行顺序,这就需要利用流程控制语句。C♯中的流程控制语句主要分为三类:条件语句、循环语句和跳转语句。通过这些语句达到控制程序执行流程的目的。

2.0　问题导入

【导入问题】　顾客在超市购买了多件商品,结账时总金额打几折取决于该顾客本次消费的额度,不同的顾客会享受到不同的折扣,最后输出每件商品的名称、价格及总金额,如何实现呢?

【初步分析】　此程序主要涉及如下问题:如何表示商品的名称和价格?如何更改商品的名称和价格?如何根据消费金额计算顾客享受的折扣?这就需要掌握变量、数据类型、运算符和表达式及程序流程控制的知识。

2.1　数据类型

数据类型,就是指数据的种类。在应用程序中,要是数据能被计算机识别并处理,需要将数据分为不同的类型,这样做的好处是储存和计算方便。比如对姓名和地址的处理需要使用字符型,在对货币和数量的处理中又需要使用数值类型,这些数据都是不同类型的数据,可以进行不同的处理。如姓名"张三"为字符型方便进行查找,成绩90为整型方便进行加减等。

2.1.1　值类型和引用类型概述

C♯的数据类型可分为值类型和引用类型两大类。值类型包括简单类型、结构类型和枚举类型等。引用类型包括类类型、接口类型、委托类型和数组类型等。图2-1展示了各种数据类型及其关系。

值类型的数据存储在内存的堆栈中,可以提供快速访问。如果变量是值类型的,这个变量就包含实际数据,在一个独立的内存区域保存自己的值。C#中的大多数基本数据类型如整型、字符型、浮点型、布尔型等都是值类型,结构、枚举也属于值类型。值类型具有如下特征。

(1) 值类型变量都存储在堆栈中;

(2) 每个值类型变量都有自己的数据副本,对一个值类型变量的操作不会影响其他变量;

(3) 复制值类型变量时,复制的是变量的值,而不是变量的地址;

(4) 值类型变量不能为 null,必须有一个确定的值。

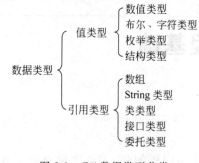

图 2-1 C#数据类型分类

所有的值类型均隐式地派生自 System.ValueType,并且值类型不能派生出新的类。

引用类型存储实际数据的引用,程序通过此引用找到真正的数据。引用类型的变量又称为对象,存储对实际数据的引用。字符串、数组、接口、类等都属于引用类型。引用类型很抽象,就像是一个门牌号码,可以根据门牌号码找到办公室所在位置。值类型和引用类型的差异在于数据的存储方式。引用类型具有如下特征。

(1) 必须在托管堆中为引用类型变量分配内存;

(2) 必须使用 new 关键字来创建引用类型变量;

(3) 在托管堆中分配的每个对象都有与之相关联的附加成员,这些成员必须被初始化;

(4) 多个引用类型变量可以引用同一对象,此时对一个变量的操作会影响其他变量;

(5) 引用类型变量是由垃圾回收机制来管理的;

(6) 引用类型被赋值前的值都是 null。

2.1.2 值类型

C#语言的值类型包括整数类型、浮点数类型、布尔类型、字符类型等简单类型以及枚举类型和结构类型。本节介绍简单类型,枚举类型将在 2.6 节中介绍,结构类型将在 3.5 节中介绍。

1. 整数类型

整数类型的变量值为整数。计算机语言提供的整数类型的值总是在一定的范围之内。根据数据在计算机内存中所占的位数来划分,C#有 8 种整数类型的数据,这些数据及其在计算机中表示的整数的范围如表 2-1 所示。

表 2-1 整数类型及其描述

类型	说明	范围	类型指定符
sbyte	8 位有符号整数	−128~127	
short	16 位有符号整数	−32 768~32 767	
int	32 位有符号整数	−2 147 483 648~2 147 483 647	
long	64 位有符号整数	−9 223 372 036 854 775 808~9 223 372 036 854 775 807	L
byte	8 位无符号整数	0~255	
ushort	16 位无符号整数	0~65 535	
uint	32 位无符号整数	0~4 294 967 295	U
ulong	64 位无符号整数	0~18 446 744 073 709 551 615	UL

在表 2-1 中，类型指定符用于赋值为常数的情况，指定符放在常数的后面，大小写均可，如果没有使用类型指定符，默认为 int 类型。

```
long l1 = 100;              //int 型的数值 100 隐式地转换为 long 类型
long l2 = 200L;             //指定 200 为 long 类型
long l3 = 0x12ab;           //将 l3 赋值为十六进制的数据 12ABH
```

2. 浮点数类型和十进制类型

浮点数类型又称为实数类型，是指带有小数部分的数值。C♯ 支持两种浮点数类型：单精度（float）和双精度（double）。它们的差别在于取值范围和精度不同。浮点数类型数据的特征如表 2-2 所示。

表 2-2　浮点类型及其描述

类型	说　明	范　围	类型指定符
float	精确到 7 位数	$1.5 \times 10^{-45} \sim 3.4 \times 10^{38}$	F
double	精确到 15 或 16 位数	$5.0 \times 10^{-324} \sim 1.7 \times 10^{308}$	D

在计算机内部，float 和 double 分别使用 32 位单精度和 64 位双精度的 IEEE 754 格式表示。在为变量赋值时如果没有使用类型指定符，默认为 double 类型。

```
float f1 = 1.23F;           //必须在 1.23 的后面加 f 或 F，否则 1.23 将作为 double 类型来处理
double d1 = 1.23;           //等价于 double d1 = 1.23D
double d2 = 1.23E + 10;     //d2 = 1.23×10¹⁰，以指数的形式进行赋值
```

为了适应高精度的财务和货币计算的需要，C♯ 提供了十进制 decimal 类型。decimal 类型在内存中占 16 个字节（128 位）。同浮点数相比，decimal 类型具有更高的精度和更小的表示范围，decimal 类型表示数的范围为 $\pm 1.0 \times 10^{-28} \sim 7.9 \times 10^{28}$，精度为 28 或 29 位有效数字，其类型指定符为 M（或 m）。例如：

```
decimal x = 1.123456789987654M;
decimal y = 6666666666666666M;
```

3. 字符类型

除了数字外，计算机处理的信息主要是字符。C♯ 字符类型采用 Unicode 字符集，一个 Unicode 标准字符长度为 16 位。计算机中对字符型数据的存储并不是把该字符本身放到内存单元中去，而是将该字符相应的 Unicode 代码放到存储单元中，即一个字符占两个字节的存储单元，存储单元存放的是该字符相应的 Unicode 码值。

在 C♯ 中，字符常量是用单引号（即撇号）括起来的一个字符，如 'a'、'A'、'B'、' * '、' $ ' 等都是字符常量。注意：'a' 和 'A' 是不同的字符常量。

```
char c1 = 'A';              //将字符 A 赋给字符型变量 c1
char c2 = '\x0041'          //字符 A 的十六进制表示
char c3 = 'u0041'           //字符 A 的 Unicode 表示
```

除了以上形式的字符常量外，C♯ 还允许使用一种特殊形式的字符常量，即以"\"开头的字符序列。它们一般用来实现一定的控制功能，并没有一定的字符，这种非显示字符难以

用一般形式的字符表示,故规定用这种特殊的形式来表示,这种形式的字符也称为"转义字符"。在C#中,转义字符以及其含义如表 2-3 所示。

表 2-3 常用的转义字符

转义符	字　　符	十六进制表示
\'	单引号	0x0027
\"	双引号	0x0022
\\	斜杠	0x005C
\0	空字符	0x0000
\a	警报(响铃)	0x0007
\b	退格	0x0008
\r	回车	0x000D
\n	换行	0x000A
\f	换页	0x000C
\t	水平 Tab	0x0009
\v	垂直 Tab	0x000B

4. 布尔类型

布尔类型(bool)是一种用来表示"真"或"假"的逻辑数据类型,布尔类型占用一个字节的内存。在C#中,布尔类型变量只有两种取值:true(代表"真")和 false(代表"假"),并且 true 值不能被其他任何非 0 值所代替。

```
bool flag = ture;           //正确
bool flag = 1;              //错误,不能将一个整型数据赋给布尔类型的变量
int i = 1, j = 2;
if(i) j += 3;               //错误
if(i == 1) j += 3;          //正确 b83w23
```

【例 2-1】 已知商品的单价为 2.35 元,购买的数量为 23,编程计算付款总额。

```
01.   class Example2_1
02.   {
03.       static void Main(string[] args)
04.       {
05.           float price = 2.35F;            //商品单价
06.           int num = 23;                   //购买数量
07.           decimal total = 0M;             //付款总额
08.           total = (decimal )price * num;  //计算付款总额
09.           Console.WriteLine("商品单价为:{0},购买数量为:{1},总价为:{2}", price , num , total );           //在控制台输出结果
10.           Console.Read();                 //暂停运行,按任意键继续
11.       }
12.   }
```

【运行结果】

单击工具栏中的"开始"按钮,即可在控制台中输出如图 2-2 所示的结果。

【程序说明】

(1)在这个实例中,定义了 float 类型的变量 price 代表商品单价,int 类型的变量 num

图 2-2 例 2-1 运行结果

代表购买数量,decimal 类型的变量 total 代表付款总额。

(2) 第 8 行是计算付款总额,计算前需强制将 float 类型转换为 decimal 类型,float 类型无法隐式转换为 decimal 类型;第 9 行是在控制台输出结果,{0}、{1}和{2}中的 0、1 和 2 是占位符号,分别将 price、num 和 total 的结果显示在{0}、{1}和{2}所在的位置。

(3) 第 10 行是暂停程序的运行,以便能看清运行的结果。

2.1.3 引用类型

C#中的值类型比较简单,但对更加复杂的数据处理效率很低。C#的引用类型主要用来描述结构复杂、抽象能力比较强的数据,它与值类型数据是相并列的。同为引用类型的两个变量,可以指向同一个对象,也可以针对同一个变量产生作用,或者被其他同为引用类型的变量所影响。字符串、类、接口、委托和数组等均属于引用类型,下面介绍字符串类型,数组类型在 2.6 节讲解,其他引用类型将在第 3 章和第 4 章介绍。

字符串是一种引用类型,用来存放在一对双引号中的多个字符组成的一个串,可以将其看作一个由字符组成的数组。通常使用 string 类型字符串变量,例如:

String name = "张三"   //定义一个值为张三的字符串变量 name

关于字符串的详细操作,将在 2.7 节介绍。

2.2 常量与变量

常量和变量代表着程序中的数据,是程序运行不可缺少的一部分。

2.2.1 变量

C#是一种强类型语言。每个变量和常量都有一个类型。变量就像是只能存放一件物品的盒子,可以在盒子里存放一件物品,存放的物品就是变量的值。

变量的声明语法如下。

[访问修饰符][变量修饰符]变量的数据类型　变量名表

具体说明如下。

(1) 访问修饰符用于描述对变量进行访问的限制级别,也就是规定了如何访问变量。

(2) 变量修饰符用来区分变量是静态变量还是其他变量(如 ref 形式参数变量)。

(3) 变量的数据类型为 C#中数据类型或自定义数据类型。

(4) 变量名为符合 C#语言规定的标识符。

标识符只能由字母、数字、下画线组成。其中,首字符必须是字母或下画线。C#是大小写敏感的语言,name 和 Name 是两个不同的标识符,在定义和使用时要特别注意。另外,变量名不能与 C#中的关键字相同,除非标识符是以@作为前缀的,如@int 和@using 都是合法的标识符。

其中,访问修饰符和变量修饰符可以省略,将在第 3 章中介绍。变量声明和赋值如下所示。

```
private int x;              //声明 x 为整型变量,private 为访问修饰符可以省略
x = 5;                      //变量的赋值,让变量 x 的值为 5
string name = "Baker";      //声明一个字符串变量 name,值为 Baker
```

也可以在声明变量的同时赋值,如:

```
int x = 5;
```

也可以在一行声明多个变量,如:

```
int   x = 5,y = 10;         //不同变量之间用逗号隔开
```

2.2.2 常量

常量就是在程序运行过程中值保持不变的量,即在程序执行期间,常量的值不会发生改变。可以在代码的任何位置用常量代替实际值。如定义 const PI = 3.14159265,这里使用 PI 来代替数值 3.14159265。常量声明是需要包含常量的名称和常量的值,其格式如下。

```
[访问修饰符]const 常量的数据类型 常量名     //访问修饰符可以省略
```

常量声明如下所示。

```
public const int x = 5,y = 10;     //定义 int 型常量 x 和 y,其值分别是 5 和 10
```

可以在一行声明多个常量,不过如果每行只声明一个常量,代码会更具有可读性。

2.2.3 隐式类型的局部变量

隐式类型的局部变量又叫匿名变量,是 C# 3.0 版本中引入的一个新方法,使用关键字 var 来声明。可以用 var 声明任何类型的局部变量,它只是负责告诉编译器,该变量需要根据初始化表达式来推断变量的类型,而且只能是局部变量。

语法如下:

```
var 变量名称 = 变量值;
```

例如:

```
var n = 3;                  //定义局部变量 n,n 作为整型数据被编译
var str = "Hello!";         //定义局部变量 str,str 作为字符串数据被编译
```

【例 2-2】 已知圆的半径为 15cm,编程计算圆的面积和周长。

```
01.   class Example2_2
02.   {
```

```
03.    static void Main(string[ ] args)
04.    {
05.        const double pi = 3.1415;        //定义常量 pi
06.        int r = 15;                      //圆的半径
07.        double area = 0, perimeter = 0;
08.        area = pi * r * r;               //计算圆的面积
09.        perimeter = 2 * pi * r;          //计算圆的周长
10.        Console.WriteLine("圆的面积是:{0},\n 圆的周长是:{1}", area, perimeter);
                                            //在控制台输出结果
11.        Console.Read();                  //暂停运行,按任意键继续
12.    }
13. }
```

【运行结果】

单击工具栏中的"开始"按钮,即可在控制台中输出如图 2-3 所示的结果。

图 2-3 例 2-2 运行结果

【程序说明】

(1) 在这个实例中,定义了 double 类型的常量 pi,如果尝试修改常量 pi 的值,编译器会出现错误信息,阻止进行这样的操作。

(2) 第 8 行根据常量 pi 和变量 r 的值计算圆的面积,第 9 行根据常量 pi 和变量 r 的值计算圆的周长。

(3) 第 10 行输出结果中用了转义字符"\n",起换行作用。

2.3 类型转换

在输出结果时经常要把整型、浮点型等类转换为字符串。不同类型的数据进行运算时需要转换为同一类型才能正常计算,所有的操作过程中经常会涉及数据类型之间的转换。C#中数据类型的转换可以分为两类:隐式转换和显式转换。

2.3.1 隐式转换

隐式转换就是系统默认的、不需要加以声明就可以进行的转换。例如:

```
short n = 255;
int   i = n;                            //将短整型隐式转换成整型
```

1. 数值类型数据隐式转换

隐式数值类型转换只有遵循如表 2-4 所示的规则才能实现。

说明:从 int、uint、long 或 ulong 到 float,以及从 long 或 ulong 到 double 的转换可能导致精度损失,但不会影响其数量级;其他的隐式转换则不会丢失任何信息。

表 2-4 值类型隐式转换

源 类 型	目 标 类 型
sbyte	short、int、long、float、double、decimal
byte	short、ushort、int、uint、long、ulong、float、double、decimal
short	int、long、float、double、decimal
ushort	int、uint、long、ulong、float、double、decimal
int	long、float、double、decimal
uint	long、ulong、float、double、decimal
long	float、double、decimal
ulong	float、double、decimal
float	double
char	ushort、int、uint、long、ulong、float、double、decimal

2. 枚举类型数据隐式转换

隐式枚举转换只允许将十进制数 0 转换为枚举类型的变量。

```
enum Color { red, green, blue }
Color a = Color.green;
a = 0;                    //a 的值变为 red
a = 2;                    //错误,a 为其他值将无法隐式转换
```

3. 引用类型数据隐式转换

类型 C2 向类型 C1 隐式引用转换的条件是：C2 是从 C1 派生而来的,C2 和 C1 可以是类或接口。

两个数组之间的隐式转换条件是：两个数组的维数相同,元素都是引用类型,且存在数组元素的隐式引用转换。

4. var 类型数据隐式转换

用 var 定义的变量的数据类型是由赋值的数据决定的。如 var Name＝"Jean",此时变量 Name 就是字符串类型,进行了隐式转换。

```
var n = 255;              //var 型变量 n 隐式转换成整型
int i = n;
var Name = "Jean";        //var 型变量 Name 隐式转换成 string 型
string strName = Name;
```

2.3.2 显式转换

显式转换又叫强制类型转换,需要用户明确地指定转换的类型。如果在不存在隐式转换的类型之间进行转换,就需要使用显式类型转换。

1. 数值类型数据显式转换

表 2-5 列出了需要进行显式类型转换的值类型数据。

表 2-5 值类型显式转换

源 类 型	目 标 类 型
sbyte	byte、ushort、uint、ulong、char
byte	sbyte、char
short	sbyte、byte、ushort、uint、ulong、char
ushort	sbyte、byte、short、char
int	sbyte、byte、short、ushort、uint、ulong、char
uint	sbyte、byte、short、ushort、int、char
long	sbyte、byte、short、ushort、int、uint、ulong、char
ulong	sbyte、byte、short、ushort、int、uint、long、char
float	sbyte、byte、short、ushort、int、uint、long、ulong、char、decimal
double	sbyte、byte、short、ushort、int、uint、long、ulong、char、decimal
decimal	sbyte、byte、short、ushort、int、uint、long、ulong、char、double
char	sbyte、byte、short

显式转换可以发生在表达式的计算过程中,但可能引起信息的丢失。例如,下面的代码把 float 类型的变量 pi 强制转换为 int,小数部分的信息就丢失了。

```
float pi = 3.14f;           //定义一个单精度的实数
int i = (int)pi;            //将单精度强制转换为整型计算,i 的值是 3,不是 3.14,
                            //造成信息丢失
```

说明:由于所有的隐式类型转换都可以用显式类型转换的形式来表示,因此可以使用强制转换表达式从任何数值类型转换为任何其他的数值类型。

2. 枚举类型数据显式转换

枚举类型数据的显式转换主要包括以下三种情况。

(1) 从 sbyte、byte、short、ushort、int、uint、long、ulong、char、float、double、decimal 类型到任何枚举类型;

(2) 从任何枚举类型到 sbyte、byte、short、ushort、int、uint、long、ulong、char、float、double、decimal;

(3) 从任何枚举类型到其他枚举类型。

```
enum Color { red, green, blue }
Color a = Color.green;
int i = (int)a;             //i 的值为 1
```

2.3.3 使用 Convert 类转换

.NET Framework 提供了很多类库,其中,System.Convert 类就是专门进行类型转换的类,通过 Convert 类提供的方法可以实现各种基本数据类型间的转换。Convert 类的常用方法如表 2-6 所示。

表 2-6 Convert 类包含的转换方法

方法	目标类型	方法	目标类型
Convert.ToByte()	byte	Convert.ToInt16()	short
Convert.ToSByte()	sbyte	Convert.ToInt32()	int
Convert.ToChar()	char	Convert.ToInt64()	long
Convert.ToString()	string	Convert.ToUInt16()	ushort
Convert.ToDecimal()	decimal	Convert.ToUInt32()	uint
Convert.ToDouble()	double	Convert.ToUInt64()	ulong
Convert.ToSingle()	float	Convert.ToBoolean()	bool

例如：

```
String str1 = "true";
Bool b1 = Convert.ToBoolean(str1);      //将 String 转换为 Boolean 型,b1 = true
String str2 = "100";
int n = Convert.ToInt32(str2);          //将字符串转换为数字值,n = 100
```

【例 2-3】 隐式转换、显式转换使用举例。

```
01. class Example2_3
02. {
03.     static void Main(string[ ] args)
04.     {
05.         short n = 15;
06.         int r = n;                              //将短整型 n 隐式转换成整型
07.         double pi = 3.1415;
08.         int area = 0, perimeter = 0;            //圆的面积和周长定义为 int 类型
09.         area = (int)pi * r * r;                 //计算圆的面积
10.         perimeter = Convert.ToInt32(2 * pi * r); //计算圆的周长
11.         Console.WriteLine("圆的面积是:{0},\n 圆的周长是：{1}", area, perimeter);
12.         Console.Read();                         //暂停运行,按任意键继续
13.     }
14. }
```

【运行结果】

单击工具栏中的"开始"按钮，即可在控制台中输出如图 2-4 所示的结果。

图 2-4 例 2-3 运行结果

【程序说明】

（1）第 6 行将 short 类型隐式转换为 int 类型。

（2）第 9 行计算圆的面积时，首先显式地把 float 转换为 int，导致 pi 的小数部分丢失。

（3）第 10 行计算圆的周长时，计算的结果通过 Convert.ToInt32()方法转换为 int 类型，再赋给变量 perimeter。

2.3.4 装箱和拆箱

拆箱是把"引用"类型转换成"值"类型,装箱是把"值"类型转换成"引用类型",这是数据类型转换的一种特殊应用。又如某些方法的参数要求使用"引用"类型,要想把"值"类型的变量通过这个参数传入,就需要使用这个操作。例如:

```
int i = 123;              //i 是值类型
object obj = i;           //封箱,把任何值类型隐式地转换为 object 类型,其中 object 为引用类型
Console.WriteLine("i 的初始值为:{0},装箱后的值为{1}",i,obj.Tostring());
int j = (int)obj;         //拆箱,把一个 object 类型显式地转换为值类型
Console.WriteLine("引用类型的值为:{0},拆箱后的值为{1}",obj.ToString(),j)
```

说明:C#的类型系统是统一的,因此任何类型的值都可以按对象处理。System 命名空间下有一个 Object 类,该类是所有类型(包括值类型和引用类型)的基类。

2.3.5 数值和字符串之间的转换

在 C#中字符串和数值经常需要互相转换,下面介绍这两者之间的转换方法。

(1) ToString()方法:数值类型的 ToString()方法可以将数值类型数据转换为字符串。

(2) Parse()方法:数值类型的 Parse()方法可将字符串转换为数值型,如字符串转换为整型使用 int.Parse(string),字符串转换为双精度浮点型使用 double.Parse(string)等。例如:

```
int n1 = 123;
string str1 = n1.Tostring();              //n1 的 ToString()方法将 n1 转换为 string 赋给 str1
string str2 = "100";
int n2 = int.Parse(str2);                 //int.Parse()方法将字符串 str2 转换为 int 类型
string str3 = "3.14159";
double d1 = double.Parse(str3);           //double.Parse()将字符串转换为双精度浮点型
```

2.4 操作符和表达式

和数学运算中的概念类似,表达式由操作数和操作符(也叫运算符)组成,其作用是将操作符施加于操作数以得到相应的计算结果,而结果的数据类型由操作数的数据类型决定。对于包含两个或两个以上操作符的复杂表达式,操作符执行的顺序取决于它们的优先级(高优先级的操作符先执行)和结合性(同一优先级的操作符从左向右或是从右向左执行)。使用圆括号可以控制表达式的计算顺序。

2.4.1 算术操作符

C#的算术操作符有加(+)、减(-)、乘(*)、除(/)和取模(%),它们可以作用于各种整数和实数类型,从而完成基本的算术运算。它们都是从左向右执行计算,且后三个操作符的优先级要高于前两个操作符,例如:

```
int x = 3 * 5 - 1;        //从左向右计算,x = 14
```

```
int y = 8 + 6 / 2;              //先计算 6 / 2, y = 11
```

使用括号可以改变表达式的求值顺序,确保括号内的表达式总是被单独计算的,例如:

```
int x = 3 * (5 - 1);            //x = 12
int y = (8 + 6) / 2;            //y = 7
```

"除"操作符用于求两个数的商,"模"操作符用于求两个数相除的余数。对于相同类型的操作数,表达式的计算结果总是和操作数的类型相同,因此整数相除和取模的结果仍为整数,而实数相除和取模的结果为实数,这一点和初等数学中的余数概念是有所区别的。例如:

```
int x1 = 8 / 3;                 //x1 = 2
int x2 = 8 % 3;                 //x2 = 2
double y1 = 5.4 / 1.5;          //y1 = 3.6
double y2 = 5.4 % 1.5;          //y2 = 0.9
double y3 = 5.4 / 15;           //y3 = 0.36,类型不同时,结果取决于精度高的
double y4 = 5.4 % 15;           //y4 = 5.4,类型不同时,结果取决于精度高的
```

枚举变量可与整数进行加减运算,这实际上是先将枚举类型转换为整数,运算之后再将结果重新转换为枚举类型。两个枚举变量相减将得到一个整数,但它们不能直接相加。例如:

```
Week w1 = Week.Thursday + 1;    //w1 = Weekday.Friday
Week w2 = Week.Thursday - 2;    //w2 = Weekday.Tuesday
int n1 = w1 - w2;               //n1 = 3
int n2 = w1 + w2;               //错误,枚举变量不能相加
```

2.4.2 自增和自减操作符

计算机程序中会经常用到加1和减1运算,C#中定义了自增操作符"++"和自减操作符"--"。和算术操作符不同,这两个操作符都只有一个操作数,而它们的优先级也高于算术操作符。

在表达式中,当操作符"++"放在变量之前时,变量值先被加1,而后表达式再使用该变量;而当操作符"++"放在变量之后时,表达式先使用该变量,而后变量值被加1。操作符"--"的情况也是类似的。举例如下:

```
int m = 10;
console.WriteLine(m++);         //先输出 10,而后计算 m = m + 1 = 11
console.WriteLine(++m);         //先计算 m = m + 1 = 12,而后输出 12
console.WriteLine(m);           //输出 12
int n = 20;
console.WriteLine(--n);         //先计算 n = n - 1 = 19,而后输出 19
console.WriteLine(y--);         //先输出 19,而后计算 n = n - 1 = 18
console.WriteLine(y);           //输出 18
```

2.4.3 位操作符

位操作符是对数据按二进制位进行运算的操作符,具体包括以下几种。

(1) 取反操作符"~"：作用于一个操作数，且必须在操作数前，表示对操作数的各二进制位取反(0 变为 1，1 变为 0)。

(2) 左移位操作符"<<"：作用于两个操作数，表示将左操作数的二进制位依次左移，左边的高位被舍弃，右边的低位顺序补 0，移动的位数由右操作数指定。

(3) 右移位操作符">>"：作用于两个操作数，表示将左操作数的各二进制位依次右移，右边的低位被舍弃，左边的高位则对正数补 0、对负数补 1，移动的位数由右操作数指定。

(4) 与操作符"&"：作用于两个操作数，表示对两个操作数的对应二进制位依次进行与运算。

(5) 或操作符"|"：作用于两个操作数，表示对两个操作数的对应二进制位依次进行或运算。

(6) 异或操作符"^"：作用于两个操作数，表示对两个操作数的对应二进制位依次进行异或运算。

取反操作符的优先级高于算术操作符，其他的则低于算术操作符。与、或、异或这三个操作符可以作用于整数类型和布尔类型，它们的运算规则见表 2-7；其他的位操作符则只能作用于整数类型(或是能够转换为整数的其他类型)。

表 2-7　与、或、异或运算规则

操 作 数	与	或	异 或
0 和 0	0	0	0
0 和 1	0	1	1
1 和 1	1	1	0
false 和 false	false	false	false
false 和 true	false	true	true
true 和 true	true	true	false

进行位运算时，要注意有符号整数的二进制首位表示符号位(0 表示正数，1 表示负数)。下面给出了一些简单的位运算代码示例。

```
byte x = 20;                    //二进制 00010100
sbyte y = -10;                  //二进制 11110110
console.WriteLine(~x);          //11101011 (-21)
console.WriteLine(~y);          //00001001 (9)
console.WriteLine(x << 2);      //01010000 (80)
console.WriteLine(y >> 3);      //11111110 (-2)
console.WriteLine(x & y);       //00010100 (20)
console.WriteLine(x | y);       //11110110 (-10)
console.WriteLine(x ^ y);       //11100010 (-30)
```

位运算的效率一般会高于加减乘除等算术运算。以移位运算为例，在整数的有效范围内将其左移 n 位相当于乘以 2 的 n 次方，右移 n 位则相当于除以 2 的 n 次方。例如，下面的两行代码得到的 x 和 y 的值是相同的，但第二行代码的效率会大大高于第一行。

```
int x = 256 * 256;              //x = 65536
int y = 256 << 8;               //y = 65536
```

2.4.4 赋值操作符

前面已经看到了简单赋值操作符"="的用法，它表示将右操作数的值赋予左操作数，前提是右操作数的类型与左操作数相同，或是可隐式转换为左操作数的类型。

为了简化程序代码，C#还提供了10个复合赋值操作符："+=""-=""*=""/=""%=""<<="">>=""&=""|=""^="。它们实际上是将加、减、乘、除、取模、左移位、右移位、与、或、异或这些运算和简单赋值结合起来。例如，"x += y"等价于"x = x + y"，"x &= y"等价于"x = x & y"等。

和一般算术运算不同，赋值操作符属于右结合的操作符，即表达式会按照从右向左的顺序进行赋值运算。例如，执行完下面的语句后，x 的值为 100，而 y 和 z 的值均为 1000：

```
int x = 10, y = 10;
int z = y *= x *= 10;        //先计算 x *= 10,再计算 y *= x,最后执行 z = y
```

赋值操作符在所有操作符中的优先级最低，即表达式总是计算等号右边的部分，而再进行赋值运算。例如，表达式"x += y + z"会先计算 y 与 z 的和，再将其加到 x 上。

2.4.5 关系操作符

关系操作符用于对指定的条件进行判断，并返回一个布尔值来表示判断结果。其中，"==""!=""<""<="">"">="这6个操作符又叫做比较操作符，它们分别用于判断左操作数是否等于、不等于、小于、小于等于、大于、大于等于右操作数。默认情况下，它们可用于值类型之间的大小比较，而"=="和"!="操作符还可用于比较两个引用类型的变量是否指向同一个对象。下面的示例代码说明了这一点。

```
int x1 = 5;
int x2 = x1;
Console.WriteLine (x1 == x2);     //输出 true
object o1 = x1;
object o2 = x2;
object o3 = o1;
Console.WriteLine (o1 == o2);     //o1 和 o2 指向不同的对象,输出 false
Console.WriteLine (o1 == o3);     //o1 和 o3 指向同一个对象,输出 true
```

(1) 在 C# 中，如果将相等操作符"=="误写为赋值操作符"="，系统将给出语法错误提示，例如，对于整数 x 和 y，语句"bool b = (x = y)"不能通过编译，这有助于发现代码错误。

(2) 此外，C#语言不支持连续的关系比较，如语句"bool b = (x == y == z)"和"bool b = (x > y > z)"都是错误的。

C#还有一个特殊的关系操作符"is"，它用于判断左操作数的类型是否为右操作数，例如：

```
int x = 5;
object o = x;
Console.WriteLine (o is object);   //输出 true
Console.WriteLine (o is int);      //输出 true
Console.WriteLine (o is long);     //输出 false
```

操作符"is"主要用于引用类型的判断,只要左操作数的类型为右操作数或是右操作数的派生类型,表达式就返回 true。如果左操作数为 null,那么始终返回 false。

2.4.6 逻辑操作符

C#中提供了以下三个逻辑操作符。

(1) 逻辑与操作符"&&":有两个操作数,用于判断它们的值是否都为 true。
(2) 逻辑或操作符"||":有两个操作数,用于判断它们的值是否至少有一个为 true。
(3) 逻辑非操作符"!":只有一个操作数,用于判断其值是否为 false。

以枚举类型 Week 为例,判断枚举变量 w1 是否为周末的表达式可以写成:

bool b1 = (w1 == Week.Saturday) || (w1 == Week.Sunday);

而判断 w1 是否为工作日的表达式可以写成以下两种形式:

bool b2 = !((w1 == Week.Saturday) || (w1 == Week.Sunday));
bool b3 = (w1 != Week.Saturday) && (w1 !== Week.Sunday);

综合使用这些逻辑操作符,可以对各种复杂逻辑组合条件进行判断。例如,判断某一个整数变量 year 是否表示闰年的语句可以写成:

bool bLeap = (year % 400 == 0) || ((year % 4 == 0) && (year % 100 ! = 0));

在逻辑操作符的求值过程中,有时不需要计算完整个表达式就可得到结果,这称为逻辑表达式的"短路"效应。例如,对于上面这行代码,当 year 的值为 2000 时,第一对括号中的条件子表达式的值为 true,那么 bLeap 的值就直接确定为 true,而不再需要计算操作符"||"右侧的部分。

再看一个考核程序示例,考核小组由 5 名考官(含一名主考官、两名本单位考官和两名外单位考官)组成,考核通过的条件是:主考官同意,且至少有一名本单位考官和一名外单位考官同意。程序如下。

【例 2-4】 考核结果判定。

```
01.    class Example2_4
02.    {
03.        static void Main(string[] args)
04.        {
05.            bool[] b = new bool[5];
06.            Console.WriteLine("请依次输入每名考官的评分,1 通过,0 不通过:");
07.            b[0] = (Console.ReadLine() == "1");
08.            b[1] = (Console.ReadLine() == "1");
09.            b[2] = (Console.ReadLine() == "1");
10.            b[3] = (Console.ReadLine() == "1");
11.            b[4] = (Console.ReadLine() == "1");
12.            bool result = (b[0]) && (b[1] || b[2]) && (b[3] || b[4]);
13.            Console.WriteLine("考核结果为:{0}", result);
14.            Console.Read();
15.        }
16.    }
```

【运行结果】

单击工具栏中的"开始"按钮,即可在控制台中输出如图 2-5 所示的结果。

图 2-5 例 2-4 运行结果

【程序说明】

(1) 第 7～11 行依次输入每名考官的评分,如果输入的是 1,则关系表达式 Console.ReadLine() == "1"的判定结果为 true,否则为 false。

(2) 第 12 行首先判断 b[0]的值,如果 b[0]为 false,则整个表达式为 false,仅判断一次就得到表达式的结果;如果 b[0]为 true 则继续判断(b[1] || b[2]),若 b[1]和 b[2]均为 false 则整个表达式为 false,判断结束;如果 b[1]和 b[2]至少有一个为 true 则继续判断 (b[3] || b[4])。

(3) 第 13 行输出最后的考核结果。

2.4.7 条件操作符

C#中还提供了一个条件操作符"? :",它的特殊性在于它有三个操作数,使用时符号"?"和":"分别位于操作数之间,其形式为:

```
b ? x : y
```

其中,第一个操作数 b 为布尔类型,如果其值为 true,则返回 x 的值,否则返回 y 的值。例如,下面的语句可用于计算两个整数 x 和 y 的最小值。

```
int z = (x <= y) ? x : y
```

在任何情况下,条件表达式都不会对 x 和 y 同时进行求值,但它仍要求 x 和 y 的类型是一致的(相同或是能进行隐式转换)。例如,下面最后一行代码是错误的,因为整数 i 和字符串 s 属于不同的类型:

```
int i = 5;
string s = "abc";
Console.WriteLine((i % 2 == 0) ? i : s);          //错误:i 和 s 类型不同!
```

而将该行语句改为如下内容就是正确的了。

```
Console.WriteLine((i % 2 == 0) ? i.ToString() : s);    //正确
```

条件操作符的优先级仅高于赋值操作符,但低于其他的任何操作符。如果一个表达式中使用了多个条件操作符,要注意它们是从右向左结合的,例如,求三个整数的最大值的表达式可以写成:

```
int max = x >= y ? x >= z ? x : z : y <= z ? z : y
```

该语句相当于：

```
int max = (x >= y) ? ((x >= z) ? x : z) : ((y <= z) ? z : y)
```

不过，为了提高程序的可读性，还是应尽量使用括号来明确条件表达式的求值顺序。

2.4.8 运算符的优先级

当表达式中包含一个以上的运算符时，优先级高的运算符会比优先级低的运算符优先执行，在表达式中，可根据需要通过"()"来调整运算符的运算顺序。表 2-8 列出了 C# 中所有运算符从高到低的优先级顺序。

表 2-8 运算符的优先级与结合性

分类	运算符	结合性	优先级
基本	. () [] new typeof checked unchecked	从左到右	高
一元后缀	++ --	从右到左	
一元前缀	++ -- + - ! ~ (T)(表达式)	从右到左	
乘除	* / %	从左到右	
加减	+ -	从左到右	
移位	<< >>	从左到右	
比较	< > <= >= is as	从左到右	
相等	== !=	从左到右	
位与	&	从左到右	
位异或	^	从左到右	
位或	|	从左到右	
逻辑与	&&	从左到右	
逻辑或	||	从左到右	
条件	?:	从右到左	低
赋值	= += == *= /= %= &= |= ^= <<= >>=	从右到左	

说明：当一个表达式比较复杂包含多个运算符时，如果按照运算符的优先级进行使用会使代码复杂难懂，不利于以后的维护和他人阅读，建议使用"()"来区分运算符的运算顺序，这样代码明晰易懂。

2.5 流程控制语句

一个应用程序是由许多语句组成的，这些语句除了顺序执行之外，还有分支、循环和跳转等执行方式。

2.5.1 分支语句

当程序的执行有两个或两个以上的选择时，可以使用分支语句判断所要执行的分支。C# 语言提供了两种分支语句：if 语句和 switch 语句。

1. if 语句

if 语句的功能是根据布尔表达式的值(true 或 false)选择要执行的语句序列，使用时要注意 else 应和最近的 if 语句匹配。常见的形式如下。

(1) 单独使用 if 语句，不加 else 语句。

```
if (布尔表达式)
{
    [布尔表达式为真时执行的语句序列]
}
```

(2) if 语句和 else 语句配套使用的单条件测试。

```
if (布尔表达式)
{
    [布尔表达式为真时执行的语句序列]
}
else
{
    [布尔表达式为假时执行的语句序列]
}
```

(3) else 语句块中嵌套 if 语句的多条件测试。

```
if (布尔表达式1)
{
    [布尔表达式1为真时执行的语句序列]
}
else if (布尔表达式2)
{
    [布尔表达式2为真时执行的语句序列]
}
else
{
    [所有条件均为假时执行的语句序列]
}
```

【例 2-5】 根据消费积分确定奖品。

```
01.  class Example2_5
02.  {
03.      static void Main(string[] args)
04.      {
05.          int integral;           //消费积分
06.          Console.WriteLine("请输入消费积分: ");
07.          integral = int.Parse(Console.ReadLine());
08.          if (integral < 500)
09.              Console.WriteLine("积分过少暂不兑换!");
10.          else if(integral >= 500 && integral < 1000)
11.              Console.WriteLine("牙膏一支!");
12.          else if(integral >= 1000 && integral < 1500)
```

```
13.             Console.WriteLine("香皂两块!");
14.         else if (integral >= 1500 && integral <= 2000)
15.             Console.WriteLine("洗衣粉一袋!");
16.         else if (integral >= 2000 && integral < 2500)
17.             Console.WriteLine("洗头膏一瓶!");
18.         else if (integral >= 2500 && integral < 3000)
19.             Console.WriteLine("洗衣液一桶!");
20.         else
21.             Console.WriteLine("领现金券一张!");
22.         Console.Read();
23.     }
24. }
```

【运行结果】

单击工具栏中的"开始"按钮,即可在控制台中输出如图 2-6 所示的结果。

图 2-6　例 2-5 运行结果

【程序说明】

(1) 第 5 行定义整型变量 integral 保存消费积分,第 7 行通过 int.Parse()将读入的字符串转换为整数赋给 integral。

(2) 第 8～21 行使用嵌套的 if 语句判断不同的积分应兑换的奖品,这个判定过程有点儿复杂,可以如何改进呢?

2. switch 语句

当程序的执行有多个分支可选时,使用 if 语句会降低程序的可读性,在这种情况下可以使用 switch 语句。常用形式为:

```
switch (表达式)
{
    case 常量表达式 1:
        [语句序列 1]
    case 常量表达式 2:
        [语句序列 2]
    …
    [default: 语句序列]
}
```

使用 switch 语句时应注意下面的几个问题。

(1) 常量表达式:switch 条件表达式的值和每个 case 后的常量表达式可以是 string、int、char、enum 或其他类型,特别是常量表达式可以是 string 类型,给程序员带来了很大的方便。

(2) 语句序列:每个 case 后的语句序列可以用大括号括起来,也可以不用大括号,但是每个 case 块的最后一句一定要是 break 语句、goto 语句或者 return 语句，否则在编译时就会提示错误。

（3）switch 语句的执行顺序：根据 switch 条件表达式的值，自上而下扫描 case 块，如果某个 case 标记后的常量值等于条件表达式的值，则转到该 case 标记后的语句序列执行；如果所有 case 标记后的常量值都不等于条件表达式的值，则跳到 default 标记后的语句序列执行；如果没有 default 标记，则跳到 switch 语句块的结尾。

（4）注意的问题：当找到符合条件表达式值的 case 标记时，不会再对其他的 case 标记进行判断；某一个 case 块后可以没有语句序列，多个 case 块可以共用一组语句序列；如果 case 后有语句，则此 case 的顺序可任意，甚至可以将 default 子句放到最上面。

【例 2-6】 根据消费积分确定奖品（改写例 2-5）。

```
01.     class Example2_6
02.     {
03.         static void Main(string[ ] args)
04.         {
05.             int integral;
06.             Console.WriteLine("请输入消费积分：");
07.             integral = int.Parse(Console.ReadLine());
08.             integral = integral / 500;
09.             switch (integral)
10.             {
11.                 case 0:
12.                     Console.WriteLine("积分过少暂不兑换!");
13.                     break;
14.                 case 1:
15.                     Console.WriteLine("牙膏一支!");
16.                     break;
17.                 case 2:
18.                     Console.WriteLine("香皂两块!");
19.                     break;
20.                 case 3:
21.                     Console.WriteLine("洗衣粉一袋!");
22.                     break;
23.                 case 4:
24.                     Console.WriteLine("洗头膏一瓶!");
25.                     break;
26.                 case 5:
27.                     Console.WriteLine("洗衣液一桶!");
28.                     break;
29.                 default:
30.                     Console.WriteLine("领现金券一张!");
31.                     break;
32.             }
33.             Console.Read();
34.         }
35.     }
```

【运行结果】

单击工具栏中的"开始"按钮,即可在控制台中输出如图 2-7 所示的结果。

图 2-7 例 2-6 运行结果

【程序说明】

(1) 本例对例 2-5 进行了改写,第 8 行执行了 integral = integral / 500,使 integral 的取值变为 0,1,2,…,便于下面的 switch 语句进行处理。

(2) switch 语句中包含多个 case 块,当积分小于 3000 时总有一个 case 块与之对应,当积分等于或大于 3000 时执行 default 语句块。

2.5.2 循环语句

循环语句可以重复执行一个程序模块,C#语言中的循环语句有 for 语句、while 语句、do-while 语句和 foreach 语句。其中,foreach 语句主要用于对集合进行操作。

1. for 语句

for 语句需要至少一个局部变量控制循环测试条件,不满足测试条件时结束循环的执行,一般形式为:

```
for ([初始值]; [循环条件]; [循环控制])
{
    [语句序列]
}
```

for 语句的功能是以初始值作为循环的开始,当循环条件满足时进入循环体,开始执行语句序列,语句序列执行完毕返回循环控制,按照控制条件改变局部变量的值,并再次判断条件是否满足,直到条件不满足,结束循环,否则继续循环。

【例 2-7】 计算顾客所购商品的平均价格。

```
01.    class Example2_7
02.    {
03.        static void Main(string[] args)
04.        {
05.            double[] price = new double[5] { 10.2, 8.6, 13.9, 2.6, 5.4 };
06.            double avgPrice = 0;
07.            int i;
08.            for(i = 0; i < price.Length; i++)
09.                avgPrice += price[i];
10.            avgPrice = avgPrice / price.Length;
11.            Console.WriteLine("该顾客所购商品的平均价格为: {0}", avgPrice);
12.            Console.Read();
13.        }
14.    }
```

【运行结果】

单击工具栏中的"开始"按钮,即可在控制台中输出如图 2-8 所示的结果。

图 2-8　例 2-7 运行结果

【程序说明】

(1) 第 5 行定义了一个 double 类型的数组 price,保存顾客购买的每种商品的价格;第 6 行定义了一个 double 类型的变量 avgPrice,用来保存所有商品的平均价格。

(2) 第 8、9 行利用 for 循环首先得到 price 数组中所有元素之和并保存在 avgPrice 中;第 10 行再用 avgPrice 除以数组的长度就得到了所有元素的平均值,即顾客所购商品的平均价格。

2. foreach 语句

foreach 语句主要适合对集合对象的访问,可以使用该语句逐个提取集合中的元素,并对集合中的每个元素执行一次语句序列中的操作。其一般形式为:

foreach (类型 标识符 in 表达式)
{
　　[语句序列]
}

其中,类型和标识符是用来声明循环变量的,表达式对应于作为操作对象的一个集合。注意,循环变量是一个只读的局部变量,不能在循环体内改变它的值,循环变量的类型一定要和集合中元素的类型一致,否则要进行显式的类型转换。

集合的例子有数组、泛型集合类以及用户自定义的集合类等。

【例 2-8】　计算顾客所购商品的平均价格(改写例 2-7)。

```
01.    class Example2_8
02.    {
03.        static void Main(string[] args)
04.        {
05.            double[] price = new double[5] { 10.2, 8.6, 13.9, 2.6, 5.4 };
06.            double avgPrice = 0;
07.            foreach (double d in price)
08.                avgPrice += d;
09.            avgPrice = avgPrice / price.Length;
10.            Console.WriteLine("该顾客所购商品的平均价格为:{0}", avgPrice);
11.            Console.Read();
12.        }
13.    }
```

【运行结果】

单击工具栏中的"开始"按钮,即可在控制台中输出如图 2-9 所示的结果。

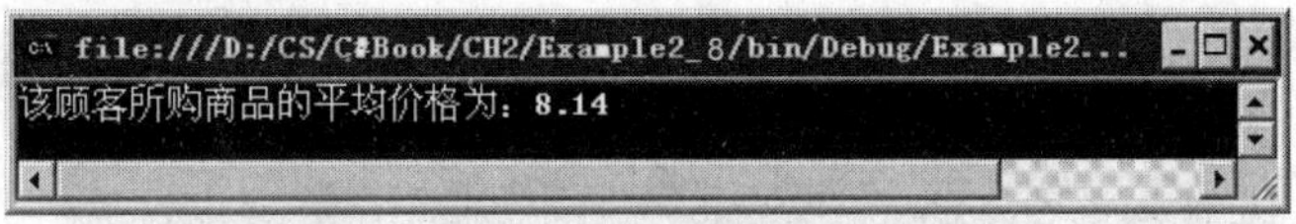

图 2-9 例 2-8 运行结果

【程序说明】

（1）第 5 行定义了一个 double 类型的数组 price，保存顾客购买的每种商品的价格；第 6 行定义了一个 double 类型的变量 avgPrice，用来保存所有商品的平均价格。

（2）第 7 行利用 foreach 语句依次获取数组 price 中的每一个元素，然后将该元素的值累加到 avgPrice 上，foreach 循环结束之后 avgPrice 中就保存了所有元素之和；第 9 行再用 avgPrice 除以数组的长度就得到了所有元素的平均值，即顾客所购商品的平均价格。

3. while 语句

while 语句与 for 语句一样，也是一个测试循环语句，在条件为 true 的情况下，会重复执行循环体内的语句序列，直到条件为 false 为止。与 for 语句不同的是，while 语句一般用于循环次数不确定的场合。其一般形式为：

```
while (条件)
{
    [语句序列]
}
```

【例 2-9】 依次输入顾客购买的每一种商品的价格，当输入 0 时结束输入，输出商品总价。

```
01.  class Example2_9
02.  {
03.      static void Main(string[] args)
04.      {
05.          int i = 0;
06.          double totalPrice = 0;
07.          double price = 0;
08.          Console.WriteLine("请输入商品{0}的价格：",++i);
09.          price = Convert.ToDouble(Console.ReadLine());
10.          while (!price.Equals(0))
11.          {
12.              totalPrice += price;
13.              Console.WriteLine("请输入商品{0}的价格：", ++i);
14.              price = Convert.ToDouble(Console.ReadLine());
15.          }
16.          Console.WriteLine("商品数量为：{0},商品总价为：{1}", --i,totalPrice);
17.          Console.Read();
18.      }
19.  }
```

【运行结果】

单击工具栏中的"开始"按钮，即可在控制台中输出如图 2-10 所示的结果。

图 2-10 例 2-9 运行结果

【程序说明】

(1) 第 5 行定义了一个整型变量 i 用来对商品数量进行计数；第 6 行定义了一个 double 类型的变量 totalPrice 用来保存商品的总价；第 7 行定义了一个 double 类型的变量 price 用来接收每次输入的商品价格。

(2) 第 9 行调用 Convert.ToDouble() 方法将输入的内容转换为 double 类型，而后赋给变量 price。

(3) 第 10 行调用 price.Equals() 方法判断输入的内容是否为 0，由于浮点类型存在数据精度的问题，所以一般不用"＝＝"来判断两个浮点类型数据是否相等，在这里调用了 Equals() 方法进行判断。

(4) 第 12～14 行首先将当前商品的价格累加到 totalPrice 上，然后继续输入下一商品的价格，再进行累加，直到输入 0 为止。

说明：while 后面的条件的返回值应为布尔类型，这一点与 C 语言有所不同，在 C 语言中 while(1) 代表条件永远为真，而在 C# 中这样写是不可以的，在 C# 中 while(2＞1) 是合法的，同样 if 后面的条件语句也是如此。

4. do-while 语句

do-while 语句与 while 语句非常类似，也是用来重复执行循环体内的程序。其一般形式为：

```
do
{
    [语句序列]
}while(条件)
```

与 while 语句不同之处在于，do-while 语句循环体内的程序会先被执行一次，然后再判断条件是否为 true，如果条件为 true 则继续循环，否则退出循环体。

【例 2-10】 求一个正整数的阶乘。

```
01.    class Example2_10
02.    {
03.        static void Main(string[] args)
04.        {
05.            Console.WriteLine("请输入一个正整数：");
06.            int n = Convert.ToInt32(Console.ReadLine());
07.            double m = 1;
08.            do
```

```
09.         {
10.             m *= n;
11.             n--;
12.         } while (n > 0);
13.         Console.WriteLine("n!={0}",m);
14.         Console.Read();
15.     }
16. }
```

【运行结果】

单击工具栏中的"开始"按钮,即可在控制台中输出如图 2-11 所示的结果。

图 2-11 例 2-10 运行结果

【程序说明】

(1) 第 6 行定义了一个整型变量 n 保存输入的整数;由于 n!可能是一个很大的值,所以第 7 行定义了一个 double 类型的变量 m 来保存 n!。

(2) 第 8~12 行在 do-while 循环内部依次将 n,n-1,…,1 乘到 m 上,最终得到 n!。

(3) 由于 do-while 循环无论条件是否成立都会先执行一次循环体内的语句,所以当输入-4 时也会计算一次,最终输出-4!=-4,这与实际结果是不相符的。也就是说当初始条件为 false 时,do-while 循环的执行结果是不正确的。

(4) 请用 while 语句自行改写此程序,还会存在上述问题吗?另改写程序当输入负数时给出错误提示,输入正数时输出正确的计算结果。

2.5.3 跳转语句

在条件和循环语句中,程序的执行都是按照条件的测试结果来进行的,但是在有些应用中需要打破程序的常规执行,跳转语句经常被用来配合条件测试和循环的执行。

1. break 语句

break 语句的功能是退出包含它的最内层循环体或 switch 语句。

【例 2-11】 从键盘输入一行任意的内容,找出第一个字母及该字母所在的位置。

```
01. class Example2_11
02. {
03.     static void Main(string[] args)
04.     {
05.         Console.WriteLine("请从键盘输入任意的内容: ");
06.         string s = Console.ReadLine();
07.         for (int i = 0; i < s.Length; i++)
08.         {
09.             if (char.IsLetter(s[i]))
10.             {
```

```
11.            Console.WriteLine("第一个字母是：{0},所在位置为：{1}",s[i],i);
12.            break;
13.         }
14.      }
15.      Console.Read();
16.   }
17. }
```

【运行结果】

单击工具栏中的"开始"按钮,即可在控制台中输出如图 2-12 所示的结果。

图 2-12 例 2-11 运行结果

【程序说明】

(1) 第 6 行定义了一个 string 变量 s 接收从键盘输入的内容。

(2) 第 7~14 行在 for 循环内部依次取出 s 中每一个字符判断是否为字母；由 Length 属性获得 s 的长度；调用 char.IsLetter()方法判断 s[i]是否为字母,如果是则输出其信息,同时用 break 结束 for 循环,对其后的元素就不再进行判断。

2. continue 语句

continue 语句的功能是结束本轮循环继续下一轮,如果 continue 语句得到执行,则 continue 后面的循环语句将不被执行。

【例 2-12】 从键盘输入一行任意的内容,如果某一位置不是数字则输出该位置的字符。

```
01. class Example2_12
02. {
03.    static void Main(string[] args)
04.    {
05.       Console.WriteLine("请从键盘输入任意的内容：");
06.       string s = Console.ReadLine();
07.       for (int i = 0; i < s.Length; i++)
08.       {
09.          if (char.IsDigit(s[i]))
10.             continue;
11.          Console.WriteLine("位置{0}的字符是：{1}",i, s[i]);
12.       }
13.       Console.Read();
14.    }
15. }
```

【运行结果】

单击工具栏中的"开始"按钮,即可在控制台中输出如图 2-13 所示的结果。

图 2-13 例 2-12 运行结果

【程序说明】

(1) 第 6 行定义了一个 string 变量 s 接收从键盘输入的内容。

(2) 第 7~12 行在 for 循环内部依次取出 s 中每一个字符判断是否为数字;由 Length 属性获得 s 的长度;调用 char.IsDigit()方法判断 s[i]是否为数字,如果是则利用 continue 语句结束本轮循环,继续取出下一个字符进行判断,如果不是则 continue 后面的语句就得到执行,相应位置的字符就会被输出。

3. goto 语句

goto 语句的功能是将控制转到由标识符指定的语句。其格式为:

goto 标识符;

标识符的命名跟变量的命名是一样的,用户根据需要来定义。需要注意的是,虽然 goto 语句使用上比较方便,但随意跳转容易引起逻辑上的混乱,所以除了以下两种情况外,一般不要使用 goto 语句。

(1) 在 switch 语句中从一个 case 标签跳转到另一个 case 标签时;

(2) 从多重循环体内部直接跳转到最外层的循环体外。

【例 2-13】 百钱百鸡问题,公鸡 5 元一只,母鸡 3 元一只,小鸡 1 元三只,问 100 元钱买 100 只鸡,公鸡、母鸡、小鸡分别各多少只?

```
01.    class Example2_13
02.    {
03.        static void Main(string[] args)
04.        {
05.            int Cock = 0, Hen = 0, Chick = 0;
06.            for(Cock = 1;Cock <= 100/5;Cock++)
07.                for (Hen = 1; Hen <= 100 / 3; Hen++)
08.                {
09.                    Chick = 100 - Cock - Hen;
10.                    if ((Chick % 3 == 0) && (5 * Cock + 3 * Hen + Chick / 3 == 100))
11.                        goto found;
12.                }
13.            found: Console.WriteLine("Cock = {0},Hen = {1},Chick = {2}",Cock ,Hen,Chick);
14.            Console.Read();
15.        }
16.    }
```

【运行结果】

单击工具栏中的"开始"按钮,即可在控制台中输出如图 2-14 所示的结果。

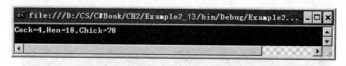

图 2-14 例 2-13 运行结果

【程序说明】

(1) 第 5 行定义了三个整型变量分别用于保存公鸡、母鸡和小鸡的数量。

(2) 由于公鸡 5 元一只,所以公鸡的最大购买数量为 100/5,同理得到母鸡的最大购买数量,由此得到第 6、7 行两层 for 循环的写法,总共为 100 只鸡,所以 chick = 100 - Cock - Hen;Chick 的数量要求能被 3 整除,三种鸡的总价要为 100,按此要求写出第 10 行的代码。

(3) 如果找到满足条件的组合,使用 goto 语句跳到 found 标识符的位置,输出每种鸡的数量。

(4) 试用 break 语句改写此程序。

4. return 语句

return 语句的功能是退出类的方法,将控制返回到方法的调用者。其格式为:

return[表达式];

其中,表达式为可选项,如果方法有返回类型,则 return 语句必须用表达式返回这个类型的值,否则 return 语句不能使用表达式。

【例 2-14】 判断键盘输入的正整数是否为素数。

```
01.   class Example2_14
02.   {
03.       static bool IsPrime(int n)
04.       {
05.           for (int i = 2; i < n / 2; i++)
06.               if (n % i == 0)
07.                   return false;
08.           return true;
09.       }
10.       static void Main(string[] args)
11.       {
12.           Console.WriteLine("请输入一个正整数:");
13.           int m = Convert.ToInt32(Console.ReadLine());
14.           if (IsPrime(m))
15.               Console.WriteLine("输入的是一个素数!");
16.           else
17.               Console.WriteLine("输入的不是素数!");
18.           Console.Read();
19.       }
20.   }
```

【运行结果】

单击工具栏中的"开始"按钮,即可在控制台中输出如图 2-15 所示的结果。

图 2-15 例 2-14 运行结果

【程序说明】

(1) 第 3 行定义了一个方法 IsPrime(int n)，返回类型为布尔类型，如果参数 n 是素数则用 return 返回 true，否则返回 false。

(2) 第 14 行在 Main()方法中调用 IsPrime 方法，对实参 m 进行判断，根据返回值输出相应的提示信息。

(3) 试改写程序输出 1～100 内的所有素数。

2.6 数组和枚举

简单数据类型如整型、字符串类型等变量都只能存储一个值，如果需要存储多个相同类型的数据，可以使用数组。使用枚举，可以避免不合理的赋值，使程序更加合理和安全。本节讲解数组和枚举的使用。

2.6.1 数组的定义和使用

数组是一组名称和类型完全相同的变量的集合。由于数组几乎可以为任意长度，因此可以使用数组存储数千乃至数万个对象，但必须在创建数组时就确定其大小。数组是一个经过索引的对象集合，数组中的每一项都可按索引进行访问；索引是一个数字，指示对象在数组中的存储位置，起始位置的索引为 0。数组既可用于存储值类型，也可用于存储引用类型。

1. 一维数组的声明和使用

一维数组声明如下：

数据类型[ ] 数组名；

如下所示：

int[ ] array1 = new int[5];   //声明有 5 个数组元素的数组

或

int[ ] array1;
array1 = new int[5];   //和上面的数组声明等价

一维数组初始化：

声明过的数值类型数组中的数组元素默认值为零，引用类型中的数组元素默认值为 null，可以在创建数组的同时初始化数组，如下所示。

int[ ]array1 = new int[ ]{1,3,5,7,9};   //有 5 个元素的数组，初值分别为 1,3,5,7,9

或

```
int[]arrray1 = new int[5]{1,3,5,7,9};        //数组的大小和数组元素的个数必须相等
```

或

```
int[]array1 = {1,3,5,7,9};
```

如果数组的声明与初始化分开,在对数组初始化时必须使用 new 运算符。

```
int[] array1;
array1 = new int[5] {1,3,5,7,9};
```

2. 多维数组的声明和使用

多维数组是指维数大于 1 的数组,常用的是二维数组和三维数组。从概念上来说,二维数组类似于二维表格,三维数组则类似于立方体。下面以二维数组为例讲解一下多维数组的声明和使用。

二维数组声明如下:

数据类型[,] 数组名;

如下所示:

```
int[,] array2 = new int[2,2];                //声明一个两行两列的二维数组
```

二维数组初始化:

可以通过 new 运算符创建数组并将数组元素初始化为它们的默认值。也可以在初始化时不指定行数和列数,而是编译器根据初始值的数量来自动计算数组的行数和列数,如下所示。

```
int[,] array2 = new int[2,2]{{1,1},{2,2}};
int[,] array2 = new int[,]{{1,1},{2,2}};     //不指定行数和列数
```

【例 2-15】 求一个整型矩阵中的最大值。

```
01.    class Example2_15
02.    {
03.        static void Main(string[] args)
04.        {
05.            int[,] a = new int[3,3]{{1,8,6},{3,7,15},{6,8,10}}; //声明并初始化矩阵
06.            int i, j;
07.            int row = 0, col = 0, max = 0;
08.            max = a[0,0];
09.            for(i = 0;i < 3;i++)
10.                for (j = 0; j < 3; j++)
11.                {
12.                    if (a[i,j] > max)
13.                    {
14.                        max = a[i,j];
15.                        row = i;             //记录最大值的行号
16.                        col = j;             //记录最大值的列号
```

```
17.            }
18.         }
19.         Console.WriteLine("最大值为:{0}\n所在位置为：a[{1},{2}]", max, row, col);
20.         Console.Read();
21.      }
22. }
```

【运行结果】

单击工具栏中的"开始"按钮，即可在控制台中输出如图 2-16 所示的结果。

图 2-16 例 2-15 运行结果

【程序说明】

（1）第 5 行首先声明并初始化一个矩阵；第 6 行定义两个循环变量；第 7 行定义 row 保存最大值的行号，col 保存最大值的列号，max 保存最大值；第 8 行先将 max 的值设为 a[0,0]。

（2）第 9～18 行通过两层 for 循环对矩阵中的每一个元素进行遍历，在此过程中将每一个元素与 max 进行比较，如果该元素大于 max，则 max 的值就等于该元素的值，同时记录下该元素的行号和列号。

（3）第 19 行输出最大值及在数组中的位置。

3．交错数组的声明和使用

交错数组相当于一维数组的每一个元素又是一个数组，也可以把交错数组称为"数组的数组"，交错数组每一行的列数可以相同也可以不同。

下面是二维交错数组的定义举例：

```
int[ ][ ] array3 = new int[2][ ]{new int[ ] {1,2}, new int[ ] {3,4,5}};
                        //该数组的第一行有两列,第二行有三列
```

或

```
int[ ][ ] array3 = new int[ ][ ]{new int[ ] {1,2}, new int[ ] {3,4,5}};
```

或

```
int[ ][ ] array3 = {new int[ ] {1,2}, new int[ ] {3,4,5}};
```

交错数组的每一个元素既可以是一维数组，也可以是多维数组。例如，下面的语句中每个元素又是一个二维数组。

```
int[ ][,] array4 = new int [2][,]
{
    new int[,] {{1,2}, {3,4}},
    new int[,] {{1,2}, {3,4}, {5,6}}
};
```

【例 2-16】 利用交错数组打印杨辉三角形。

```csharp
01.    class Example2_16
02.    {
03.        static void Main(string[] args)
04.        {
05.            int i, j, d;
06.            Console.WriteLine("请输入要输出杨辉三角形的行数：");
07.            d = int.Parse(Console.ReadLine());
08.            int[][] YH = new int[d][];              //声明二维交错数组 YH
09.            for (i = 0; i < YH.Length; i++)         //YH.Length 返回的是 YH 数组第一
10.            {                                       //维的长度即 d 的值
11.                YH[i] = new int[i + 1];
12.                YH[i][0] = 1;
13.                YH[i][i] = 1;
14.            }
15.            for (i = 2; i < YH.Length; i++)
16.                for (j = 1; j < YH[i].Length - 1; j++)
17.                    YH[i][j] = YH[i - 1][j] + YH[i - 1][j - 1];
18.            Console.WriteLine("杨辉三角形如下：");
19.            for (i = 0; i < YH.Length; i++)
20.            {
21.                for (j = 0; j < YH[i].Length; j++)
22.                    Console.Write("{0} ", YH[i][j]);
23.                Console.WriteLine();
24.            }
25.            Console.Read();
26.        }
27.    }
```

【运行结果】

单击工具栏中的"开始"按钮，即可在控制台中输出如图 2-17 所示的结果。

图 2-17 例 2-16 运行结果

【程序说明】

（1）第 7 行通过键盘输入要输出的行数赋给变量 d，第 8 行根据 d 的值动态地生成二维交错数组 YH，但此时只确定了 YH 数组的第一维长度即包含的行数，第二维的长度即每一行包含的元素个数还没有确定。

（2）第 9 行通过 YH.Length 得到 YH 数组第一维的长度即 d 的值，在 for 循环内部生成 YH 数组第二维的每一行，并将每一行第一个和最后一个元素的值赋为 1。

（3）第 15～17 行通过两层 for 循环生成每一行第二个到倒数第二个元素。

(4) 第 19～24 行输出杨辉三角形中每一行的每一个元素。

说明：C#中可以根据变量值动态地生成数组,这一点与 C 语言是有所不同的。例如,

int m, n; m = 5; n = 6; int arr[,] = new int[m, n]; arr[0,0] = 1;

2.6.2 Array 类

System.Array 类提供了创建、操作、搜索和排序数组的许多静态方法供程序调用,它是所有数组类型的抽象基类,不能直接从 System.Array 类显式地派生自己的数组类型。Array 类常用的方法,如表 2-9 所示。

表 2-9 Array 类的一些常用方法

方法名	说明
BinarySearch	在一维排序 Array 中搜索特定元素
Clear	将 Array 中的一系列元素设置为零、false 或 null,具体取决于元素类型
Copy	复制 Array 中的一系列元素,将它们粘贴到另一 Array 中
CreateInstance	创建数组
Find	搜索与指定谓词所定义的条件相匹配的元素,并返回整个 Array 中的第一个匹配元素
GetLength	获取一个 32 位整数,该整数表示 Array 的指定维中的元素数
IndexOf	搜索指定的对象,并返回 Array 中匹配项的索引
Reverse	反转一维 Array 中全部或部分元素的顺序
Sort	对 Array 中的元素进行排序

【例 2-17】 求数组的秩和长度。

```
01.    class Example2_17
02.    {
03.        static void Main(string[] args)
04.        {
05.            int[,] arr1 = new int[3,4]{ { 1, 1, 1, 1 }, { 2, 2, 2, 2 }, { 3, 3, 3, 3 } };
06.            int[][] arr2 = new int[3][];
07.            arr2[0] = new int[1];
08.            arr2[1] = new int[2];
09.            arr2[2] = new int[3];
10.            Console.WriteLine("arr1 的秩为：{0},arr2 的秩为：{1}", arr1.Rank , arr2.Rank);
11.            Console.WriteLine("arr1 的长度：{0}", arr1 .Length);
12.            Console.WriteLine("arr1 第一维的长度：{0},arr1 第二维的长度：{1}", arr1 .GetLength (0), arr1 .GetLength (1));
13.            Console.WriteLine("arr2 的长度：{0}", arr2.Length);
14.            Console.WriteLine("arr2 第一维的长度：{0}", arr2.GetLength(0));
15.            Console.WriteLine("arr2 第一行的长度：{0}", arr2[0].Length);
16.            Console.WriteLine("arr2 第二行的长度：{0}", arr2[1].Length);
17.            Console.WriteLine("arr2 第三行的长度：{0}", arr2[2].Length);
18.            Console.Read();
19.        }
20.    }
```

【运行结果】

单击工具栏中的"开始"按钮,即可在控制台中输出如图 2-18 所示的结果。

图 2-18　例 2-17 运行结果

【程序说明】

(1) 第 10 行通过 Rank 属性求 arr1 和 arr2 的秩即数组的维数,对于规则二维数组 arr1 秩为 2,而对于交错二维数组 arr2 秩却为 1。

(2) 第 11 行通过 Length 属性得到 arr1 的长度,此长度是规则二维数组 arr1 中包含所有元素的个数。

(3) 第 12 行 arr1.GetLength(0)和 arr1.GetLength(1)分别得到 arr1 第一维和第二维的长度。

(4) 第 13 行通过 Length 属性得到 arr2 的长度,此值与第 14 行 arr2.GetLength(0)的值是相等的,即交错二维数组 arr2 的长度与第一维的长度是相等的;因 arr2 各行的长度是不统一的,所以无法调用 GetLength(1)求得第二维的长度。

(5) 对于 arr2 中各行包含元素的个数,在第 15～17 行分别通过 arr2[0]、arr2[1]和 arr2[2]的 Length 属性来求得。

【例 2-18】　一维数组的排序、查找和统计。

```
01.   class Example2_18
02.   {
03.       static void Main(string[] args)
04.       {
05.           int[] a = { 7, 3, 15, 6, 24, 32, 27, 11 };
06.           Console.WriteLine("数组 a 的初始值为: ");
07.           PrintArray(a);
08.           Array.Sort(a);
09.           Console.WriteLine("数组 a 升序排序后值为: ");
10.           PrintArray(a);
11.           Array.Reverse(a);
12.           Console.WriteLine("数组 a 降序排序后值为: ");
13.           PrintArray(a);
14.           Console.WriteLine("数组 a 中是否包含数值 15: {0}", a.Contains (15)?true:false);
15.           Console.WriteLine("降序排序后数值 15 在数组 a 中的位置: {0}", Array.IndexOf (a,15));
16.           Console.WriteLine("数组 a 的和为: {0},平均值为: {1}", a.Sum(), a.Average());
17.           Console.WriteLine("数组 a 的最大值为: {0},最小值为: {1}", a.Max(), a.Min());
18.           Console.Read();
19.       }
20.       static void PrintArray(int[] arr)
```

```
21.         {
22.             foreach (int n in arr)
23.                 Console.Write("{0,5}",n);
24.             Console.WriteLine();
25.         }
26. }
```

【运行结果】

单击工具栏中的"开始"按钮,即可在控制台中输出如图 2-19 所示的结果。

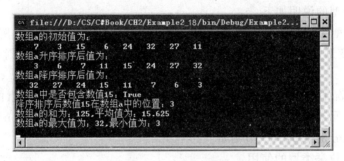

图 2-19 例 2-18 运行结果

【程序说明】

(1) 第 20 行自定义了 PrintArray 方法,实现对数组中每个元素的输出,在该方法中通过 foreach 语句对数组中的每个元素进行遍历,foreach 语句将在后面介绍。

(2) 第 8 行调用 Array.Sort()方法实现对数组的升序排序;第 11 行调用 Array.Reverse()方法实现数组的反转,达到降序排序的效果。

(3) 第 14 行调用 Contains()方法判断数值 15 是否在数组 a 中;第 15 行通过 Array.IndexOf()方法得到数值 15 在数组 a 中的位置。

(4) 第 16、17 行分别调用 Sum()、Average()、Max()和 Min()方法,得到数组 a 的和、平均值、最大值和最小值。

2.6.3 匿名数组

匿名数组就是隐藏类型的数组,这和匿名变量相同,不同的是类型为数组。匿名数组的语法和前面的类似,就是用 var 替换具体的数据类型。例如:

```
var array1 = new[]{1, 2, 3, 4, 5};           //定义匿名数组,元素类型是 int
var array1 = new[]{1, 1.2, 2, 2.4, 2.5};     //定义匿名数组,元素类型是 double
var array1 = new[]{"ab","bcd","def"};        //定义匿名数组,元素类型是 string
```

2.6.4 枚举的定义和使用

枚举是一组已经命名的数值常量,用来定义一组具有特定值的数据类型,是便于记忆的符号,使用此数据类型可以使代码更具有可读性,还可降低将非法值或意外值赋给该变量的可能性。

通常使用关键字 enum 定义枚举,语法如下。

[访问修饰符] enum 枚举名称{枚举对象}

例如，定义一个代表星期的枚举类型的变量：

```
public enum Week                              //定义枚举名称
{
Monday, Tuesday, Wednesday, Thursday, Friday, Saturday, Sunday    //定义了枚举对象的枚举值
};
Week wk1;                                     //定义了 Week 类型的枚举变量 wk1
```

关于枚举类型的说明如下。

（1）枚举类型的变量在某一时刻只能取枚举中的某一个元素的值。例如，wk1 是枚举类型"Week"的变量，它的值要么是 Monday，要么是 Friday 等，在一个时刻只能代表具体的某一天。

（2）默认情况下，枚举中的每个对象都有相对应的枚举值，第一个元素的值为 0，它后面的每一个连续的元素的值以 1 递增。可以对元素进行赋值。例如，把 Monday 的值设为 1，则其后元素的值分别为 2,3,…举例如下。

【例 2-19】 枚举类型的使用。

```
01.   class Example2_19
02.   {
03.       public enum Season
04.       { spring, summer = 2, autumn, winter };
05.       static void Main(string[] args)
06.       {
07.           Season sn = Season.autumn;
08.           Console.WriteLine("sn:{0}, sn.value:{1}", sn, (int)sn);
09.           string[] seasonNames = Enum.GetNames(typeof(Season));
10.           Console.WriteLine("SeasonNames:{0}", string.Join(",", seasonNames));
11.           int[] seasonIndex = (int[])Enum.GetValues(typeof(Season));
12.           for (int i = 0; i < seasonIndex.Length; i++)
13.               Console.WriteLine("{0}:{1}", seasonNames[i], seasonIndex[i]);
14.           Console.Read();
15.       }
16.   }
```

【运行结果】

单击工具栏中的"开始"按钮，即可在控制台中输出如图 2-20 所示的结果。

图 2-20 例 2-19 运行结果

【程序说明】

（1）第 4 行将 summer 的值赋为 2，其他枚举元素的值为多少呢？看看运行结果自己进行分析。

（2）第 7 行定义 Season 类型的变量 sn，将 sn 赋值为 autumn，第 8 行输出 sn 的枚举值和 sn 对应的数值。

（3）第 9 行调用 Enum.GetNames()方法获取 Season 中定义的所有符号名称，保存在字符串数组 seasonNames 中。

（4）第 10 行通过 string.Join()方法将字符串数组 seasonNames 中的每一个元素之间用","进行串联，最后产生一个串联的字符串。

（5）第 11 行调用 Enum.GetValues()方法获取 Season 中定义的所有符号名称对应的数值，保存在整型数组 seasonIndex 中。

（6）第 12、13 行利用 for 循环将保存在数组 seasonNames 和数组 seasonIndex 中的每一个枚举元素的名称和数值进行输出。

2.7 字　符　串

在 .NET Framework 中，字符串是由一个或多个 Unicode 字符构成的一组字符序列。任何一个应用程序，都离不开对字符串的操作，掌握常用的字符串操作方法是 C♯程序设计的基本要求。

字符串的常用操作有字符串比较、查找、插入、删除、求子串、移除首尾字符、合并与拆分以及大小写转换等。

2.7.1　字符串的创建与表示形式

创建字符串的方法很简单，一种是直接将字符串常量赋给字符串类型的对象，例如：

```
String s1 = "this is a string.";
```

另一种常用的操作是通过构造函数创建字符串类型的对象，如下面的语句通过将字符'a'重复 4 次来创建一个新字符串：

```
String s2 = new string('a',4);            //结果为 aaaa
```

如果要得到字符串中的某个字符，用中括号指明字符在字符串中的序号即可，例如：

```
String myString = "some text";
Char chFirst = myString[2];               //求字符串 myString 的第三个字符，结果为 m
```

需要注意的是，string 是 Unicode 字符串，即每个英文字母占两个字节，每个汉字也是两个字节。在计算字符串长度时，每个英文字母的长度为 1，每个汉字的长度也是 1。

例如：

```
String str = "ab 张三 cde";
Console.WriteLine(str.Length);            //输出结果：7
```

2.7.2 字符串比较

要精确比较两个字符串的大小,可以用 string.Compare(string s1,string s2),它返回以下三种可能的结果。

如果 s1 大于 s2,结果为 1;

如果 s1 等于 s2,结果为 0;

如果 s1 小于 s2,结果为 −1。

另外,string.Compare(string s1,string s2,bool ignoreCase)在比较两个字符串大小时还可以指定是否区分大小写。例如:

```
string s1 = "this is a string.";
string s2 = s1;
string s3 = new string('a',4);
Console.WriteLine(string.Compare(s1,s2));    //结果为 0
Console.WriteLine(string.Compare(s1,s3));    //结果为 1
Console.WriteLine(string.Compare(s3,s1));    //结果为 −1
```

如果仅比较两个字符串是否相等,最好用 Equals 方法或者直接使用"=="来比较,例如:

```
Console.WriteLine(s1.Equals(s2));    //结果为 True
Console.WriteLine(s1 == s2);         //结果为 True
```

2.7.3 字符串查找

除了可以直接用 string[index]得到字符串中的第 index 个位置的单个字符外,还可以使用下面的方法在字符串中查找指定的子字符串。

1. Contains 方法

Contains 方法用于查找一个字符串中是否包含指定的子字符串,语法为:

```
Public bool Contains(string value)
```

例如:

```
if(s1.Contains("abc")) Console.WriteLine("s1 中包含 abc");
```

2. IndexOf 方法和 LastIndexOf 方法

IndexOf 方法用于求某个字符或者子串在字符串中出现的位置。该方法有多种重载形式,最常用的有如下两种形式。

1) public int IndexOf(string s)

这种形式返回 s 在字符串中首次出现的从零开始的位置。如果字符串中不存在 s,则返回−1。

2) public int IndexOf(string s,int starIndex)

这种形式从 startIndex 处开始查找 s 在字符串中首次出现的从零开始的位置。如果找不到,则返回−1。

LastIndexOf 方法的用法与 IndexOf 方法相同,区别是 LastIndexOf 方法与 IndexOf 方

法的查找方向刚好相反。

【例 2-20】 查找子串出现的次数。

```
01.    class Example2_20
02.    {
03.        static void Main(string[ ] args)
04.        {
05.            String s1 = "xyz123xyz123xyz1";
06.            int count = 0;
07.            int startIndex = 0;
08.            while (true)
09.            {
10.                int i = s1.IndexOf("z1", startIndex);
11.                if (i != -1)
12.                {
13.                    count++;
14.                    startIndex = i + 1;
15.                }
16.                else
17.                    break;
18.            }
19.            Console.WriteLine("\"z1\"在 s1 中共出现了{0}次", count);
20.            Console.Read();
21.        }
22.    }
```

【运行结果】

单击工具栏中的"开始"按钮,即可在控制台中输出如图 2-21 所示的结果。

图 2-21　例 2-20 运行结果

【程序说明】

第 10 行利用 IndexOf 方法从 startIndex 所指示的位置开始查找"z1"在 s1 中首次出现的位置,如果找到了从下一个位置开始继续查找,如果没找到则退出循环。

3. IndexOfAny 方法

如果要查找某个字符串中是否包含某些字符(多个不同的字符),虽然用 IndexOf 方法分别查找也可以达到希望的结果,但是比较麻烦。在这种情况下,应该用 IndexOfAny 方法进行查找。

IndexOfAny 方法的常用语法为:

public int IndexOfAny(char[ ] anyOf)

该方法返回 Unicode 字符数组中的任意字符在字符串实例中第一个匹配项从零开始的索引位置,如果未找到 anyOf 中任何一个字符,则返回-1。

例如：

```
string s1 = "123abc123abc123";
char[ ] c = {'a','b','5','8'};
int x = s1.IndexOfAny(c);                //x 结果为 3
```

2.7.4 求子字符串

如果希望得到一个字符串中从某个位置开始的子字符串，可以用 Substring 方法。例如：

```
string s1 = "abc123";
string s2 = s1.Substring(2);             //从第三个字符开始取到字符串末尾,结果为"c123"
string s3 = s1.Substring(2,3);           //从第三个字符开始取三个字符,结果为"c12"
```

2.7.5 字符串的插入、删除与替换

在一个字符串中的插入、删除、替换子字符串的语法如下。

1. 从 startIndex 开始插入子字符串 value

public string Insert(int startIndex, string value)

2. 删除从 startIndex 到字符串结尾的子字符串

public string Remove(int startIndex)

3. 删除从 startIndex 开始的 count 个字符

public string Remove(int startIndex, int count)

4. 将 oldChar 的所有匹配项均替换为 newChar

public string Replace(char oldChar, char newChar)

5. 将 oldValue 的所有匹配项均替换为 newValue

public string Replace(string oldValue, string newValue)

以上语法中的 startIndex 表示字符串中从零开始的起始位置，startIndex 参数值的范围为从 0 到字符串实例的长度减 1。

例如：

```
string s1 = "abcdabcd";
string s2 = s1.Insert(2,"12");           /结果为"ab12cdabcd"
string s3 = s1.Remove(2);                //结果为"ab"
string s4 = s1.Remove(2,1);              //结果为"abdabcd"
string s5 = s1.Replace('b','h');         //结果为"ahcdahcd"
string s6 = s1.Replace("ab","");         //结果为"cdcd"
```

2.7.6 移除首尾指定的字符

利用 TrimStart 方法可以移除字符串首部的一个或多个字符，从而得到一个新字符串；

利用 TrimEnd 方法可以移除字符串尾部的一个或多个字符；利用 Trim 方法可以同时移除字符串首部和尾部的一个或多个字符。

这三种方法中，如果不指定要移除的字符，则默认移除空格。例如：

```
string s1 = " this is a book";
string s2 = "that is a pen ";
string s3 = " is a pen ";
Console.WriteLine(s1.TrimStart( ));        //移除首部空格
Console.WriteLine(s2.TrimEnd( ));          //移除尾部空格
Console.WriteLine(s3.Trim ( ));            //移除首部和尾部空格
string str1 = "Hello World!";
char[ ] c1 = {'r', 'o', 'W', 'l', 'd', '!', ''};
string newStr1 = str1.TrimEnd(c1);   //移除 str1 尾部在字符数组 c 中包含的所有字符(结果为"He")
string str2 = "沈阳开全运会沈阳";
char[ ] c2 = {'沈', '阳'};
string newStr2 = str2.Trim(c2);            //newStr2 得到的结果为"开全运会"
```

2.7.7 字符串的合并与拆分

1. Join 方法

Join 方法用于在数组的每个元素之间串联指定的分隔符，从而产生单个串联的字符串。语法为：

```
public static string Join(string separator, string[ ]value)
```

2. Split 方法

Split 方法用于将字符串按照指定的一个或多个字符进行分离，从而得到一个字符串数组。常用的语法为：

```
Public string[ ] Split(params char[ ]separator)
```

在这种语法形式中，分隔的字符参数个数可以是一个，也可以是多个。如果分隔符是多个字符，各字符之间用逗号分开。当有多个参数时，它表示只要找到其中任何一个分隔符，就将其分离。

例如：

```
string[ ] sArray1 = {"123", "456", "abc"};
string s1 = string.Join(",",sArray1);     //结果为"123,456,abc"
string[ ] sArray2 = s1.Split(',');        //sArray2 得到的结果与 aArray1 相同
string s2 = "abc 12;34,56";
string[ ] sArray3 = s2.Split(',',';',' ');  //分隔符为逗号、分号、空格
Console.WriteLine(string.Join(Environment.NewLine,sArray3));
```

输出结果：

abc
12
34
56

2.7.8 字符串中字母的大小写转换

将字符串的所有英文字母转换为大写可以用 ToUpper 方法,将字符串的所有英文字母转换为小写可以用 ToLower 方法。

例如:

```
string s1 = "This is a string";
string s2 = s1.ToUpper( );                //s2 结果为 THIS IS A STRING
string s3 = Console.ReadLine( );
if (s3.ToLower( ) == "yes")
{
    Console.WriteLine("OK");
}
```

2.7.9 String 与 StringBuilder 的区别

String 类实际上表示的是一系列不可变的字符。说其实例是"不可变的",是因为无法直接修改给该字符串分配的堆中的字符串。例如,在 myString 的后面接上另一个字符串:

```
myString += "and a bit more";
```

其实际操作并不是在原来 myString 所占内存空间的后面直接附加上第二个字符串,而是返回一个新 String 实例,即重新为新字符串分配内存空间。显然,如果这种操作非常多,对内存的消耗是非常大的,因此,字符串连接要考虑如下两种情况:如果字符串连接次数不多,使用"+"号比较方便;如果有大量字符串连接操作,应该使用 StringBuilder 类。

StringBuilder 类位于 System.Text 命名空间下,使用 StringBuilder 类每次重新生成新字符串时不是再生成一个新实例,而是直接在原来字符串占用的内存空间上进行处理,而且它可以动态地分配占用的内存空间大小,因此,在字符串连接操作比较多的情况下,使用 StringBuilder 类可以大大提高系统的性能。

默认情况下,编译器会自动为 StringBuilder 类型的字符串分配一定的内存容量,也可以在程序中直接修改其占用的字节数。

【例 2-21】 StringBuilder 类使用示例。

```
01.    class Example2_21
02.    {
03.        static void Main(string[] args)
04.        {
05.            StringBuilder sb = new StringBuilder();
06.            sb.Append("原始字符串");
07.            sb.AppendLine("第二次追加内容 Y");
08.            sb.Append("第三次追加内容");
09.            string s = sb.ToString();
10.            Console.WriteLine(s);
11.            Console.ReadLine();
12.        }
13.    }
```

【运行结果】

单击工具栏中的"开始"按钮,即可在控制台中输出如图2-22所示的结果。

图2-22 例2-21运行结果

【程序说明】

(1)第5行定义了一个StringBuilder类型的字符串变量sb,分别用Append()和AppendLine()方法向其中添加内容,其中AppendLine()方法添加内容后进行换行。

(2)向sb中添加内容完成后,通过ToString()方法将其转换为string类型,然后输出。

(3)当字符串的内容多次变化时,通过StringBuilder类的使用可以大大减少垃圾字符串的产生。

2.8 问题解决

对于本章的导入问题,通过以上知识的学习可以解决。我们采取下面的步骤来加以解决。

(1)声明5个变量,分别存储商品名称、商品价格、商品总价、折后总价和商品数量。

(2)利用while循环依次输入商品的名称和价格,当商品名称为"♯"时结束输入。在输入的过程中累计商品总价和商品总数量。

(3)利用循环依次输出所有商品的名称和价格。

(4)根据商品总价确定折扣,计算打折后的价格,并进行输出。

根据以上思路,解决问题的完整代码如下。

【例2-22】 解决导入问题。

```
01.    class Example2_22
02.    {
03.        static void Main(string[] args)
04.        {
05.            string[] comName = new string[20];      //商品名称
06.            decimal[] comPrice = new decimal[20];   //商品价格
07.            decimal totalPrice = 0.0m;              //商品总价
08.            decimal discountPrice;                  //折后总价
09.            int comNUm = 0;                         //商品数量
10.            Console.WriteLine("请输入商品的名称和价格,商品名称为♯时结束输入!");
11.            while (true)
12.            {
13.                Console.Write("请输入商品{0}名称: ",comNUm + 1);
14.                comName[comNUm] = Console.ReadLine();
15.                if (comName[comNUm].Equals("♯"))
16.                    break;
```

```
17.         Console.Write("请输入商品{0}价格：",comNUm + 1);
18.         comPrice[comNUm] = Convert.ToDecimal(Console.ReadLine());
19.         totalPrice += comPrice[comNUm];
20.         comNUm++;
21.     }
22.     Console.WriteLine("商品名称\t商品价格");
23.     for (int i = 0; i < comNUm; i++)
24.     {
25.         Console.WriteLine("{0,-16}{1}", comName[i], comPrice[i]);
26.     }
27.     if (totalPrice > 1000)
28.         discountPrice = totalPrice * 0.8m;
29.     else if(totalPrice > 700)
30.         discountPrice = totalPrice * 0.85m;
31.     else if(totalPrice > 500)
32.         discountPrice = totalPrice * 0.9m;
33.     else
34.         discountPrice = totalPrice * 0.95m;
35.     Console.WriteLine("总价为{0},折后的总价为:{1},为您节省:{2}", totalPrice, discountPrice, totalPrice - discountPrice);
36.     Console.Read();
37.     }
38. }
```

【运行结果】

单击工具栏中的"开始"按钮，即可在控制台中输出如图 2-23 所示的结果。

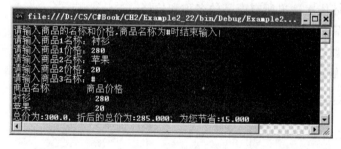

图 2-23　例 2-22 运行结果

【程序说明】

（1）由于顾客购买的商品有多件，所以第 5 行和第 6 行分别定义了一个 string 和 decimal 类型的数组来存储商品的名称和价格。

（2）第 11~21 行利用 while 循环依次输入商品的名称和价格，当商品名称为"#"时，利用 break 语句结束循环。

（3）第 23~26 行利用 for 循环依次输出顾客所购买商品的名称和价格，为了输出的整齐性，规定商品名称的输出宽度为 16 并左对齐。

（4）第 27~35 行利用分支语句按照消费额度计算折后总价，并进行输出。

小 结

本章介绍了C#中的数据类型、类型转换、数组及枚举的使用、操作符的使用和流程控制语句的用法。值类型和引用类型的区别需要深刻理解,这对理解程序的运行结果十分有帮助。数组是常用的数据结构,合理地利用数组会大大提高问题的处理效率。有效地利用流程控制语句,可以使程序的执行为我们所控制,达到问题的实际需要。

课后练习

一、选择题

1. C#中的值类型包括三种,它们是(   )。
   A. 整型、基本类型、浮点型   B. 简单类型、枚举类型、结构类型
   C. 数值类型、字符类型、字符串类型   D. 数值类型、枚举类型、字符类型

2. C#的引用类型包括类、接口、数组、委托、object和string。其中,object(   )的根类。
   A. 只是引用类型   B. 只是string类型
   C. 只是值类型   D. 是所有值类型和引用类型

3. 以下不属于C#简单值类型的是(   )。
   A. int类型   B. char类型   C. 枚举类型   D. bool类型

4. 浮点常量有三种格式,下面(   )组的浮点常量都属于double类型。
   A. 3.1415,3.1415D,0.31415E+1   B. 3.1415,3.1415d,3.1415m
   C. 3.1415,3.1415F,3.1415D   D. 3.1415,31415E-4,3.1415M

5. 当表达式中混合了几种不同的数据类型时,C#会基于运算的顺序将它们自动转换成同一类型。但下面(   )类型和decimal类型混合在一个表达式中,不能自动提升为decimal。
   A. int   B. uint   C. byte   D. float

6. 以下赋值语句中,正确的有(   )。
   A. ushort n1=60000
   B. short n2=60000
   C. long n=666;int m=n;
   D. decimal d1=60;double d2=d1;

7. 在C#编制的财务程序中,需要创建一个存储流动资金金额的临时变量,应使用语句(   )。
   A. int money;   B. string money;
   C. decimal money;   D. dim money as double;

8. 在C#中,新建一字符串变量str,并将字符串"Tom's living room"保存到str中,则应使用语句(   )。
   A. string str="Tom\'s living room";   B. string str=" Tom's living room";
   C. string str("Tom's living room");   D. string str(" Tom's living room");

9. 以下数组声明中,不正确的有(   )。
   A. int[] a ;   B. int[] a=new int[2];

  C. int [ ] a={1,3}   D. int [ ] a=int [ ]{1,3}

10. 以下可以为二维数组进行赋值的是(　　)。

  A. int[,] a=new int[,]{1,2,3,4,5,6,7,8};
  B. int[,] a=new int[2,3]{{1,2},{3,4}};
  C. int[,] a=new int[2,3]{{1,2,3},{1,2}};
  D. int[,] a=new int[,]{{1,2,3},{4,5,6}};

11. 设有数组声明语句 int[,,] arr=new int[2,3,4];则下面说法正确的是(　　)。

  A. arr 是一个有三个元素的一维数组,元素初始值分别是 2,3,4
  B. arr 是一个三维数组,它的元素一共有 24 个
  C. arr 是一个维数不确定的数组,使用时可以任意调整
  D. arr 是一个不规则数组,数组元素的个数可以变化

12. 设 double 型变量 d1 和 d2 的取值分别为 12.5 和 5.0,那么表达式 d1/d2+(int)(d1/d2)−(int) d1/d2 的值为(　　)。

  A. 2.9   B. 2.5   C. 2.1   D. 2

13. 设 bool 型变量 b1 和 b2 的取值分别为 true 和 false,那么表达式 b1&&(b1 || !b2)和 b1|(b1&! b2)的值分别为(　　)。

  A. true true   B. true false
  C. false false   D. false true

14. 设"int a=9,b=6; double c;",执行语句"c=a/b+0.8;"后 c 的值是(　　)。

  A. 1   B. 1.8   C. 2   D. 2.3

15. 设"int a=0,b=25,c=10,d;",则执行语句"d=c<1?a+10:b;"后 d 的值是(　　)。

  A. 0   B. 1   C. 10   D. 25

16. 设 int 型变量 x 的值为 4,那么表达式 x << (x >> 2)的值是(　　)。

  A. 2   B. 4   C. 8   D. 10

17. 下列语句执行后 y 的值为(　　)。

```
int x = 0, y = 0;
while(x < 10)
    {y += (x += 2);}
```

  A. 10   B. 20   C. 30   D. 55

18. 下列语句执行后的输出结果是(　　)。

```
int[ ] num = new int[ ]{1,3,5};
ArrayList arr = new ArrayList();
for(int i = 0; i < num.Length; i++)
{
    arr.Add(num[i]);
}
arr.Insert(1,4);
Console.Write(arr[2]);
```

  A. 1   B. 3   C. 4   D. 5

二、简答题

1. 写出下面程序的运行结果。

```
static void Main(string [ ] args)
{
    string[] words = new string[ ] { "a","b","c"};
    foreach ( string word in words)
    {
        Console.WriteLine(word);
    }
}
```

2. 写出下面代码段的运行结果。

```
Console.Write("Good ,");
char ch = '\b';
Console.Write(ch);
Console.Write('\t');
Console.Write("morning");
```

3. 写出下面程序的运行结果。

```
static void Main( )
{
    int a = 0, b = 0;
    bool b1;
    b1 = a++ != 0 || ++b != 0 && ++b != 0;
    Console.WriteLine("b1 = {0}, a = {1}, b = {2}", b1, a, b);
    Console.Read();
}
```

4. 写出下面程序的运行结果。

```
class Program
{
    static void Main( )
    {
        int x = 4;
        Console.WriteLine("星期：{0}",(Weekday)x);
        x += 10;
        Console.WriteLine("月份：{0}",(Month)x);
        Console.Read();
    }
    enum Weekday{
        Unknown = -1, Sunday, Monday, Tuesday, Wednesday, Thursday, Friday, Saturday}
    enum Month{
        Jan, Feb, Mar, Apr, May, Jun, Jul, Aug, Sep, Oct, Nov, Dec, Unknown = -1}
}
```

5. 写出下面程序的运行结果。

```
static void Main( )
{
```

```
    int a = 1, b = 15;
    do
        if(b % a == 0)
            Console.Write(a);
    while(a++ < b/2);
    Console.Read();
}
```

6. 说明下面程序的功能。

```
static void Main( )
{
    int[ ] a = {3,5,1,8,6,2,9,10,4,7};
    int i, j, k;
    for(i = 1; i < 10; i++)
    {
        k = a[i];
        j = i - 1;
        while(j >= 0 && k > a[j])
        {
            a[j + 1] = a[j];
            j--;
        }
        a[j + 1] = k;
    }
    for(i = 0; i < 10; i++)
    Console.WriteLine("{0} ", a[i]);
}
```

三、编程题

1. 编程求 100 以内能被 7 整除的最大自然数。

2. 斐波那契(Fibonacci)数列的前两项 $a_1=1, a_2=1$，之后每一项为 $a_n = a_{n-1} + a_{n-2}$。编程计算此数列的前 30 个数，且每行输出 5 个数。

3. 求 π/2 的近似值公式为：

$$\frac{\pi}{2} = \frac{2}{1} \times \frac{2}{3} \times \frac{4}{3} \times \frac{4}{5} \times \cdots \times \frac{2n}{2n-1} \times \frac{2n}{2n+1} \times \cdots$$

其中，n=1,2,3…。设计一个程序，求当 n=100 时 π 的近似值。

4. 设计一个程序，输出所有的水仙花数，所谓水仙花数是一个三位整数，其各位数字的立方和等于该数的本身，例如 $153 = 1^3 + 5^3 + 3^3$。

5. 输入一组非 0 整数(以 0 作为输入结束标志)到一维数组中，求出这一组数的平均值，统计出正数和负数的个数。

6. 设计一个程序，求一个 4×4 矩阵两对角线元素之和。

7. 输入一个正整数，判断该数是否为素数，如果不是，则输出其所有正约数。

第 3 章　面向对象编程基础

面向对象程序设计是在面向过程程序设计的基础上发展而来的,它将数据和对数据的操作看作是一个不可分割的整体。通过采用数据抽象和信息隐藏技术,将现实世界问题的求解简单化,从而获得更好的应用架构和开发效率,同时提高程序的可维护性。本章将对面向对象程序设计中的基础知识进行详细讲解。

3.0　问题导入

【导入问题】　我们需要创建一个程序来描述多辆汽车的信息,每辆车的基本信息包括:车辆型号、发动机型号、车轮个数、车轮型号。假定车辆分为两大类:轿车类和公共汽车类,两类汽车都有鸣笛行为,但鸣笛发出的声音是不同的,该如何实现呢?

【初步分析】　按照前面所学的知识,需要定义多个数组,每个数组存储车辆的一种信息,要获取一辆车的完整信息需要访问多个数组。对两类汽车的鸣笛行为分别调用不同的方法实现。这种操作方式是比较烦琐的,操作也不够灵活,那么利用面向对象的编程思想来创建应用程序会使问题简化吗?

3.1　类的定义

类是封装数据的基本单位,是一组具有相同数据结构和相同操作的对象的集合,用来定义对象的组成及可执行的操作。我们将类的实例称为对象,一旦创建了一个对象,就可以调用对象的属性、方法和事件来访问对象的功能。

对象是现实中一个具体的事物(可以是具体的也可以是抽象的),类是对对象的概括。比如一个苹果、一个梨等都是一个对象,水果类就是对所有对象的抽象。

3.1.1　类的声明与成员组织

C#语言中,声明类的一般形式为:

```
[访问修饰符] class 类名称[：[基类] [,接口序列]]
{
    [字段声明]
    [构造函数]
    [方法]
    [事件]
}
```

关于声明类的说明如下。

（1）[ ]中的内容为可选项，冒号（:）后面的内容表示被继承的类或接口。

（2）当一个类从另一个类继承时，被继承的类叫做基类或父类，继承的类叫做派生类或子类。

（3）基类只能有一个，但一个类可以继承多个接口，继承的内容多于一项时，各项之间用逗号分开。

（4）如果一个类同时继承基类和接口，则要把基类放在冒号后面的第一项，然后才是接口。

【例 3-1】 类的声明举例。

```
01.    namespace Example3_1
02.    {
03.        public class Apple
04.        {
05.            private string productId;
06.            private double productPrice;
07.            //带参数的构造函数
08.            public Apple(string id, double price)
09.            {
10.                productId = id;
11.                productPrice = price;
12.            }
13.            //方法
14.            public void OutPut()
15.            {
16.                Console.WriteLine("{0}_apple's price is:{1}",productId, productPrice);
17.            }
18.        }
19.        class Example3_1
20.        {
21.            static void Main(string[ ] args)
22.            {
23.                Apple apple1 = new Apple("a001",2.3);
24.                Apple apple2 = new Apple("a002",3.3);
25.                Apple apple3 = new Apple("a003",4.6);
26.                apple1.OutPut();
27.                apple2.OutPut();
28.                apple3.OutPut();
29.                Console.Read();
30.            }
31.        }
32.    }
33.    }
```

【运行结果】

单击工具栏中的"开始"按钮，即可在控制台中输出如图 3-1 所示的结果。

图 3-1 例 3-1 运行结果

【程序说明】

(1) 在这个实例中,声明了一个 Apple 类,第 5、6 行声明了 Apple 类的两个私有字段,分别代表产品的编号和价格。

(2) 第 8 行定义了一个 Apple 类的带参构造函数,通过该构造函数在创建对象时,可以定义产品的编号和价格。

(3) 第 14 行定义了一个 Apple 类的公有输出方法,通过该方法在外部可以读取产品的信息。

(4) Example3_1 类中主函数的前三行,使用 new 创建了三个 Apple 类的对象,在创建对象的同时定义了产品的编号和价格。

(5) 主函数中第 26~28 行对每个 Apple 类对象调用其 OutPut 方法输出产品信息。

说明:如果不使用类去创建三个苹果对象,你会怎么做呢?按以前的方法需要对三个苹果的信息分别创建一次,而在 Apple 类中通过构造函数可以轻松创建多个对象,Apple 类中定义的方法可以为所有对象共同使用。跟面向过程的编程方式比较一下,感觉到面向对象编程方式的好处了吗?

3.1.2 字段和局部变量

字段是在类或结构中声明的任何类型的"类级别"变量,它是类或结构的直接下属,是整个类内部所有方法和事件都可以访问的变量。

局部变量是相对于字段来说的,可以将它理解为"块"一级的变量。例如,在某个方法或循环体内定义的变量等,其作用域仅局限于定义它的语句块内。

两者在使用上要注意:对于字段如果没有初始化,C#会自动将其初始化为默认值;但对于局部变量,C#不会自动为其进行初始化,如果局部变量在使用前未被赋值,在编译时会报错。

【例 3-2】 字段和局部变量的使用举例。

```
01.    namespace Example3_2
02.    {
03.        class Example3_2
04.        {
05.            public static int m;
06.            static void Main(string[] args)
07.            {
08.                int n = 1;
09.                Console.WriteLine("静态字段 m 的值是:{0}",m);
10.                Console.WriteLine("局部变量 n 的值是: {0}",n);
11.                Console.Read();
```

```
12.        }
13.    }
14. }
```

【运行结果】

单击工具栏中的"开始"按钮,即可在控制台中输出如图 3-2 所示的结果。

图 3-2 例 3-2 运行结果

【程序说明】

(1) 第 5 行定义了一个静态整型字段 m,未对其赋初始值,则其默认值为 0。

(2) 第 8 行在 Main 函数中定义了一个局部整型变量 n,如果对 n 未进行初始化,编译时就会报错。

(3) 局部变量未有与静态字段 m 重名的,所以在 m 的前面未加类名也可以。

当字段和局部变量名相同时(程序设计时尽量避免),如果要引用静态字段,可以使用下面的形式。

类名.字段名

如果是实例字段,则使用下面的形式:

this.字段名

这里的 this 指当前实例。

3.1.3 静态成员和实例成员

在类中定义的数据称为类的数据成员,如字段、常量等。而函数成员则提供类的某些操作功能,如方法、属性等。默认情况下这些成员都是实例成员,这些成员属于类的实例所有,每创建一个对象时这些成员就会被创建一次。有一些成员是所有对象共用的,如果把这样的成员作为实例成员,当创建了多个对象时,在堆中就会出现很多相同的内容,这样会导致系统资源的浪费。

解决这个问题的办法是将成员定义为静态的,静态成员属于类所有,为这个类的所有实例所共享,无论为这个类创建了多少对象,一个静态成员在内存中只占一块区域。

实例成员通过类的实例进行调用,静态成员由类本身进行调用。

【例 3-3】 实例成员与静态成员的使用。

```
01. namespace Example3_3
02. {
03.    public class Payment
04.    {
05.        int productNums;              //商品数量
06.        double productPrice;          //商品单价
```

```
07.         static double totalPrice;                  //所有商品总价
08.         public Payment(int nums, double price)     //实例构造函数
09.         {
10.             productNums = nums;
11.             productPrice = price;
12.         }
13.         static Payment()                            //静态构造函数
14.         {
15.             totalPrice = 0.0;
16.         }
17.         public void Calculate()                     //实例方法
18.         {
19.             totalPrice += productNums * productPrice;
20.         }
21.         public static void PrintTotal()             //静态方法
22.         {
23.             Console.WriteLine("所有商品总价为: {0}",totalPrice);
24.         }
25.     }
26.     class Example3_3
27.     {
28.         static void Main(string[] args)
29.         {
30.             Payment apple = new Payment(5, 1.2);
31.             Payment banana = new Payment(6, 1.7);
32.             apple.Calculate();
33.             banana.Calculate();
34.             Payment.PrintTotal();
35.             Console.Read();
36.         }
37.     }
38. }
```

【运行结果】

单击工具栏中的"开始"按钮,即可在控制台中输出如图 3-3 所示的结果。

图 3-3 例 3-3 运行结果

【程序说明】

(1) 在这个实例中,Payment 类中首先定义了三个字段,其中,totalPrice 是静态字段。

(2) Payment 类中第 8~12 行定义了一个带参数的构造函数,通过该构造函数可以指定商品的数量和单价;第 13~16 行定义了一个静态的构造函数,该函数完成对静态字段 totalPrice 的初始化。

(3) Payment 类中第 17~20 行定义了一个实例计算方法,计算当前商品的总价后加到静态字段 totalPrice 上;第 21~24 行定义了一个静态方法用于输出所有商品的总价,即输

出 totalPrice 的值。

（4）在类 Example3_3 的 Main 函数中实例化了两个 Payment 类的对象，并调用相应的方法。静态构造函数只被调用一次，所以静态字段 totalPrice 也只被初始化一次；而实例构造函数被调用两次分别生成 apple 和 banana 对象。

（5）实例方法 Calculate 为每个对象所有，在第 32 行和 33 行通过对象自身的调用分别计算出 apple 和 banana 的总价。

（6）静态方法 PrintTotal 为 Payment 类本身所有，在第 34 行通过类本身进行调用，输出所有商品的总价。

3.1.4 访问修饰符

访问修饰符用于控制类及类的成员的访问权限，便于对数据进行控制和修改，下面分别进行介绍。

1. 类的访问修饰符

类的访问修饰符及每个修饰符的含义如下。

（1）public：公有类，不限制对该类的访问。

（2）internal：项目内类，在当前项目内可以被自由访问，而对其他程序集来说无法访问。

（3）partial：分部类型，类的定义和实现可以分布在多个文件中，但都需要使用 partial 标注。

2. 类成员访问修饰符

类成员的访问修饰符及每个修饰符的含义如下。

（1）public：公有访问，外部类可以不受限制地存取这个类的数据成员或访问其方法。

（2）private：私有访问，类的数据成员和方法只能在此类中使用，外部无法存取。

（3）protected：保护访问，类及派生类中的成员可以访问，无法从类的外部进行访问。

（4）internal：内部访问，在当前项目内可以被自由访问，而对其他程序集来说无法访问。

（5）protected internal：在当前项目内，只有类及派生类中的成员可以访问。

【例 3-4】访问修饰符的使用。（改写例 3-3）

```
01.    namespace Example3_4
02.    {
03.        class Payment
04.        {
05.            int productNums;
06.            double productPrice;
07.            static double totalPrice;
08.            public Payment(int nums, double price)
09.            {
10.                productNums = nums;
11.                productPrice = price;
12.            }
13.            static Payment()
```

```
14.     {
15.         totalPrice = 0.0;
16.     }
17.     internal void Calculate()
18.     {
19.         totalPrice += productNums * productPrice;
20.     }
21.     internal static void PrintTotal()
22.     {
23.         Console.WriteLine("所有商品总价为：{0}", totalPrice);
24.     }
25. }
26. class Example3_4
27. {
28.     static void Main(string[] args)
29.     {
30.         Payment apple = new Payment(5, 1.2);
31.         Payment banana = new Payment(6, 1.7);
32.         apple.Calculate();
33.         banana.Calculate();
34.         Payment.PrintTotal();
35.         Console.Read();
36.     }
37. }
38. }
```

【运行结果】

单击工具栏中的"开始"按钮，即可在控制台中输出如图3-4所示的结果。

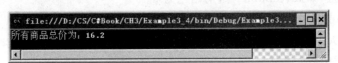

图3-4 例3-4运行结果

【程序说明】

(1) 本例中未对Payment类加访问修饰符，默认为internal；第5～7行定义的三个字段默认访问修饰符为private，在类的外部无法被访问。

(2) 实例构造函数的访问修饰符一般为public，静态构造函数不允许使用访问修饰符，对于构造函数3.2节中将进行介绍。

(3) 第17和21行的Calculate和PrintTotal方法的访问修饰符定义为internal，在此项目内(namespace Example3_4命名空间下)可以被访问，项目外无法被访问。如果将这两个方法的访问修饰符改为private或protected，在类Example3_4的Main函数中就无法访问了。

(4) 由此例可以看出，类的默认访问修饰符为internal；类中的数据成员和函数成员的默认访问修饰符为private。

3.2 构造函数和析构函数

对象和客观世界中的事物一样,从创建到消亡都有一个生命周期,对象的创建和销毁是通过类的构造函数和析构函数来完成的。

3.2.1 构造函数

构造函数是在创建给定类型的对象时执行的类方法,通常用于初始化新对象的数据成员。

构造函数具有以下特点。

(1) 构造函数的名称与类名相同。

(2) 构造函数不包含任何返回值。

(3) 每个类至少有一个构造函数,如果没有显式地定义构造函数,系统会自动为该类提供一个默认的构造函数。

(4) 构造函数在创建对象时被自动调用,不能被显式地调用。

(5) 一般使用访问修饰符 public 定义构造函数,以便在其他函数中可以创建该类的实例。如果使用访问修饰符 private 定义构造函数则是私有构造函数,私有构造函数是一种特殊的构造函数,通常用在只包含静态成员的类中,用来阻止该类被实例化。

1. 默认构造函数

如果在类中没有显式定义构造函数,系统会自动提供一个默认的构造函数,默认构造函数没有参数。提供默认构造函数的目的是为了保证能够在使用对象前先对未初始化的非静态类成员进行初始化。具体如下。

(1) 对数值型,如 int、double 等,初始化为 0。

(2) 对 bool 类型,初始化为 false。

(3) 对引用类型,初始化为 null。

2. 静态构造函数

静态构造函数主要用于对类的静态字段进行初始化,它不能使用任何访问限制修饰符。在程序中第一次用到某个类时,类的静态构造函数自动被调用,而且是仅此一次。

3. 带参构造函数

不带任何参数的构造函数称为"默认构造函数"。有时希望通过传递不同的数据来创建不同的对象,这时可以使用带参的构造函数。根据传递参数的不同,一个类可以有多个构造函数,以便根据不同的需要来创建不同的对象。

3.2.2 析构函数

析构函数是对象销毁前释放所占用系统资源的类成员。.NET Framework 类库具有垃圾回收功能,当对象使用完毕后,并符合析构条件时,.NET Framework 类库的垃圾回收功能就会调用对应类的析构函数实现垃圾回收。

析构函数具有以下特点。

(1) 析构函数的名称与类名相同,但在名称前面需加一个符号"~"。

（2）析构函数不带任何参数，也不返回任何值。
（3）析构函数不能使用任何访问限制修饰符。
（4）析构函数的代码中通常只进行销毁对象的工作，而不应执行其他的操作。
（5）析构函数不能被继承，也不能被显式地调用，一个类只能有一个析构函数。

【例 3-5】 构造函数和析构函数使用示例。

```
01.    namespace Example3_5
02.    {
03.        public class Destructor
04.        {
05.            public Destructor()
06.            {
07.                Console.WriteLine("---创建对象时自动调用默认构造函数!---");
08.            }
09.            ~Destructor()
10.            {
11.                Console.WriteLine("---程序运行结束时自动调用析构函数!---");
12.                Console.Read();
13.            }
14.        }
15.        class Example3_5
16.        {
17.            static void Main(string[] args)
18.            {
19.                Destructor test = new Destructor();
20.            }
21.        }
22.    }
```

【运行结果】

单击工具栏中的"开始"按钮，即可在控制台中输出如图 3-5 所示的结果。

图 3-5 例 3-5 运行结果

【程序说明】

（1）第 3 行定义了一个 Destructor 类，其中包含一个无参的默认构造函数和一个析构函数。

（2）第 19 行在 Main 函数中创建一个 Destructor 类对象 test 时，首先调用了该类的默认构造函数，当程序运行结束时自动调用析构函数。

说明：如果类中没有显式地定义析构函数，编译器会为其生成一个默认的析构函数，其执行代码为空。事实上，在 C#语言中使用析构函数的机会很少，通常只用于一些需要释放资源的场合，如删除临时文件、断开与数据库的连接等。

3.3 类的方法

方法是一组程序代码的集合,用于完成指定的功能。每个方法都有一个方法名,便于识别和让其他方法调用。方法实际上就是函数,在面向过程的程序设计语言中称为函数,在面向对象的程序设计语言中,除了构造函数以外,其他的函数可以是方法或事件。

3.3.1 方法的声明

C#程序中方法必须包含在类或结构中。声明方法的一般形式为:

```
[访问修饰符] 返回值类型 方法名称([参数序列])
{
    [语句序列]
}
```

一个方法的名称和参数列表定义了该方法的签名,即一个方法的签名由方法的名称、参数的个数、参数的修饰符及参数的类型组成。

在定义方法时,需要注意以下几点。

(1) 如果参数序列中的参数有多个,用逗号分隔开;如果没有任何参数,方法名后面的小括号必须保留。

(2) 如果声明一个非 void 类型的方法,则方法中至少要有一个 return 语句;如果方法的返回类型为 void,则可以没有 return 语句。

(3) 方法的名称必须与在同一个类中声明的所有其他非方法成员的名称都不相同。

例 3-4 中的 Calculate()和 PrintTotal()方法都是不带参数的,关于带参数的方法下面进行详细介绍。

3.3.2 方法中的参数传递

C#中的许多方法成员是有参数的,定义方法时声明的参数是形式参数(或叫虚拟参数),调用方法时要给形式参数传值,传递的值是实在参数。C#有"值传递"和"引用传递"两种参数传递方式。具体的传递形式有以下几种。

1. 传递值类型的参数

值传递是 C#默认的传递方式,使用值传递方式时,向形式参数传递的是实在参数的副本,方法内对形式参数的更改对实在参数本身没有任何影响,就像文件的复印件一样,无论如何修改复印件,原件没有任何改变。

【例 3-6】 以值传递的方式传递值类型数据。

```
01.    namespace Example3_6
02.    {
03.        class Swap
04.        {
05.            public static void SwapInt(int x, int y)
06.            {
07.                int temp;
```

```
08.              temp = x;
09.              x = y;
10.              y = temp;
11.          }
12.      }
13.      class Example3_6
14.      {
15.          static void Main(string[] args)
16.          {
17.              int m = 5, n = 10;
18.              Console.WriteLine("交换前：m = {0}, n = {1}", m, n);
19.              Swap.SwapInt(m, n);
20.              Console.WriteLine("交换后：m = {0}, n = {1}", m, n);
21.              Console.Read();
22.          }
23.      }
24. }
```

【运行结果】

单击工具栏中的"开始"按钮，即可在控制台中输出如图 3-6 所示的结果。

图 3-6 例 3-6 运行结果

【程序说明】

(1) 在类 Swap 中定义了一个静态的 SwapInt 方法，该方法的功能是完成两个整数的交换。

(2) Main 函数中第 17 行定义了两个整型变量 m 和 n，并赋予初始值；第 19 行在 Main 函数中调用 Swap 类的 SwapInt 方法，m、n 作为实参将值传递给形参 x、y，从运行结果可以看到 m、n 的值并未发生改变。

(3) 出现上述情况的原因在于 m、n 的值分别传给 x、y 时，x 和 y 开辟了新的存储空间，它们是 m 和 n 的复印件，所以在 SwapInt 方法内对 x 和 y 的交换并不能改变 m 和 n 的值。

【例 3-7】 以值传递的方式传递引用类型数据。

```
01. namespace Example3_7
02. {
03.     class Swap
04.     {
05.         public static void AddOne(int[] a)
06.         {
07.             for (int i = 0; i < a.Length; i++)
08.                 a[i]++;
09.         }
10.     }
11.     class Example3_7
```

```
12.        {
13.            static void Main(string[] args)
14.            {
15.                int[] array1 = { 1, 2, 3, 4, 5 };
16.                Console.Write("处理前 array1 中的值依次为：");
17.                for (int i = 0; i < array1.Length; i++)
18.                    Console.Write("{0} ",array1[i]);
19.                Console.WriteLine();
20.                Swap.AddOne(array1);
21.                Console.Write("处理后 array1 中的值依次为：");
22.                for (int i = 0; i < array1.Length; i++)
23.                    Console.Write("{0} ", array1[i]);
24.                Console.WriteLine();
25.                Console.Read();
26.            }
27.        }
28.    }
```

【运行结果】

单击工具栏中的"开始"按钮，即可在控制台中输出如图 3-7 所示的结果。

图 3-7 例 3-7 运行结果

【程序说明】

（1）在类 Swap 中定义了一个静态的 AddOne 方法，该方法的功能是将给定的整型数组中的每一个元素值加 1。

（2）Example3_7 类的 Main 函数中，程序的第 15 行定义了一个整型数组 array1，第 20 行调用 Swap.AddOne 方法，实参为数组 array1，最终结果 array1 中每一个元素的值都加 1 了。

（3）值传递不是不改变实参的值吗？原因在于数组是引用类型，array1 保存的是数组的引用地址，传给形参 a 的值也是该数组的引用地址，即形参 a 和实参 array1 是指向同一段数据存储区，所以对 a 的操作就是对 array1 的操作。

2. 传递引用类型的参数

与传递值类型参数不同，引用传递时形式参数并不创建新的存储单元，形参与方法调用中的实参变量同处一个存储单元，方法内对形式参数的改变就是对实在参数的改变。为了和传递值类型参数区分，需要在参数前面加上 ref 关键字。

【例 3-8】 传递引用类型参数举例。（改写例 3-6）

```
01.  namespace Example3_8
02.  {
03.      class Swap
04.      {
```

```
05.        public static void SwapInt(ref int x, ref int y)
06.        {
07.            int temp;
08.            temp = x;
09.            x = y;
10.            y = temp;
11.        }
12.    }
13.    class Example3_8
14.    {
15.        static void Main(string[] args)
16.        {
17.            int m = 5, n = 10;
18.            Console.WriteLine("交换前：m = {0}, n = {1}", m, n);
19.            Swap.SwapInt(ref m, ref n);
20.            Console.WriteLine("交换后：m = {0}, n = {1}", m, n);
21.            Console.Read();
22.        }
23.    }
24. }
```

【运行结果】

单击工具栏中的"开始"按钮，即可在控制台中输出如图 3-8 所示的结果。

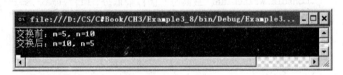

图 3-8　例 3-8 运行结果

【程序说明】

（1）相比例 3-6，在 Swap 类的 SwapInt 静态方法中，形参前面加上了 ref，方法调用时实参前面也加上了 ref。

（2）从运行结果可以看到 m、n 的值进行了交换。原因在于，采用引用参数传递时，形参 x 与实参 m 共用同一存储单元，同样形参 y 与实参 n 共用同一存储单元。所以当在 SwapInt 方法内交换 x 和 y 的值时，相当于交换 m 和 n 的值。

说明：使用 ref 关键字时请注意：①ref 关键字仅对跟在它后面的参数有效，而不能应用于整个参数表。例如，SwapInt 方法中的参数 x、y 都要加 ref 修饰。②在调用方法时，实参变量也用 ref 修饰，因为是引用参数，所以要求实参与形参的数据类型必须完全匹配，而且实参必须是变量，不能是常量或表达式。③在方法外，ref 修饰的实在参数在调用前必须明确赋值。

3. 输出多个引用类型的参数

有时候一个方法的计算结果有多个，而 return 语句一次只能返回一个结果，此时可以使用 out 关键字达到输出多个返回值的目的，使用 out 关键字表明该引用参数是用于输出的。out 传递与 ref 类似，二者的区别是：ref 要求参数在传递之前必须初始化，out 则不要求初始化。

【例 3-9】 传递 out 引用类型参数举例。

```
01.   namespace Example3_9
02.   {
03.       class OutParameter
04.       {
05.           public static void OpArray(int[ ] a, out int max, out int min)
06.           {
07.               max = min = a[0];
08.               for (int i = 1; i < a.Length; i++)
09.               {
10.                   if (a[i] > max) max = a[i];
11.                   if (a[i] < min) min = a[i];
12.               }
13.           }
14.       }
15.       class Example3_9
16.       {
17.           static void Main(string[ ] args)
18.           {
19.               int[] score = { 65, 78, 95, 76, 86, 59, 82 };
20.               int smax, smin;
21.               OutParameter.OpArray(score, out smax, out smin);
22.               Console.WriteLine("最高分：{0},最低分：{1}", smax, smin);
23.               Console.Read();
24.           }
25.       }
26.   }
```

【运行结果】

单击工具栏中的"开始"按钮，即可在控制台中输出如图 3-9 所示的结果。

图 3-9 例 3-9 运行结果

【程序说明】

（1）OutParameter 类中定义了一个 OpArray 静态方法，该方法用于得到一个整型数组中的最大值和最小值。其中，形参 max 和 min 前面都加了 out 关键字，表明是输出类型引用参数。

（2）第 21 行在 Main 函数中调用 OutParameter.OpArray 方法时，实参 smax 和 smin 前面也要加 out 关键字，它们分别接收形参输出的最大值和最小值。相比于 ref 关键字，实参 smax 和 smin 在调用前不必赋初始值。

4. 传递个数不确定的参数

当需要传递的参数个数不确定时，如求几个数的平均值，由于没有规定是几个数，运行程序时每次输入的数值个数很难确定。为了解决这个问题，C#语言采用 params 关键字声明数组型参数,此时方法能够接收不同数量的参数。

【例 3-10】 传递 params 类型参数举例。

```
01.  namespace Example3_10
02.  {
03.      class Example3_10
04.      {
05.          public static void Average(out double avg, params int[ ] a)
06.          {
07.              int i;
08.              if (a.Length == 0)
09.              {
10.                  avg = 0.0;
11.                  return;
12.              }
13.              for (i = 0, avg = 0; i < a.Length; i++)
14.                  avg += a[i];
15.              avg = avg / a.Length;
16.          }
17.          static void Main(string[ ] args)
18.          {
19.              double mavg;
20.              int[ ] array1 = { 1, 2, 3, 4, 5 };
21.              Average(out mavg);
22.              Console.WriteLine("0 个参数的平均值为：{0}", mavg);
23.              Average(out mavg, 5, 6, 7, 8);
24.              Console.WriteLine("5、6、7、8 的平均值为：{0}", mavg);
25.              Average(out mavg, array1);
26.              Console.WriteLine("array1 中所有元素的平均值为：{0}", mavg);
27.              Console.Read();
28.          }
29.      }
30.  }
```

【运行结果】

单击工具栏中的"开始"按钮,即可在控制台中输出如图 3-10 所示的结果。

图 3-10　例 3-10 运行结果

【程序说明】

(1) 第 5 行定义了一个静态 Average 方法,该方法中第一个参数为 out 类型的,第二个参数为 params 数组类型。在此方法中,首先判断数组参数的长度是否为 0,如果是直接返回平均值为 0,否则先求所有元素的总和再求出平均值。

(2) 第 21 行调用 Average 方法时,params 参数的个数为 0 个;第 23 行调用 Average

方法时，params 参数为 4 个整数；第 25 行调用 Average 方法时，params 参数为一个一维数组。可见 params 类型的参数在使用时的灵活性。

说明：使用参数数组时请注意：①一个方法中只能声明一个 params 参数，如果还有其他常规参数，则 params 参数应放在参数列表的最后。②用 params 修饰符声明的参数是一个一维数组类型，不可以是多维数组。③由于 params 参数其实是一个数组，所以在调用时可以为参数数组指定零个或多个参数，其中每个参数的类型都应与参数数组的元素类型相同或能隐式转换。④params 参数在方法内被作为一个数组处理，所以可以使用数组的长度属性来确定在每次调用中所传递参数的个数。⑤params 参数在内部会进行数据的复制，所以方法内对参数数组元素的修改不会使方法外的数值发生变化。不能将 params 修饰符与 ref 和 out 修饰符组合使用。

3.3.3　方法重载

方法重载是指调用同一方法名，但各方法中参数的数据类型、个数或顺序不同。只要类中有两个以上的同名方法，但是使用的参数类型、个数或顺序不同，调用时编译器就可以判断在哪种情况下调用哪种方法。这种技术非常有用，在项目开发过程中，会发现很多方法都需要使用重载技术。

【例 3-11】　重载方法的使用。

```
01.  namespace Example3_11
02.  {
03.      class Example3_11
04.      {
05.          public static void Swap(ref int m, ref int n)
06.          {
07.              int temp = m;
08.              m = n;
09.              n = temp;
10.          }
11.          public static void Swap(ref double m, ref double n)
12.          {
13.              double temp = m;
14.              m = n;
15.              n = temp;
16.          }
17.          static void Main(string[] args)
18.          {
19.              int i1 = 1, i2 = 2;
20.              double d1 = 1.0, d2 = 2.0;
21.              Console.WriteLine("交换前: i1 = {0}, i2 = {1}", i1, i2);
22.              Swap(ref i1, ref i2);
23.              Console.WriteLine("交换后: i1 = {0}, i2 = {1}", i1, i2);
24.              Console.WriteLine("交换前: d1 = {0}, d2 = {1}", d1, d2);
25.              Swap(ref d1, ref d2);
26.              Console.WriteLine("交换后: d1 = {0}, d2 = {1}", d1, d2);
27.              Console.Read();
28.          }
```

29.   }
30. }

【运行结果】

单击工具栏中的"开始"按钮,即可在控制台中输出如图 3-11 所示的结果。

图 3-11 例 3-11 运行结果

【程序说明】

(1) 第 5 行和第 11 行分别定义了 Swap 方法,这两个方法只有参数类型不同,前者是 int 类型后者是 double 类型。

(2) 第 22 行和 25 行进行方法调用时,实参的类型分别是 int 和 double,系统在调用时会自动找到最匹配的方法。

说明:方法重载需要注意:①在 .NET 公共语言规范中,方法的返回类型不足以对方法进行标识。②ref 和 out 的参数类型区别不足以标识方法,除此之外,不同的参数类型也能标识不同的方法。例如:

```
//合法的重载形式
int f1(int x, int y) {}与 int f1(ref int x, ref int y) {}可以
//ref 和 out 的参数类型区别不能标识方法
int f1(ref int x, ref int y){}与 int f1(out int x, out int y){}不可以
```

3.4 属性与索引器

为了实现良好的数据封装和数据隐藏,类的字段成员的访问属性一般设置为 private 或 protected,这样在类的外部就不能直接读/写这些字段成员了,通常的办法是提供 public 级的方法来访问私有的或受保护的字段。

但 C#中提供了属性这个更好的方法,把字段域和访问它们的方法相结合。对类的用户而言,属性值的读/写与字段域语法相同;对编译器来说,属性值的读/写是通过类中封装的特别方法 get 访问器和 set 访问器实现的。

3.4.1 属性

在类中,属性的声明形式如下。

```
访问修饰符 属性类型 属性名
{
    get
    {[读访问器语句块]}
    set
    {[写访问器语句块]}
}
```

get 访问器：用于返回字段值，或用于计算并返回计算结果。例如：

```
class Student
{
    private int age;                        //字段
    public int Age                          //属性
    {
        get
        {
            return age;
        }
    }
}
```

set 访问器：没有返回值，它使用称为 value 的隐式参数，此参数的类型与属性的类型相同。例如：

```
class Student
{
    private int age;                        //字段
    public int Age                          //属性
    {
        set
        {
            age = value;
        }
    }
}
```

关于属性的说明如下。

（1）当读取属性时，执行 get 访问器的代码块；当向属性分配一个新值时，执行 set 访问器的代码块。

（2）只包含 get 访问器的属性称为只读属性，只包含 set 访问器的属性称为只写属性，同时具有这两个访问器的属性称为读/写属性。

（3）get 访问器的返回值类型与属性类型相同，所以在其语句块中 return 语句的返回值必须与属性类型相同或能隐式转换为属性类型。

（4）属性也可以使用 static 关键字声明为静态属性。

当属性访问器中不需要其他逻辑时，也可以用简单的方式声明属性，这种方式称为自动实现的属性。自动实现的属性必须同时声明 get 和 set 访问器。如果希望声明只读属性，必须将 set 访问器声明为 private；如果希望声明只写属性，必须将 get 访问器声明为 private。

使用自动实现的属性可使属性声明变得更简单，因为这种方式不再需要声明对应的私有字段。例如：

```
class Student
{
    public int Age                          //只读属性
    { get; private set;}
    public sting Name                       //读写属性
```

```
        { get; set; }
}
```

上面这段代码中声明了两个自动实现的属性,其中,Age 是只读属性,Name 是读写属性。

【例 3-12】 属性的声明与使用。

```
01.    namespace Example3_12
02.    {
03.        public class Student
04.        {
05.            public string Name { get; set; }
06.            private DateTime birthday;
07.            private int grade = 0;
08.            public int Age
09.            {
10.                get { return DateTime.Now.Year - birthday.Year; }
11.            }
12.            public int Grade
13.            {
14.                get { return grade; }
15.                set
16.                {
17.                    if (value >= 0 && value <= 100)
18.                        grade = value;
19.                }
20.            }
21.            public Student()
22.            {
23.                Name = "李四";
24.                birthday = new DateTime(1988, 8, 8);
25.            }
26.        }
27.        class Example3_12
28.        {
29.            static void Main(string[] args)
30.            {
31.                Student stu = new Student();
32.                Console.WriteLine("姓名:{0},年龄:{1},考试成绩:{2}", stu.Name, stu.Age, stu.Grade);
33.                stu.Grade = 88;
34.                Console.WriteLine("姓名:{0},年龄:{1},考试成绩:{2}", stu.Name, stu.Age, stu.Grade);
35.                Console.Read();
36.            }
37.        }
38.    }
```

【运行结果】

单击工具栏中的"开始"按钮,即可在控制台中输出如图 3-12 所示的结果。

图 3-12 例 3-12 运行结果

【程序说明】

(1) Student 类中,首先定义了一个自动实现的属性 Name 表示姓名,定义了一个日期类型的私有字段 birthday 表示出生日期,还有一个 int 类型私有字段 grade 用来保存成绩。

(2) 第 8~11 行在 Student 类中定义了整型属性 Age,该属性为只读的,通过当前的年份与出生年份之差得到学生的年龄,此属性不与字段对应,只完成计算功能。

(3) 第 12~20 行定义了 Student 类中的 Grade 属性,该属性为可读可写,Grade 属性与私有字段 grade 相关联,通过该属性完成对成绩的存取。

(4) 类 Example3_12 的 Main 函数中,对学生信息的读取均通过属性来实现。

3.4.2 索引器

索引器是对属性的进一步扩展,用于封装内部集合或数组。索引器在语法上方便程序员将类、结构或接口作为数组进行访问。和属性一样,索引器也可以被看作是 get 和 set 访问器的组合体,它同样使用 return 语句为 get 访问器返回结果,使用 value 关键字为 set 访问器传递值。与属性的不同之处在于:

(1) 索引器以 this 关键字加数组下标[]进行定义,并通过数组下标的形式进行访问。

(2) 索引器的 get 访问器和 set 访问器带有参数(通常为整数类型或字符串类型)。

(3) 索引器不能是静态的。

【例 3-13】 索引器的声明与使用。

```
01.   namespace Example3_13
02.   {
03.       public class Student
04.       {
05.           public string Name { get; set; }
06.           private DateTime birthday;
07.           public int Age
08.           {
09.               get { return DateTime.Now.Year - birthday.Year; }
10.           }
11.           public Student(string sname, int year, int month, int day)
12.           {
13.               Name = sname;
14.               birthday = new DateTime(year, month, day);
15.           }
16.       }
17.       public class Students
18.       {
```

```
19.        private Student[ ] stuArray;
20.        public int Length
21.        {
22.            get { return stuArray.Length; }
23.        }
24.        public Student this[ int index]
25.        {
26.            get { return stuArray[ index]; }
27.            set { stuArray[ index] = value; }
28.        }
29.        public Students(int length)
30.        {
31.            stuArray = new Student[length];
32.        }
33.    }
34.    class Example3_13
35.    {
36.        static void Main(string[ ] args)
37.        {
38.            Students stuList = new Students(2);
39.            stuList[0] = new Student("李四", 1988, 8, 8);
40.            stuList[1] = new Student("王五", 1986, 6, 6);
41.            for(int i = 0; i < stuList .Length ; i++)
42.                Console.WriteLine("姓名：{0}, 年龄：{1}", stuList[i].Name, stuList[i].
                    Age);
43.            Console.Read();
44.        }
45.    }
46. }
```

【运行结果】

单击工具栏中的"开始"按钮，即可在控制台中输出如图 3-13 所示的结果。

图 3-13　例 3-13 运行结果

【程序说明】

（1）第 17～33 行定义了一个 Students 类，第 19 行在该类中定义了一个私有字段 stuArray，该字段是 Student 类型的数组，用来保存多个学生的信息。

（2）第 24～28 行在 Students 类中定义了一个索引器，该索引器的数据类型为 Student 类类型，访问下标为 int 类型，可以读取一个学生的信息，也可以将一个学生的信息放到数组 stuArray 的指定位置中。

（3）通过 Students 类中索引器的使用，在 Main 函数中就可以通过下标对类对象进行存取。

3.5 结　　构

结构是由一系列相关的,但类型不一定相同的变量组织在一起而构成的数据表示形式。结构中可以包含构造函数、常量、字段、方法、属性、事件和嵌套类型等,如果要同时包括上述几种成员,则应考虑使用类。凡是定义为结构的,都可以用类来定义。

结构和类的主要区别在于:结构是值类型,而类是引用类型。

3.5.1 结构的定义及特点

在 C# 中,使用 struct 关键字定义结构。定义结构的一般形式为:

访问修饰符 struct 结构名
{
　　[结构体]
}

访问修饰符与类的访问修饰符相同。

结构具有以下特点。

（1）结构是值类型。

（2）结构的实例化可以不使用 new 运算符。

（3）结构可以声明构造函数,但它们必须带参数。

（4）一个结构不能从另一个结构或类继承,所有结构都直接继承自 System.ValueType,类继承自 System.Object。

（5）结构可以实现接口。

（6）在结构中初始化实例字段是错误的。

3.5.2 结构的使用

用结构实现的都可以用类来实现,为什么还要区分类和结构呢？这是因为,对于一些简单的数据类型,在程序执行上使用结构能够得到比类高得多的执行效率。

【例 3-14】 结构使用示例。

```
01.    namespace Example3_14
02.    {
03.        public struct StructRect
04.        {
05.            public double width;
06.            public double height;
07.            public StructRect(double w, double h)
08.            {
09.                width = w;
10.                height = h;
11.            }
12.            public double Area()
13.            {
14.                return width * height;
```

```
15.            }
16.        }
17.    class Example3_14
18.    {
19.        static void Main(string[] args)
20.        {
21.            StructRect sRect1 = new StructRect(3, 3);
22.            StructRect sRect2 = new StructRect();
23.            StructRect sRect3;
24.            sRect3.width = 4.0;
25.            sRect3.height = 4.0;
26.            Console.WriteLine("Rectangle1's area is:{0}", sRect1.Area());
27.            Console.WriteLine("Rectangle2's area is:{0}", sRect2.Area());
28.            Console.WriteLine("Rectangle3's area is:{0}", sRect3.Area());
29.            Console.Read();
30.        }
31.    }
32. }
```

【运行结果】

单击工具栏中的"开始"按钮,即可在控制台中输出如图 3-14 所示的结果。

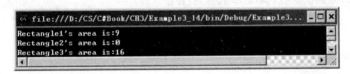

图 3-14 例 3-14 运行结果

【程序说明】

(1) 第 3~16 行定义了结构 StructRect,该结构内包含两个字段,一个构造函数和一个求面积的方法。

(2) 第 21~23 行在 Main 函数中,分别声明了 StructRect 类型的三个对象,第一个对象调用了带参构造函数,第二个对象调用了无参构造函数,第三个对象没有使用 new 进行实例化。虽然结构中没有默认的无参构造函数,但可以调用无参构造函数,并且将数据成员设置为对应类型的默认值。

(3) 如果再声明一个 StructRect 类型的对象 sRect4,执行 sRect4 = sRect1; sRect4.width = 4.0;两条语句后,sRect1.Area()和 sRect4.Area()的值分别是多少呢?如果将 StructRect 的类型由结构变为类,上面的两个结果又是怎样的呢?

(4) 值类型在堆栈上分配地址,引用类型在堆上分配地址。堆栈的执行效率要比堆高,因此结构的效率高于类。原因在于,堆用完后由 .NET 的垃圾收集器自动回收,程序大量使用堆,将导致程序性能的下降。

3.6 操作符重载

C#中操作符重载是指允许用户使用用户自定义的类型编写表达式的能力,这样做的好处是使用自定义的数据类型就像使用基本数据类型一样自然、合理。

例如，通常需要编写类似于以下内容的代码，以将两个数字相加。很明显，sum 是两个数字之和。

```
int i = 5, j = 6; int sum = i + j;
```

如果可以使用代表复数的自定义类型来编写相同类型的表达式，那当然是最好不过了。

```
Complex i = 5, j = 6; Complex sum = i + j;
```

运算符重载允许为用户定义的类型重载诸如"＋"这样的运算符。如果不进行重载，则用户需要编写以下代码。

```
Complex i = new Complex(5); Complex j = new Complex(6);
Complex sum = Complex.Add(i, j);
```

此代码可以很好地运行，但 Complex 类型并不能像语言中的预定义类型那样发挥作用。

通过操作符重载可以让 struct、class、Interface 等能够进行运算。

操作符重载语法：

public static 返回值类型 **operator** 操作符(操作参数)

例如，

```
public static Hour operator + (Hour lhs, Hour rhs){...}
```

C#中操作符重载和 C++比较起来，有很大的不同。定义的时候重载操作符方法必须是 static，而且至少有一个参数（一目和二目分别是一个和两个），C#和 C++比起来，最重要的特征是：<、>；==、!=；true、false 必须成对出现，即重载了"<"就必须重载">"，重载了"=="就必须重载"!="，重载了"true"就必须重载"false"。

【例 3-15】 操作符重载示例。

```
01.    namespace Example3_15
02.    {
03.        struct Hour
04.        {
05.            private int hvalue;
06.            public Hour(int ivalue)
07.            {
08.                this.hvalue = ivalue;
09.            }
10.            public int HValue
11.            {
12.                get
13.                { return hvalue; }
14.                set
15.                { hvalue = value; }
16.            }
17.            public static Hour operator + (Hour h1, Hour h2)
18.            {
19.                Hour h3 = new Hour();
20.
```

```
21.            h3.HValue = h1.HValue + h2.HValue;
22.            return h3;
23.        }
24.        public static Hour operator + (Hour h1, int h2)
25.        {
26.            return new Hour(h2) + h1;
27.        }
28.        public static Hour operator ++(Hour hrValue)
29.        {
30.            hrValue.HValue++;
31.            return hrValue;
32.        }
33.        public static bool operator == (Hour hr1, Hour hr2)
34.        {
35.            return hr1.HValue == hr2.HValue;
36.        }
37.        public static bool operator != (Hour hr1, Hour hr2)
38.        {
39.            return hr1.HValue != hr2.HValue;
40.        }
41.    }
42.    class Example3_15
43.    {
44.        static void Main(string[] args)
45.        {
46.            Hour hrValue1 = new Hour(10);
47.            Hour hrValue2 = new Hour(20);
48.            Hour hrSum = hrValue1 + hrValue2;
49.            Console.WriteLine("hrValue1 + hrValue2 = {0}",hrSum.HValue);
50.            Hour hrSumInt = hrValue1 + 10;
51.            Console.WriteLine("hrValue1 + 10 = {0}", hrSumInt.HValue);
52.            Console.ReadLine();
53.        }
54.    }
55. }
```

【运行结果】

单击工具栏中的"开始"按钮,即可在控制台中输出如图 3-15 所示的结果。

图 3-15 例 3-15 运行结果

【程序说明】

(1) 结构 Hour 中包含一个字段和一个属性,实现了 4 种操作符的重载。

(2) 第 17～23 行实现对两个 Hour 类型的变量进行相加的重载;第 24～27 行实现一个 Hour 类型的变量和一个整型变量相加的重载。

(3) 第 28～32 行实现对一元操作符"++"的重载,使 Hour 类型的变量的 HValue 字段值加 1。

（4）第 33~36 行实现对二元操作符"=="的重载，用于判定两个 Hour 类型的变量是否相等。按照 C#中的操作符重载规则，重载"=="就需要重载"!="，所以第 37~40 行实现了对"!="运算符的重载。

3.7 问题解决

经过对类的基本知识的学习，我们对导入问题的解决方法有了另一种思考。可以采取下面的步骤来加以解决。

（1）声明轿车类，使用成员方法定义其鸣笛行为。
（2）声明公共汽车类，使用成员方法定义其鸣笛行为。
根据以上思路，解决问题的完整代码如下。

【例 3-16】 解决导入问题。

```
01.   namespace Example3_16
02.   {
03.       public class Car
04.       {
05.           private string id;                    //汽车型号
06.           private double engine;                //发动机型号
07.           private int wheels;                   //车轮个数
08.           private int whlType;                  //车轮型号
09.           public Car(string cid, double e, int whls, int wtype)
10.           {
11.               id = cid;
12.               engine = e;
13.               wheels = whls;
14.               whlType = wtype;
15.           }
16.           public void PrintInfo()
17.           {
18.               Console.WriteLine("{0}:排气量{1},车轮数{2},车轮型号{3}", id, engine,
                      wheels, whlType);
19.           }
20.           public void Whistle()
21.           {
22.               Console.WriteLine("小轿车：嘀嘀!");
23.           }
24.       }
25.       public class Bus
26.       {
27.           private string id;
28.           private double engine;
29.           private int wheels;
30.           private int whlType;
31.           public Bus(string bid, double e, int whls, int wtype)
32.           {
```

```
33.            id = bid;
34.            engine = e;
35.            wheels = whls;
36.            whlType = wtype;
37.        }
38.        public void PrintInfo()
39.        {
40.            Console.WriteLine("{0}:排气量{1},车轮数{2},车轮型号{3}", id, engine,
                wheels, whlType);
41.        }
42.        public void Whistle()
43.        {
44.            Console.WriteLine("大公交：嘟嘟!");
45.        }
46.    }
47.    class Example3_16
48.    {
49.        static void Main(string[] args)
50.        {
51.            Car c1 = new Car("红旗2012", 1.6, 4, 20);
52.            Car c2 = new Car("中华2012", 1.4, 4, 20);
53.            Bus b1 = new Bus("黄海2012", 4.2, 6, 50);
54.            c1.PrintInfo();
55.            c1.Whistle();
56.            c2.PrintInfo();
57.            c2.Whistle();
58.            b1.PrintInfo();
59.            b1.Whistle();
60.            Console.Read();
61.        }
62.    }
63. }
```

【运行结果】

单击工具栏中的"开始"按钮,即可在控制台中输出如图3-16所示的结果。

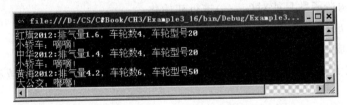

图3-16 例3-16运行结果

【程序说明】

(1) 程序中定义了轿车类Car和公共汽车类Bus,通过类的构造函数完成车辆信息的初始化,PrintInfo()方法输出车辆信息,Whistle()方法输出鸣笛信息。

(2) 在主程序中实例化了两个Car对象和一个Bus对象,通过调用对象的方法输出各自的信息和实现各自的鸣笛行为。

（3）通过本例可以看到，通过类对车辆对象进行封装后，大大提高了车辆的"生产效率"，操作上非常方便、快捷。

小 结

类是面向对象程序设计的基本元素，是 C# 中最重要的一种数据类型。类可以包含字段成员、方法成员以及其他的嵌套类型。构造函数、析构函数、属性、索引器、事件和操作符都可以视为特殊的方法成员，它们在使用中都有着各自的特点。

对象的生命周期从构造函数开始，到析构函数结束；类的构造函数用于对象的初始化，而析构函数用于对象的销毁。利用事件和索引函数提供的访问方法，可以隐藏数据处理的细节，更好地实现对象的封装性。通过操作符重载，C# 预定义的操作符就能直接作用于各种自定义类型。

类的大部分成员用法也适用于结构，唯一的区别在于类是引用类型，而结构是值类型。对于方法来说，学习的重点在于掌握形参和实参的区别，以及不同类型参数的使用方法。

课 后 练 习

一、选择题

1. C# 语言的核心是面向对象编程（OOP），所有 OOP 语言应至少具有（　　）三个特性。
   A. 类、对象和方法　　　　　　　　B. 封装、继承和多态
   C. 封装、继承和派生　　　　　　　D. 封装、继承和接口
2. 在类的定义中，类的（　　）描述了该类的对象的行为特征。
   A. 方法　　　　　　　　　　　　　B. 类名
   C. 所属的命名空间　　　　　　　　D. 私有域
3. C# 可以采用下列（　　）技术来进行对象内部数据的隐藏。
   A. 静态成员　　B. 变量　　C. 属性　　D. 装箱技术
4. C# 的构造函数分为实例构造函数和静态构造函数，实例构造函数可以对（　　）进行初始化，静态构造函数只能对（　　）进行初始化。
   A. 静态成员　　　　　　　　　　　B. 非静态成员
   C. 静态成员或非静态成员　　　　　D. 常量成员
5. C# 实现了完全意义上的面向对象，所以它没有（　　），任何数据域和方法都必须封装在类体中。
   A. 全局变量　　　　　　　　　　　B. 全局常数
   C. 全局方法　　　　　　　　　　　D. 全局变量、全局常数和全局方法
6. 方法中的值参数是（　　）的参数。
   A. 按引用传递　　B. 按值传递　　C. 按地址传递　　D. 不传递任何值
7. 假设 class Myclass 类的一个方法的签名为：public void Max (out int max, params int[ ] a)，m1 是 Myclass 类的一个对象，maxval 是一个 int 型的值类型变量，arrayA 是一个 int 型的数组对象，则下列调用该方法有错的是（　　）。

A. m1.Max(out maxval) B. m1.Max(out maxval,4,5,3)
C. m1.Max(out maxval,ref arrayA) D. m1.Max(out maxval,3,3.5)

8. 类 Myclass 中有下列方法定义：

public void testParams(params int[] a)
{ Console.Write("使用 Params 参数！"); }
public void testParams(int x, int y)
{ Console.Write("使用两个整型参数！"); }

请问上述方法重载有无二义性？若没有,则下列语句的输出为(   )。

Myclass m1 = new Myclass();
m1.testParams(1);
m1.testParams(1,2);
m1.testParams(1,2,3);

A. 有语义二义性

B. 使用 Params 参数！使用两个整型参数！使用 Params 参数！

C. 使用 Params 参数！使用 Params 参数！使用 Params 参数！

D. 使用 Params 参数！使用两个整型参数！使用两个整型参数！

9. 下面有关属性的说法,不正确的是(   )。

A. 属性可以有默认值

B. 属性可以不和任何字段相关联

C. 属性的 get 访问函数是不带参数的特殊方法

D. 属性的 set 访问函数是没有返回值的特殊方法

10. 分析下列程序：

public class Myclass
{
    private string _sData = "";
    public string sData {set {_sData = value;}}
}

在 Main 函数中,成功创建该类的对象 m1 后,下列哪些语句是合法的？(   )

A. Console.Write(m1.sData);

B. m1._sData = "Good!";

C. m1.set(m1.sData);

D. m1.sData = "Good!";

11. 下面有关结构的说法,正确的是(   )。

A. 结构是轻量级引用类型 B. 结构有默认的构造函数
C. 结构有析构函数 D. 结构的效率低于类

12. 以下不能作为复合赋值操作符被重载的是(   )。

A. *= B. += C. &= D. ~=

二、简答题

1. 对比面向对象程序设计和面向过程程序设计之间的优劣性。

2. 写出下面程序的运行结果。

```csharp
namespace Lx3_0202
{
    class Myclass
    {
        public void SortArray(int[] a)
        {
            int i, j, pos, tmp;
            for (i = 0; i < a.Length - 1; i++)
            {
                for (pos = j = i; j < a.Length; j++)
                    if (a[pos] > a[j]) pos = j;
                if (pos != i)
                {
                    tmp = a[i];
                    a[i] = a[pos];
                    a[pos] = tmp;
                }
            }
        }
    }
    class Test
    {
        static void Main()
        {
            Myclass m = new Myclass();
            int[] score = { 87, 89, 56, 90, 100, 75, 64, 45, 80, 84 };
            m.SortArray(score);
            for (int i = 0; i < score.Length; i++)
            {
                Console.Write("score[{0}] = {1}, ", i, score[i]);
                if (i == 4) Console.WriteLine();
            }
            Console.Read();
        }
    }
}
```

3. 写出下面程序的运行结果。

```csharp
namespace Lx3_0203
{
    class Myclass
    {
        public void Swap1(string s, string t)
        {
            string tmp;
            tmp = s;
            s = t;
            t = tmp;
```

```
        }
        public void Swap2(ref string s, ref string t)
        {
            string tmp;
            tmp = s;
            s = t;
            t = tmp;
        }
    }
    class Test
    {
        static void Main()
        {
            Myclass m = new Myclass();
            string s1 = "ABCDEFG", s2 = "134567";
            m.Swap1(s1, s2);
            Console.WriteLine("s1 = {0}", s1);
            Console.WriteLine("s2 = {0}", s2);
            m.Swap2(ref s1, ref s2);
            Console.WriteLine("s1 = {0}", s1);
            Console.WriteLine("s2 = {0}", s2);
            Console.Read();
        }
    }
}
```

4. 写出下面程序的运行结果。

```
namespace Lx3_0204
{
    class Myclass
    {
        public void Change(string s)
        {
            s = s + "_ch01";
        }
        public void Change(ref string s)
        {
            s = s + "_ch02";
        }
        public void Change(string s1, out string s2)
        {
            s1 = s1 + "_ch03";
            s2 = s1;
        }
    }
    class Test
    {
        static void Main()
        {
            Myclass m = new Myclass();
```

```csharp
            string s1, s2;
            s1 = "Good";
            m.Change(s1);
            Console.WriteLine("s1 is {0}", s1);
            m.Change(ref s1);
            Console.WriteLine("s1 is {0}", s1);
            m.Change(s1, out s2);
            Console.WriteLine("s1 is {0}, s2 is {1}", s1, s2);
            Console.Read();
        }
    }
}
```

5. 找出下面代码中的错误。

```csharp
class Program
{
    int x = 3;
    static int y = 4;
    const int z = 5;
    public Program()
    {
        x = 10; y = 20;
    }
    static Program()
    {
        x = 5; y = 10;
    }
    static void Main()
    {
        Program p = new Program();
        Console.WriteLine(p.x);
        Console.WriteLine(p.y);
        Console.WriteLine(p.z);
    }
}
```

三、编程题

1. 定义一个描述复数的类,并实现复数的输入和输出。设计两个方法分别完成复数的加法和减法运算。

2. 定义一个描述学生基本情况的类,数据成员包括学号、姓名、数学成绩和C#成绩,成员函数包括输入学生基本信息和成绩、求出每门课程的平均成绩和输出数据。

3. 设有一个描述坐标点的 MyPoint 类,其私有变量 x 和 y 代表一个点的横纵坐标值。编写程序实现以下功能:利用属性完成对坐标值的读写,利用成员函数输出点的坐标值,利用成员函数实现点的水平和垂直移动,并利用成员函数输出修改后的坐标值。

4. 定义一个描述复数的类,通过重载运算符＋、－、＊、/,直接实现两个复数的 4 种运算,在主程序中进行测试。

5. 定义一个描述顾客信息的结构体,包括顾客的会员卡号、姓名、消费积分,当顾客购买商品时根据消费额增加积分,当顾客结账时根据积分进行相应折扣的打折。

第 4 章　面向对象高级编程

面向对象的技术能够从两方面来提高程序的可扩展性和可维护性。一是在类中对算法和数据结构进行封装，类可以改变自身功能的实现方式，而客户方仍然能够继续使用这些功能；二是通过继承来扩展现有类的功能，并通过多态性来统一处理基类和派生类的对象行为。本章将对继承和多态的实现及应用做详细介绍。

4.0　问题导入

【导入问题】　在例 3-16 中，定义了一个轿车类和一个公共汽车类来解决汽车信息管理问题，由此例可以看出轿车类和公共汽车类包含一些公共的特性，也包含一些自己的特性。如果还有卡车类、越野车类等，每一个类中都定义一些相同的东西是不是太烦琐和低效呢？如何加以改进呢？

【初步分析】　将各类汽车的公共特性实现共享，针对自己的特性再去设计成员，减少成员声明，这是问题的解决思路。为了解决此问题下面就学习面向对象编程的两个重要方面：继承和多态。

4.1　继　　承

继承是面向对象编程最重要的特征之一。利用类的继承机制，程序开发人员可以在已有类的基础上构造新类。这一性质使得类支持分类的概念，例如用户可以通过增加、修改或替换类中的方法对这个类进行扩充，以适应不同的应用要求。

实际的继承关系在现实世界中比比皆是，图 4-1 就给出了这样的一个继承示例。从"植物"这个基类中派生出花和草，它们又可以各自派生出更具体的品种。也就是说，高层事物具有一般性的特征，而低层事物既包含高层的基本特征，自己又有更为具体的特征，它们之间的关系是基类与派生类之间的关系。

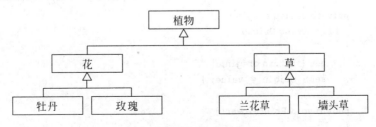

图 4-1　类的层次结构示例

为了避免层次结构过于复杂，C#中的类不支持多继承，即不允许一个派生类继承多个基类。如果必须使用多重继承，可以通过接口来实现。

4.1.1 基类和派生类

在C#中，用冒号(：)表示继承。其中，被继承的类叫基类或父类，从基类继承的类叫派生类或子类，也叫扩充类。

如果在类定义中没有指定基类，则C#编译器就将System.Object作为基类。实际上，即使声明某个类继承自另一个类，但是由于另一个类仍然是从System.Object类一级一级地继承过来的，因此可以说，任何一个类，其最初都是从System.Object类继承过来的。

声明派生类的语法如下。

[访问修饰符] class 派生类名称：基类名称
{
    //程序代码
}

【例 4-1】 基类和派生类的定义及用法。

```
01.    namespace Example4_1
02.    {
03.        public class Plant
04.        {
05.            private string name;
06.            private string color;
07.            public string Name
08.            {
09.                get { return name; }
10.                set { name = value; }
11.            }
12.            public string Color
13.            {
14.                get { return color; }
15.                set { color = value; }
16.            }
17.            public void PrintPlant()
18.            {
19.                Console.WriteLine("{0}'s color is {1}.",name,color);
20.            }
21.        }
22.        public class Flower:Plant
23.        {
24.            private string origin;
25.            public string Origin
26.            {
27.                get { return origin; }
28.                set { origin = value; }
29.            }
30.            public void PrintFlower()
31.            {
```

```
32.            Console.WriteLine("{0} is {1} and from {2}.",Name,Color,origin);
33.        }
34.    }
35.    class Example4_1
36.    {
37.        static void Main(string[] args)
38.        {
39.            Plant p1 = new Plant();
40.            p1.Name = "Poplar";
41.            p1.Color = "green";
42.            p1.PrintPlant();
43.            Flower f1 = new Flower();
44.            f1.Name = "Rose";
45.            f1.Color = "red";
46.            f1.Origin = "Chengdu";
47.            f1.PrintFlower();
48.            Console.Read();
49.        }
50.    }
51. }
```

【运行结果】

单击工具栏中的"开始"按钮,即可在控制台中输出如图4-2所示的结果。

图 4-2 例 4-1 运行结果

【程序说明】

(1) 第 3～21 行定义了类 Plant,该类中包含两个私有字段、两个公有属性和一个公有方法。

(2) 第 22～34 行定义了类 Flower,该类继承自类 Plant,除了拥有类 Plant 的成员之外,还定义了一个私有字段、一个公有属性和一个公有方法。

(3) 在 Flower 类中对于 Plant 类中的私有成员无法访问。

4.1.2 继承过程中的构造函数和析构函数

在 3.2 节中介绍过,类的实例在创建时调用其构造函数,在销毁时则调用其析构函数。对于派生类而言,其对象在创建时将自顶向下地调用各级基类的构造函数,最后调用自身的构造函数;销毁时首先调用自身的析构函数,而后自底向上地调用各级基类的析构函数。

【例 4-2】 构造函数和析构函数的调用过程。

```
01. namespace Example4_2
02. {
03.     public class Plant
04.     {
```

```
05.        public Plant()
06.        {
07.            Console.WriteLine(" --- 调用 Plant 的构造函数 --- ");
08.        }
09.        ~Plant()
10.        {
11.            Console.WriteLine(" --- 调用 Plant 的析构函数 --- ");
12.        }
13.    }
14.    public class Flower : Plant
15.    {
16.        public Flower()
17.        {
18.            Console.WriteLine(" --- 调用 Flower 的构造函数 --- ");
19.        }
20.        ~Flower()
21.        {
22.            Console.WriteLine(" --- 调用 Flower 的析构函数 --- ");
23.        }
24.    }
25.    class Example4_2
26.    {
27.        static void Main(string[] args)
28.        {
29.            Flower f1 = new Flower();
30.            System.GC.Collect();
31.        }
32.    }
33. }
```

【运行结果】

在命令窗口下执行生成的.exe 文件,输出如图 4-3 所示的结果。

图 4-3 例 4-2 运行结果

【程序说明】

(1) 基类 Plant 和派生类 Flower 中分别定义了一个构造函数和一个析构函数。

(2) 在 Main 函数中实例化了一个 Flower 类对象,然后调用 System.G C.Collect()方法表示请求 CLR 的垃圾收集器 GC,从而调用对象的析构函数(通常情况下开发人员不需要在代码中直接调用垃圾收集器)。

(3) 如果基类中定义了不带参数的默认构造函数,派生类将隐式地继承此构造函数,并且对基类中的默认构造函数是自动调用的。实际上,第 16 行的 public Flower()等价于 public Flower(): base()。

(4) 对于基类中带参数的构造函数,派生类是不能自动继承的,需要显式地定义,下面的例子进行演示。

【例 4-3】 派生类对基类带参构造函数的调用。

```
01.    namespace Example4_3
02.    {
03.        public class Plant
04.        {
05.            private string color;
06.            public Plant(string color)
07.            {
08.                this.color = color;
09.                Console.WriteLine(" --- 调用 Plant 的带参构造函数 --- ");
10.            }
11.            public string Color
12.            {
13.                get { return color; }
14.            }
15.        }
16.        public class Flower : Plant
17.        {
18.            public Flower(string color)
19.                : base(color)
20.            {
21.                Console.WriteLine(" --- 调用 Flower 的带参构造函数 --- ");
22.            }
23.        }
24.        public class Tree : Plant
25.        {
26.            private int age;
27.            public Tree(string color, int age)
28.                : base(color)
29.            {
30.                this.age = age;
31.                Console.WriteLine(" --- 调用 Tree 的带参构造函数 --- ");
32.            }
33.            public int Age
34.            {
35.                get { return age; }
36.            }
37.        }
38.        class Example4_3
39.        {
40.            static void Main(string[] args)
41.            {
42.                Flower f1 = new Flower("Red");
43.                Console.WriteLine("f1's color is {0}", f1.Color);
44.                Tree t1 = new Tree("Green", 10);
45.                Console.WriteLine("t1's color is {0}, age is {1}", t1.Color, t1.Age);
46.                Console.Read();
47.            }
```

```
48.        }
49.    }
```

【运行结果】

单击工具栏中的"开始"按钮,即可在控制台中输出如图 4-4 所示的结果。

图 4-4 例 4-3 运行结果

【程序说明】

(1) 基类 Plant 中定义了一个带参数的构造函数,通过该构造函数为字段 color 赋值。

(2) 派生类 Flower 和 Tree 中都显式地继承了基类 Plant 中的带参构造函数,其中,Tree 类中又定义了一个字段 age,color 的赋值利用父类的构造函数完成,age 的赋值在 Tree 自身的构造函数中实现。

4.2 多 态

在 C#中,多态性的定义是:同一操作作用于不同类的实例,不同的类将进行不同的解释,最后产生不同的执行效果。也就是说,多个类可以拥有同名方法,当一个实例去调用这个方法时,在编译时无法决定这个实例要调用哪个方法,只有在程序运行时根据这个实例的"本性"才去决定调用哪个方法。

有以下几种实现多态性的方式。

(1) 第一种方式通过继承实现多态性。多个类可以继承自同一个类,每个派生类又可根据需要重写基类成员以提供不同的功能。

(2) 第二种方式通过抽象类实现多态性。抽象类本身不能被实例化,只能在派生类中通过继承使用。对于抽象类中未实现的成员要在派生类中全部实现,抽象类中已实现的成员仍可以被重写。

(3) 第三种方式通过接口实现多态性。多个类可实现相同的"接口",而单个类可以实现一个或多个接口。接口本质上是一组规则的定义。接口仅声明类需要实现的方法、属性和事件,以及每个成员需要接收和返回的参数类型,而这些成员的具体实现留给实现类去完成。

4.2.1 成员的虚拟和重写

如果基类提供的功能不能满足要求,可以通过在派生类中重写基类的方法实现新的功能。在基类中,用修饰符 virtual 表示某个方法或者属性可以被派生类中同名的方法或属性重写。在派生类中使用修饰符 override 表示对基类中的成员重写。

使用虚拟方法和重写方法时,需要注意以下几点。

（1）虚拟方法不能声明为静态的，因为静态方法是应用在类这一层次的，而面向对象的多态性只能在对象上运作，所以静态的方法无法实现多态性。

（2）virtual 不能和 private 一起使用，声明为 private 就无法在派生类中重写了。

（3）如果在派生类中使用 override 关键字定义了重载方法，那么也就允许该类之后的派生类继续重载这个方法，因此重载方法在本质上也是一种虚拟方法，但不能同时使用 virtual 和 override 修饰一个方法。

【例 4-4】 重写基类的方法。

```
01.   namespace Example4_4
02.   {
03.       public class Plant
04.       {
05.           public virtual void ShowName()
06.           {
07.               Console.WriteLine("植物,无具体名字!");
08.           }
09.       }
10.       public class Flower : Plant
11.       {
12.           public override void ShowName()
13.           {
14.               Console.WriteLine("菊花!");
15.           }
16.       }
17.       class Example4_4
18.       {
19.           static void Main(string[] args)
20.           {
21.               Plant p1 = new Plant();
22.               Flower f1 = new Flower();
23.               p1.ShowName();
24.               f1.ShowName();
25.               Console.Read();
26.           }
27.       }
28.   }
```

【运行结果】

单击工具栏中的"开始"按钮，即可在控制台中输出如图 4-5 所示的结果。

图 4-5 例 4-4 运行结果

【程序说明】

（1）基类 Plant 中定义了一个虚方法 ShowName()，派生类 Flower 中重写了该虚方法。

(2) Plant 类和 Flower 类的对象都调用了 ShowName() 方法,但执行的不是同一个方法,Flower 类的 ShowName() 方法已将 Plant 类中的 ShowName() 方法覆盖掉。

4.2.2 成员隐藏

在派生类中,可以使用 new 修饰符来隐藏基类中同名的方法或属性,相当于在派生类中新写了一个同名方法或属性,但仍保留了从基类继承的成员。

【例 4-5】 隐藏基类的方法。

```
01.    namespace Example4_5
02.    {
03.        public class Plant
04.        {
05.            public void ShowName()
06.            {
07.                Console.WriteLine("植物,无具体名字!");
08.            }
09.        }
10.        public class Flower : Plant
11.        {
12.            public new void ShowName()
13.            {
14.                Console.WriteLine("菊花!");
15.            }
16.        }
17.        class Example4_5
18.        {
19.            static void Main(string[] args)
20.            {
21.                Plant p1 = new Plant();
22.                Flower f1 = new Flower();
23.                p1.ShowName();
24.                f1.ShowName();
25.                Console.Read();
26.            }
27.        }
28.    }
```

【运行结果】

单击工具栏中的"开始"按钮,即可在控制台中输出如图 4-6 所示的结果。

图 4-6　例 4-5 运行结果

【程序说明】

(1) 基类 Plant 中定义了一个方法 ShowName(),派生类 Flower 中使用 new 对 Plant

类中的 ShowName()方法进行隐藏。

（2）从执行结果看，跟例 4-4 是一样的，那么 override 重写基类的方法与 new 隐藏基类的方法有何区别呢？

隐藏基类成员与重写基类成员的不同之处有以下两点。

（1）使用 new 关键字时并不要求基类中的成员声明为 virtual，只要在派生类的同名成员前加 new 就可以。

（2）override 是将基类中的虚成员进行重写，而 new 是在派生类中新写了一个同名成员。

【例 4-6】 重写方法和隐藏方法的区别。

```
01.  namespace Example4_6
02.  {
03.      public class Plant
04.      {
05.          public virtual void ShowName()
06.          {
07.              Console.WriteLine("植物,无具体名字!");
08.          }
09.          public virtual void ShowAge()
10.          {
11.              Console.WriteLine("植物,无具体年龄!");
12.          }
13.      }
14.      public class Flower : Plant
15.      {
16.          public new void ShowName()
17.          {
18.              Console.WriteLine("万年青!");
19.          }
20.          public override void ShowAge()
21.          {
22.              Console.WriteLine("万年青,10 年!");
23.          }
24.      }
25.      class Example4_6
26.      {
27.          static void Main(string[] args)
28.          {
29.              Flower f1 = new Flower();
30.              f1.ShowName();
31.              f1.ShowAge();
32.              ((Plant)f1).ShowName();
33.              ((Plant)f1).ShowAge();
34.              Console.Read();
35.          }
36.      }
37.  }
```

【运行结果】

单击工具栏中的"开始"按钮，即可在控制台中输出如图 4-7 所示的结果。

图 4-7　例 4-6 运行结果

【程序说明】

（1）在 Plant 类中定义了两个虚方法 ShowName() 和 ShowAge()，在 Flower 类中对 ShowName() 进行了隐藏，对 ShowAge() 进行了重写。

（2）第 32 行将 f1 转换为 Plant 类型后，调用的 ShowName() 方法是从基类中继承的，所以执行的处理过程是在基类中定义的。

（3）第 33 行将 f1 转换为 Plant 类型后，由于对基类中的 ShowAge() 方法进行了重写，在 Flower 类中只有一个 ShowAge() 方法，所以调用的 ShowAge() 方法是在 Flower 类中重写的 ShowAge() 方法。

说明：什么情况下需要使用 New 呢？例如，开发人员要重新设计基类中的某个方法，该基类是两年前由另一组开发人员设计的，并已交给用户使用，可是原来的开发人员在该方法前并没有使用 virtual 关键字，又不允许修改原来的程序，这种情况下无法使用 override，就需要使用 new 隐藏基类的方法。

4.3　抽　象　类

利用抽象类，可以声明仅定义了部分实现的类，让派生类提供某些或者全部方法的实现。如果对于给定类型的大多数或者全部对象来说，某些行为是既定的，而有些行为只是对一个特定类有意义时，抽象类就很有帮助。在 C# 中，这样的类被声明为抽象类，类中没有实现的每个方法也被标记为 abstract。

【例 4-7】　抽象类和抽象方法示例。

```
01.    namespace Example4_7
02.    {
03.        public abstract class Plant
04.        {
05.            protected string name;
06.            protected int age;
07.            public Plant(string name, int age)
08.            {
09.                this.name = name;
10.                this.age = age;
11.            }
12.            public abstract void Irrigating();
13.        }
14.        public class Flower : Plant
```

```
15.     {
16.         int irrDays;
17.         public Flower(string name, int age, int days)
18.             : base(name, age)
19.         {
20.             irrDays = days;
21.         }
22.         public override void Irrigating()
23.         {
24.             Console.WriteLine(name + ":" + irrDays + "天浇一次水");
25.         }
26.     }
27.     class Example4_7
28.     {
29.         static void Main(string[] args)
30.         {
31.             Flower f1 = new Flower("仙人掌",10,30);
32.             f1.Irrigating();
33.             Console.Read();
34.         }
35.     }
36. }
```

【运行结果】

单击工具栏中的"开始"按钮,即可在控制台中输出如图 4-8 所示的结果。

图 4-8　例 4-7 运行结果

【程序说明】

(1) 抽象类是不被具体实现的,所以 Plant 类中定义的 Irrigating()抽象方法没有任何实现代码。

(2) Flower 类中对继承的抽象方法 Irrigating()进行了实现,实现基类中的抽象方法时也使用 override 关键字。

在声明抽象类时,需要注意以下几个问题。

(1) 一个抽象类中可以包含一个或多个抽象方法。

(2) 抽象类中可以存在非抽象的方法。

(3) 抽象类不能被实例化。

(4) 抽象类可以被抽象类所继承,结果仍是抽象类。

4.4　密　封　类

如果所有的类都可以被继承,继承的滥用会带来什么后果? 类的层次结构体系将变得十分庞大,大类之间的关系杂乱无章,对类的理解和使用都会变得十分困难。有时候,我们并不希望自己编写的类被继承。另一些时候,有的类已经没有再被继承的必要。C#提出了一个密封类的概念,帮助开发人员来解决这一问题。

密封类不能同时又是抽象类,因为抽象总是希望被继承的。由于密封类不能被其他类继承,因此系统就可以在运行时对密封类中的内容进行优化,从而提高系统的性能。如果密封类实例中存在虚成员函数,该成员函数可以转化为非虚的,函数修饰符 virtual 不再生效。

也可以使用 sealed 关键字限制基类中的方法,防止被派生类重写。带有 sealed 修饰符的方法称为密封方法。密封方法同样不能被派生类中的方法继承,也不能被隐藏。sealed 只能用于重写方法。

【例 4-8】 密封方法示例。

```
01.    namespace Example4_8
02.    {
03.        public abstract class Plant
04.        {
05.            protected string name;
06.            protected int age;
07.            public Plant(string name, int age)
08.            {
09.                this.name = name;
10.                this.age = age;
11.            }
12.            public abstract void Irrigating();
13.        }
14.        public class Flower : Plant
15.        {
16.            int irrDays;
17.            public Flower(string name, int age, int days)
18.                : base(name, age)
19.            {
20.                irrDays = days;
21.            }
22.            public sealed override void Irrigating()
23.            {
24.                Console.WriteLine(name + ":" + irrDays + "天浇一次水");
25.            }
26.        }
27.        class Example4_8
28.        {
29.            static void Main(string[] args)
30.            {
31.                Flower f1 = new Flower("仙人掌", 10, 30);
32.                f1.Irrigating();
33.                Console.Read();
34.            }
35.        }
36.    }
```

【运行结果】

单击工具栏中的"开始"按钮,即可在控制台中输出如图4-9所示的结果。

图4-9 例4-8运行结果

【程序说明】

Flower类中对继承的抽象方法Irrigating()进行了实现,同时说明Flower类中的Irrigating()方法是密封方法,这样Flower类中的Irrigating()方法无法再被重写。

4.5 接 口

C#程序设计的基本单元是类,但是面向对象程序设计的基本单元是类型。类可以定义类型,如果能够定义类型而不必定义类,那将会是相当强大而有用的。接口以一种抽象的形式定义类型,作为方法或者其他类型的集合,从而形成该类型的约定。

接口没有任何具体实现的内容,也就不可以创建接口的实例。而且,类可以通过实现一个或多个接口来进行类型扩展。接口纯粹是设计的一种表达方式,而类则是设计和实现的混合体。

接口的用途是表示调用者和设计者的一种约定。例如,提供的某个方法用什么名字、需要哪些参数,以及每个参数的类型是什么等。在多人合作开发同一个项目时,事先定义好相互调用的接口可以大大提高项目开发的效率。

4.5.1 接口的声明与实现

在C#中,使用interface关键字声明一个接口。常用的语法为:

访问修饰符 interface 接口名
{
    [接口体]
}

在声明接口时,需要注意以下几个问题。

(1) 一般情况下,建议以大写的"I"开头指定接口名,表明这是一个接口。

(2) 接口中只能包含方法、属性、索引器和事件的声明,不能包含构造函数(因为接口无法实例化),也不能包含字段。

(3) 接口声明中不能包含任何程序代码。

(4) 定义在接口中的方法要求必须都是public的,因此不能再用public修饰符声明。

(5) 接口的任何非抽象派生类都必须提供对该接口所定义的所有方法的实现。

【例4-9】 接口的声明与实现示例。

```
01.  namespace Example4_9
02.  {
```

```
03.    class Example4_9
04.    {
05.        public interface IIrrigate
06.        {
07.            void Irrigating();
08.        }
09.        public interface IName
10.        {
11.            string MyName
12.            {
13.                get;
14.                set;
15.            }
16.        }
17.        public class Flower : IIrrigate , IName
18.        {
19.            int irrDays;
20.            string name;
21.            public Flower(int days)
22.            {
23.                irrDays = days;
24.            }
25.            public string MyName
26.            {
27.                get { return name; }
28.                set { name = value; }
29.            }
30.            public void Irrigating()
31.            {
32.                Console.WriteLine(name + ":" + irrDays + "天浇一次水");
33.            }
34.        }
35.        static void Main(string[] args)
36.        {
37.            Flower f1 = new Flower(10);
38.            f1.MyName = "芦荟";
39.            f1.Irrigating();
40.            Console.Read();
41.        }
42.    }
43. }
```

【运行结果】

单击工具栏中的"开始"按钮,即可在控制台中输出如图 4-10 所示的结果。

图 4-10　例 4-9 运行结果

【程序说明】

(1) 接口 IIrrigate 中定义了一个 Irrigating()方法；接口 IName 中定义了一个属性 MyName。

(2) 类 Flower 同时继承了上面两个接口，实现了接口 IName 中的 MyName 属性，实现了接口 IIrrigate 中的 Irrigating()方法。

4.5.2 显式方式实现接口

由于不同接口中的方法可以重名，因此，在一个类中实现多个接口中的方法时就可能存在多义性的问题。对于这类问题，可以显式实现接口中的方法，在接口方法签名前加上接口名称前缀。对于显式实现的方法，不能通过类的实例进行访问，而必须使用接口的实例进行调用。

【例 4-10】 显式方式实现接口示例。

```
01.   namespace Example4_10
02.   {
03.       public interface IIrrigate1
04.       {
05.           void Irrigating();
06.       }
07.       public interface IIrrigate2
08.       {
09.           void Irrigating();
10.       }
11.       public class Plant : IIrrigate1, IIrrigate2
12.       {
13.           void IIrrigate1.Irrigating()
14.           {
15.               Console.WriteLine("大树 30 天浇一次水");
16.           }
17.           void IIrrigate2.Irrigating()
18.           {
19.               Console.WriteLine("花草 10 天浇一次水");
20.           }
21.       }
22.       class Example4_10
23.       {
24.           static void Main(string[] args)
25.           {
26.               IIrrigate2 iTest = new Plant();
27.               iTest.Irrigating();
28.               Console.Read();
29.           }
30.       }
31.   }
```

【运行结果】

单击工具栏中的"开始"按钮，即可在控制台中输出如图 4-11 所示的结果。

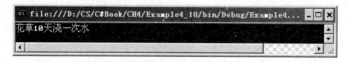

图 4-11　例 4-10 运行结果

【程序说明】

（1）接口 IIrrigate1 和 IIrrigate2 中都定义了一个同一名称的方法 Irrigating()。

（2）类 Plant 中实现 Irrigating()方法时明确指明了是哪个接口中的方法。

（3）第 26 行实例化了一个 IIrrigate2 类型的实例 iTest，相当于将 Plant 类型隐式转换为 IIrrigate2 类型。

（4）第 27 行调用 iTest.Irrigating()方法就是调用 Plant 类中实现的 IIrrigate2.Irrigating()方法。

说明：接口和抽象类之间有以下两点重要区别。

（1）接口提供一种多重继承的方式，因为可以在类上实现多个接口。

（2）抽象类可以有部分实现，而接口仅限于没有实现的方法、属性和索引器。

这些区别通常直接决定了特定事项中对哪一种方式的最佳选用。如果多重继承很重要，则用接口。但是，抽象类能提供部分或全部实现，所以它很容易被继承。

4.6　委托与事件

在 Windows 窗体应用程序中，很多功能都是利用事件来实现的，后面的章节会介绍如何在 Windows 窗体应用程序中使用事件。但是在实际应用中，还需要自定义一些事件，本节将介绍相关的技术。

4.6.1　委托

委托（Delegate）是一种数据结构，它提供类似 C++ 语言中函数指针的功能，不同的是 C++ 语言的函数指针只能够指向静态的方法，而委托除了可以指向静态的方法之外，还可以指向对象实例的方法。另外，委托是完全的面向对象且使用安全的类型。程序员可以利用委托在执行时传入方法的名称，动态地决定要调用的方法。

委托的最大特点是，它不关心自己引用的对象的类。任何对象中的方法都可以通过委托动态地调用，只是方法的参数类型和返回类型必须与委托的参数类型和返回类型相匹配。

委托主要用在两个方面：其一是回调（CallBack）机制；其二是事件处理。

声明委托的语法形式如下：

访问修饰符 delegate 类型 委托名(参数列表);

从语法形式上看，定义一个委托非常类似于定义一个方法，但是，方法有方法体，而委托没有方法体，因为它执行的方法是在使用委托时动态指定的。

【例 4-11】　委托的声明与使用举例。

```
01.　namespace Example4_11
```

```
02.    {
03.        public delegate int Calculate(int m, int n);
04.        class Example4_11
05.        {
06.            public static int Add(int x, int y)
07.            {
08.                return (x + y);
09.            }
10.            public static int Minus(int x, int y)
11.            {
12.                return (x - y);
13.            }
14.            static void Main(string[] args)
15.            {
16.                int a = 5, b = 3;
17.                Calculate myCal = new Calculate(Add);
18.                Console.WriteLine("{0} + {1} = {2}",a,b,myCal(a, b));
19.                myCal = new Calculate(Minus);
20.                Console.WriteLine("{0} - {1} = {2}", a, b, myCal(a, b));
21.                Console.Read();
22.            }
23.        }
24.    }
```

【运行结果】

单击工具栏中的"开始"按钮,即可在控制台中输出如图 4-12 所示的结果。

图 4-12 例 4-11 运行结果

【程序说明】

(1) 从上面的实例可以看出建立和使用委托主要分为三步。

(2) 第一步声明委托,第 3 行声明了一个委托 Calculate,该委托有两个整型参数,返回类型为整型。

(3) 第二步定义被调用的方法,第 6 行和第 10 行分别定义了 Add 方法和 Minus 方法,这两个方法的参数类型、参数个数和返回类型都与 Calculate 保持一致。

(4) 第三步创建委托实例,传入调用的方法名,第 17 行创建了 Calculate 的实例 myCal 并将 Add 方法传入,第 18 行 myCal(a, b)相当于 Add(a, b)。第 19 行将 Minus 方法传入 myCal,第 20 行执行对 Minus 方法的调用。

4.6.2 事件

事件是响应用户对鼠标、键盘操作或自动执行某个与事件关联的方法的行为。事件和方法一样具有签名,签名包括名称和参数列表。

事件的签名通过委托类型来定义,大多数事件所对应的委托类型是相似的。System 程序集中定义了一个名为 EventHandler 的委托对象,其原型为:

public delegate void EventHandler(Object sender, EventArgs e);

其中,参数 sender 表示引发事件的对象,参数 e 表示事件中包含的数据,其类型 EventArgs 也是 System 程序集中的一个类。除非有特殊需要,C#建议尽量使用 EventHandler 或其派生类作为事件类型。如果还需要处理特定的事件数据,那么开发人员可以定义 EventArgs 的派生类,并将数据包含在事件参数中。

【例 4-12】 自定义事件委托示例。

```
01.    namespace Example4_12
02.    {
03.        public delegate void MyEventHandler();
04.        public class CarEvent
05.        {
06.            public event MyEventHandler BreakEvent;
07.            public void OnBreak()
08.            {
09.                if (BreakEvent != null)
10.                    BreakEvent();
11.            }
12.        }
13.        class Example4_12
14.        {
15.            static void Emergence()
16.            {
17.                Console.WriteLine("紧急情况,迅速刹车!");
18.            }
19.            static void Main(string[] args)
20.            {
21.                string roadStatus = "路上有大坑";
22.                CarEvent evt1 = new CarEvent();
23.                evt1.BreakEvent += new MyEventHandler(Emergence);
24.                if (roadStatus == "路上有大坑")
25.                    evt1.OnBreak();
26.                Console.Read();
27.            }
28.        }
29.    }
```

【运行结果】

单击工具栏中的"开始"按钮,即可在控制台中输出如图 4-13 所示的结果。

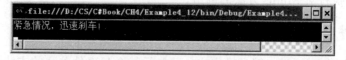

图 4-13 例 4-12 运行结果

【程序说明】

（1）在第 3 行自定义了一个委托类型 MyEventHandler，该委托类型没有任何参数，返回类型为空。

（2）第 4 行声明了类 CarEvent，该类中定义了一个 MyEventHandler 类型的事件 BreakEvent，同时定义了一个 OnBreak()方法来启动该事件。

（3）类 Example4_12 中首先定义了一个 Emergence 方法，第 22 行声明了一个 CarEvent 事件的实例 evt1，第 23 行进行事件订阅，evt1 的 BreakEvent 事件关联了 Emergence 方法，当"路上有大坑"时通过 evt1 的 OnBreak()方法启动 BreakEvent 事件。

【例 4-13】 使用 EventHandler 委托类型示例。

```
01.    namespace Example4_13
02.    {
03.        public class CarEventArgs : EventArgs
04.        {
05.            private string roadStatus;
06.            public string RoadStatus
07.            {
08.                get { return roadStatus; }
09.                set { roadStatus = value; }
10.            }
11.        }
12.        public class CarEvent
13.        {
14.            public event EventHandler BreakEvent;
15.            public void OnBreak(string roadInfo)
16.            {
17.                CarEventArgs e = new CarEventArgs();
18.                e.RoadStatus = roadInfo;
19.                if (BreakEvent != null)
20.                    BreakEvent(this, e);
21.            }
22.        }
23.        class Example4_13
24.        {
25.            static void Emergence(object sender,EventArgs e)
26.            {
27.                CarEventArgs ce = (CarEventArgs)e;
28.                if(ce.RoadStatus == "路上有大坑")
29.                    Console.WriteLine("路上有大坑,迅速刹车!");
30.                else if(ce.RoadStatus == "红灯")
31.                    Console.WriteLine("前方红灯,立即减速!");
32.            }
33.            static void Main(string[] args)
34.            {
35.                CarEvent evt1 = new CarEvent();
36.                evt1.BreakEvent += new EventHandler(Emergence);
37.                evt1.OnBreak("路上有大坑");
38.                Console.Read();
```

```
39.        }
40.      }
41. }
```

【运行结果】

单击工具栏中的"开始"按钮,即可在控制台中输出如图 4-14 所示的结果。

图 4-14　例 4-13 运行结果

【程序说明】

(1) 首先声明了一个 EventArgs 的子类 CarEventArgs,该类中有一个私有字段 roadStatus 和一个公共读写属性 RoadStatus。

(2) 类 CarEvent 中 BreakEvent 事件的类型为 EventHandler 委托类型,按照该委托类型的要求 BreakEvent 事件的关联方法应有两个参数。

(3) 类 CarEvent 中 OnBreak 方法有一个 string 类型参数,该方法内首先定义了一个 CarEventArgs 类型的字段 e,然后将 OnBreak 方法的参数 roadInfo 的值赋给 e 的 RoadStatus 属性。当触发 BreakEvent 事件时需要传入两个参数。

(4) 第 25 行 Emergence 方法的参数个数和类型都与 EventHandler 保持一致,该方法内将参数 e 由 EventArgs 类转换为 CarEventArgs 类型后赋给变量 ce,根据 ce 的 RoadStatus 属性值决定执行的动作。

4.7　泛　　型

泛型是用于处理算法、数据结构的一种编程方法。泛型的目标是采用广泛适用和可交互性的形式来表示算法和数据结构,以使它们能够直接用于软件构造。泛型类、结构、接口、委托和方法可以根据它们存储和操作的数据类型来进行参数化。泛型可在编译时提供强大的类型检查,减少数据类型之间的显式转换、装箱操作和运行时的类型检查等。泛型类和泛型方法同时具备可重用性、类型安全和效率高等特性,这是非泛型类和非泛型方法所无法具备的。

4.7.1　泛型的定义和使用

泛型(Generic)是具有占位符(类型参数)的类、结构、接口和方法,它与普通类的区别是泛型多了一个或多个表示类型的占位符,这些占位符用尖括号括起来。例如:

```
public class MyClass<T>
public interface ISession<TSession>
```

一般情况下,类型参数的命名规则如下。

(1) 使用描述性名称命名泛型类型参数,除非单个字母名称完全可以让人了解它表示的含义,而描述性名称不会有更多的意义。

（2）将"T"作为类型参数名的前缀。

上面的 T、TSession 就是表示类型的占位符，这种类型在实际使用时可以是 int、double、string 等任何一种具体类型。

【例 4-14】 泛型的定义和用法示例。

```
01.    namespace Example4_14
02.    {
03.        public class Search
04.        {
05.            public static int SeqSearch<TData>(TData[] items, TData item)
06.            {
07.                for (int i = 0; i < items.Length; i++)
08.                {
09.                    if (items[i].Equals(item))
10.                        return i;
11.                }
12.                return -1;
13.            }
14.        }
15.        class Example4_14
16.        {
17.            static void Main(string[] args)
18.            {
19.                int[] score = new int[] { 56, 67, 32, 48, 96, 80 };
20.                string[] name = new string[] { "Tom", "John", "Mike", "Dave", "Steave", "Loni" };
21.                int i = 0;
22.                i = Search.SeqSearch<int>(score, 96);
23.                Console.WriteLine("96 在 score 中的位置: " + i.ToString());
24.                i = Search.SeqSearch<string>(name, "Mike");
25.                Console.WriteLine("Mike 在 name 中的位置: " + i.ToString());
26.                Console.Read();
27.            }
28.        }
29.    }
```

【运行结果】

单击工具栏中的"开始"按钮，即可在控制台中输出如图 4-15 所示的结果。

图 4-15 例 4-14 运行结果

【程序说明】

（1）在类 Search 中定义了一个 SeqSearch<TData>泛型方法，该方法的功能是在数组中查找指定元素，返回该元素在数组中的位置，如果没有则返回-1。

(2) 第22行和24行分别将整型参数和字符串型参数带入到 SeqSearch 方法中,在带入时用具体的类型替换了 TData。

(3) 由于 TData 可以代表任何一种类型,因此在方法中只定义一次类型就能实现所有类型的引用。如果不使用泛型,就需要写出很多重载的 SeqSearch 方法,使代码既臃肿,又不易阅读,同时也增加了编译工作量。由此可以看出,泛型的优点是显而易见的。

4.7.2 可空类型的泛型

有关泛型类的内容,原则上也适用于泛型结构,本节介绍泛型结构的典型应用——可空类型(Nullable Type)。可空类型是指在值类型的基础上增加对空值的支持,这更符合人们的思维习惯,也使得值类型的使用更加灵活。

可空类型通过泛型结构 Nullable<T>来实现,其类型参数 T 表示基础的值类型,而结构提供的功能就是将值类型 T 和空值 null 作为一个整体来使用。要得到任何一种可空类型,只需将结构中的 T 替换成相应的基础类即可。例如,Nullable<Int32>读作"可以为 null 的 int32",也就是说,可以将其赋值为任意一个32位整数值,也可以将其赋值为 null 值。再例如,Nullable<bool>的值可以赋为 true、false 或 null。

在处理数据库和其他包含未赋值元素的数据类型时,可以为 null 的值类型特别有用。例如,数据库中的整型字段,如果该字段未赋值则用 null 表示。使用可空类型时,需要注意以下几个方面。

(1) 可空类型表示可被赋值为 null 值的值类型变量。但是要注意,由于引用类型已支持 null 值,因此不能用该类型创建基于引用类型的 null 类型。

(2) 语法"T?"是泛型"Nullable<T>"的简写,此处的 T 为值类型。这两种形式可以互换,如 Nullable<int>也可以写为 int?。为可空类型的变量赋值的方法与为一般值类型的变量赋值的方法相同,例如:

```
int? grade = 0;   或   Nullable<int> grade = 0;
bool? check = true;   或   Nullable<bool> check = true;
```

(3) 由于普通的值类型数据无法和 null 值进行比较,要判断可空类型的变量是否为 null,可以利用为该泛型变量提供的 HasValue 属性,如果此变量的值不是 null,则 HasValue 属性返回 true;否则返回 false。例如:

```
if(x.HasValue) y = x.HasValue;
```

利用为可空类型变量提供的 GetValueOrDefault 方法,可以返回该变量的值或默认值,例如:

```
int y = x.GetValueOrDefault( );
```

使用"??"运算符可以给可空类型分配默认值,例如:

```
int? x = null;
int y = x ?? -1;
```

最后一条语句的含义是,当 x 的值为 null 时,就将默认值-1赋给 y。

4.8 泛型集合

集合是指一组组合在一起的性质类似的类型化对象。将紧密相关的数据组合到一个集合中,能够更有效地对其进行管理,如用 foreach 来处理一个集合中的所有元素等。

对于普通的集合,虽然可以使用 System 命名空间下的 Array 类和 System.Collections 命名空间下的类添加、移除和修改集合中的个别元素或某一范围内的元素,但是由于这种办法无法在编译代码前确定数据的类型,运行时很可能需要频繁地进行装箱与拆箱操作,导致运行效率降低,而且出现运行错误时也让人莫名其妙。所以实际项目中一般用 System.Collections.Generic 命名空间下的泛型集合类对集合进行操作,它能提供比非泛型集合好得多的类型安全性和性能。

在 System.Collections.Generic 命名空间下,提供了常用的泛型集合类。如表 4-1 所示为常见的泛型集合类及对应的非泛型集合类。

表 4-1 常用的泛型集合类及对应的非泛型集合类

泛型集合类	非泛型集合类
List < T >	ArrayList
SortedList < TKey, TValue >	SortedList
Queue < T >	Queue
Stack < T >	Stack
Dictionary < TKey, TValue >	HashTable

4.8.1 列表

列表是指一系列元素的组合,列表中可以有重复的元素。List < T >泛型类表示可通过索引访问的强类型对象列表,该类提供了对列表进行搜索、排序和操作的方法。

常用方法如下。

Add 方法:将指定值的元素添加到列表中。

Insert 方法:在列表的中间插入一个新元素。

Contains 方法:测试该列表中是否存在某个元素。

Remove 方法:从列表中移除带有指定键的元素。

Clear 方法:清空列表,移除列表中的所有元素。

【例 4-15】 泛型列表的定义和用法示例。

```
01.    namespace Example4_15
02.    {
03.        public class Person
04.        {
05.            private string name;
06.            private int age;
07.            public Person(string name, int age)
08.            {
09.                this.name = name;
```

```
10.            this.age = age;
11.        }
12.        public string Name
13.        {
14.            get { return name; }
15.        }
16.        public int Age
17.        {
18.            get { return age; }
19.        }
20.    }
21.    class Example4_15
22.    {
23.        static void Main(string[] args)
24.        {
25.            Person p1 = new Person("Tom", 30);
26.            Person p2 = new Person("John", 22);
27.            Person p3 = new Person("Mike", 45);
28.            List<Person> persons = new List<Person>();
29.            persons.Add(p1);
30.            persons.Add(p2);
31.            persons.Add(p3);
32.            foreach (var psn in persons)
33.                Console.WriteLine(psn.Name + "," + psn.Age);
34.            Console.Read();
35.        }
36.    }
37. }
```

【运行结果】

单击工具栏中的"开始"按钮,即可在控制台中输出如图 4-16 所示的结果。

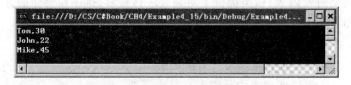

图 4-16 例 4-15 运行结果

【程序说明】

(1) Main 函数中,首先创建了 Person 类的三个对象,然后实例化了 List<Person>类的一个对象 persons。

(2) 利用 Add 方法将 p1、p2 和 p3 三个对象添加到了 persons 中。

(3) 利用 foreach 语句依次访问 persons 中的每一个元素,输出其姓名和年龄。

(4) 由此例可以看到使用泛型列表很容易创建任意类型数据的一个集合。

如果是数字列表,还可以对其进行求和(Sum 方法)、求平均值(Average 方法)、最大值(Max 方法)和最小值(Min 方法)等。

排序列表(SortedList<TKey, TValue>)的用法和列表(List<T>)的用法相同,区别

仅是排序列表中保存的是对列表中的数据按"键"升序排序后的结果。

4.8.2 字典

Dictionary＜TKey，TValue＞泛型类提供了从一组键到一组值的映射。字典中的每个添加项都由一个值及相关的键组成,通过键来检索值。一个字典中不能有重复的键。

Dictionary＜TKey，TValue＞的容量是字典中可以包含的元素数。当向字典中添加元素时,系统将通过重新分配内部数组,根据需要自动增大容量。

常用方法如下。

Add 方法：将带有指定键和值的元素添加到字典中。

TryGetValue 方法：获取与指定的键相关联的值。

ContainsKey 方法：确定字典中是否包含指定的键。

Remove 方法：从字典中移除带有指定键的元素。

【例 4-16】 泛型字典的定义和用法示例。

```
01.    namespace Example4_16
02.    {
03.        class Example4_16
04.        {
05.            static void Main(string[] args)
06.            {
07.                Dictionary<string, string> openWith = new Dictionary<string, string>();
08.                openWith.Add("txt", "notepad.exe");
09.                openWith.Add("bmp", "paint.exe");
10.                openWith.Add("dib", "paint.exe");
11.                openWith.Add("rtf", "wordpad.exe");
12.                try
13.                {
14.                    openWith.Add("txt", "winword.exe");
15.                }
16.                catch (ArgumentException)
17.                {
18.                    Console.WriteLine("An element with Key = \"txt\" already exists.");
19.                }
20.                openWith["rtf"] = "winword.exe";
21.                Console.WriteLine("For key = \"rtf\", value = {0}.",openWith["rtf"]);
22.                openWith["doc"] = "winword.exe";
23.                string value = "";
24.                if (openWith.TryGetValue("tif", out value))
25.                {
26.                    Console.WriteLine("For key = \"tif\", value = {0}.", value);
27.                }
28.                else
29.                {
30.                    Console.WriteLine("Key = \"tif\" is not found.");
31.                }
32.                Console.WriteLine();
33.                foreach (KeyValuePair<string, string> kvp in openWith)
```

```
34.         {
35.             Console.WriteLine("Key = {0}, Value = {1}",kvp.Key, kvp.Value);
36.         }
37.         Dictionary<string, string>.ValueCollection valueColl = openWith.Values;
38.         Console.WriteLine();
39.         foreach (string s in valueColl)
40.         {
41.             Console.WriteLine("Value = {0}", s);
42.         }
43.         Console.WriteLine("\nRemove(\"doc\")");
44.         openWith.Remove("doc");
45.         if (!openWith.ContainsKey("doc"))
46.         {
47.             Console.WriteLine("Key \"doc\" is not found.");
48.         }
49.         Console.Read();
50.     }
51.   }
52. }
```

【运行结果】

单击工具栏中的"开始"按钮,即可在控制台中输出如图 4-17 所示的结果。

图 4-17 例 4-16 运行结果

【程序说明】

(1) 第 7 行为 Dictionary<string,string>类创建了一个对象 openWith,利用 Add 方法为其添加了 4 个元素。

(2) 第 12~19 行试图向 openWith 中添加一个新元素,由于不允许有重复的键值所以使用了 try-catch 语句,一旦与已有的键值重复则产生异常。

(3) 第 20 行将键值"rtf"对应的值改为"winword.exe"。

(4) 第 22 行增加了一个新的键/值对,如果此键值不存在,直接通过设置索引就可以在字典中增加新的键/值对,即添加一个新元素。

(5) 第 24~31 行利用 TryGetValue 方法根据键值去获取其对应的值,TryGetValue 方法有两个参数,第一个参数是键值,第二个参数是输出参数用来接收获取的值。如果直接用索引的方式来获取键对应的值应使用 try-catch 语句,避免因没有指定的键而产生异常。

(6) 第 33 行使用 foreach 去遍历字典中的元素时,每一个元素都是作为 KeyValuePair 对象来访问的。

(7) 第 37 行要单独获取字典中的值,此时创建了 Dictionary < string, string >.ValueCollection 类的对象 valueColl,通过 openWith 的 Values 属性将所有的值放到集合 valueColl 中,再依次访问输出。同理,如果只想获取字典中的键值应使用 Dictionary 的 KeyCollection 类。

(8) 第 44 行利用 Remove 方法移除了键值为"doc"的元素。

排序字典(SortedDictionary < TKey, TValue >)的用法和字典的用法相同,区别仅在于排序字典中的元素是按键进行升序排列的。

本节仅以列表和字典举例说明了泛型集合的使用,其他的泛型集合如 HashSet < T >、Queue < T >、Stack < T >等的使用请读者自行学习。

4.9 问题解决

通过对继承和多态知识的学习,汽车信息管理程序在例 3-16 的基础上可以进一步改进。采取下面的步骤来加以解决。

(1) 声明一个汽车类,定义其属性和鸣笛行为。
(2) 声明轿车类和公共汽车类,它们派生自汽车类。
(3) 通过重载方式,从汽车类的鸣笛行为派生轿车类和公共汽车类的鸣笛行为。

根据以上思路,解决问题的完整代码如下。

【例 4-17】 解决导入问题。

```
01.    namespace Example4_17
02.    {
03.        public class Vehicle
04.        {
05.            protected string id;           //汽车型号
06.            protected double engine;       //发动机型号
07.            protected int wheels;          //车轮个数
08.            protected int whlType;         //车轮型号
09.            public Vehicle(string vid, double e, int whls, int wtype)
10.            {
11.                id = vid;
12.                engine = e;
13.                wheels = whls;
14.                whlType = wtype;
15.            }
16.            public void PrintInfo()
17.            {
18.                Console.WriteLine("{0}:排气量{1},车轮数{2},车轮型号{3}", id, engine, wheels, whlType);
```

```csharp
19.     }
20.     public virtual void Whistle()
21.     {
22.         Console.WriteLine("汽车鸣笛!");
23.     }
24. }
25. public class Car:Vehicle
26. {
27.     public Car(string cid, double e, int whls, int wtype)
28.         : base(cid, e, whls, wtype)
29.     {
30.     }
31.     public override void Whistle()
32.     {
33.         Console.WriteLine("小轿车：嘀嘀!");
34.     }
35. }
36. public class Bus:Vehicle
37. {
38.     private int passengers;         //乘客数
39.     public Bus(string bid, double e, int whls, int wtype, int pnum)
40.         : base(bid, e, whls, wtype)
41.     {
42.         passengers = pnum;
43.     }
44.     public new void PrintInfo()
45.     {
46.         base.PrintInfo();
47.         Console.WriteLine("载客数为{0}人", passengers);
48.     }
49.     public override void Whistle()
50.     {
51.         Console.WriteLine("大公交：嘟嘟!");
52.     }
53. }
54. class Example4_17
55. {
56.     static void Main(string[] args)
57.     {
58.         Car c1 = new Car("红旗2012", 1.6, 4, 20);
59.         Car c2 = new Car("中华2012", 1.4, 4, 20);
60.         Bus b1 = new Bus("黄海2012", 4.2, 6, 50, 45);
61.         c1.PrintInfo();
62.         c1.Whistle();
63.         c2.PrintInfo();
64.         c2.Whistle();
65.         b1.PrintInfo();
66.         b1.Whistle();
```

```
67.            Console.Read();
68.        }
69.    }
70. }
```

【运行结果】

单击工具栏中的"开始"按钮,即可在控制台中输出如图 4-18 所示的结果。

图 4-18 例 4-17 运行结果

【程序说明】

(1) 程序中首先定义了一个 Vehicle 类,该类包含汽车的基础信息,完成汽车基础信息的初始化,PrintInfo()方法输出汽车基础信息,Whistle()方法是一个虚方法,该方法定义了汽车鸣笛行为。

(2) Car 类继承了 Vehicle 类,构造函数调用基类的构造方法,重写了基类的 Whistle()方法,实现小轿车的鸣笛行为。

(3) Bus 类也继承了 Vehicle 类,增加了一个私有成员 passengers,其构造函数中前 4 个成员的初始化调用了基类的构造方法。其 PrintInfo()方法覆盖了基类的 PrintInfo()方法,增加了乘客数信息的输出。

(4) 本例充分体现了面向对象编程中继承和多态的特性,通过将各类汽车的共性信息进行共享,使程序设计进一步简化,也更加灵活,"生产效率"进一步提高。

小　　结

封装、继承和多态是面向对象程序设计的三个基本要素,其中,继承是面向对象程序设计中实现可重用性的关键技术。C♯提供了一整套设计良好的继承机制,包括派生类对基类和接口的继承,成员的继承、重写和隐藏。通过对基类虚拟方法的重写,程序可在运行时根据实际对象的类型来确定要执行的操作,从而实现多态性。接口是抽象程度最高的一种数据类型,接口方法和抽象方法都属于协议描述的范围,它们都需要在派生成员中得到具体的实现。

事件是一种委托类型的成员,它能够使对象对发生的特定情况做出响应,通过关联相应的方法完成对特定情况的处理。

泛型的核心思想是操作与类型的分离,也就是说抽象算法无须使用实际的数据结构,从而实现更高层次上的代码重用。在泛型的定义中,类型参数表示抽象数据类型,它在使用时将被具体类型所替代。引入泛型后,C♯的继承机制也变得更为丰富和完善。

课 后 练 习

一、选择题

1. 在定义类时,如果希望类的某个方法能够在派生类中进一步进行改进,以便处理不同的派生类,则应将该方法声明成(　　)。

　　A. public 方法　　　B. virtual 方法　　　C. sealed 方法　　　D. override 方法

2. 要从派生类中访问基类的成员,可以使用(　　)关键字。

　　A. this　　　　　　B. new　　　　　　　C. base　　　　　　D. override

3. 接口 Animal 定义如下:

public interface Animal
　{ void Run(); }

则下列抽象类的定义中,不合法的是(　　)。

　　A. abstract class Cat : Animal {abstract public void Run();}

　　B. abstract class Cat : Animal {virtual public void Run(){Console.WriteLine("run");}}

　　C. abstract class Cat : Animal {public void Run(){Console.WriteLine("run");}}

　　D. abstract class Cat : Animal {public void Eat(){Console.WriteLine("eat");}}

4. 面向对象编程中的"继承"的概念是指(　　)。

　　A. 对象之间通过消息进行交互

　　B. 派生自同一个基类的不同类的对象具有一些共同特征

　　C. 对象的内部细节被隐藏

　　D. 派生类对象可以不受限制地访问基类中的所有成员

5. 下面有关虚方法和抽象方法的说法,正确的是(　　)。

　　A. 二者都不能使用 private 修饰符

　　B. 二者都不提供方法的实现代码

　　C. 一个方法可以同时使用 virtual 和 abstract 修饰符

　　D. 虚方法可以作为抽象方法的重载实现

6. 下面有关事件的说法,不正确的是(　　)。

　　A. 事件应当被定义为 public,否则就不能被外部对象引发

　　B. 一个事件可以关联多个事件处理方法

　　C. 多个事件可以使用一个事件处理方法

　　D. delegate 是所有事件的元类型

7. 关于泛型以下说法错误的是(　　)。

　　A. 与传统类型相比,泛型集合更安全,但需要装箱和拆箱操作

　　B. 使用泛型类可以保证类型安全性

　　C. List<T>是通过索引访问集合中的元素

　　D. Dictionary<K,V>可以通过键来访问集合元素

二、简答题

1. 有哪些手段可以使一个类不能被创建实例？
2. 派生类对基类成员的覆盖和重载有什么样的区别？举例说明。
3. 分析下列程序中类 MyClass 的定义。

```
class BaseClass
{
    public int i;
}
class MyClass:BaseClass
{
    public new int i;
}
```

说明执行下列语句后的输出结果。

```
MyClass m1 = new MyClass();
BaseClass b1 = m1;
b1.i = 100;
Console.WriteLine("{0}, {1}", b1.i, m1.i);
```

4. 找出下面代码中的错误并进行修改。

```
public abstract class A
{
    private int b_x = 0;
    public virtual int X
    { get{ return b_x;}
        set{b_x = value;}
    }
    public abstract int Y {get;set;}
}
public class B:A
{
    private int s_y = 0;
    public new int X { set { base. b_x = value<0?0:value;}}
    public override int Y
    { get { return s_y;}
    }
}
```

5. 分析如下程序示例，给出执行结果，它体现了 C# 类的什么特性？

```
using System;
class Base
{
    public virtual void One()
    {   Console.WriteLine("One() in Base"); }
}
class Derived1 : Base
{
```

```
        public override void One()
        { Console.WriteLine("One() in Derived1"); }
}
class Derived2 : Base
{ }
public class Test
{
    public static void Main()
    {
        Base baseObj = new Base();
        Derived1 dObj1 = new Derived1();
        Derived2 dObj2 = new Derived2();
        Base baseRef;
        baseRef = baseObj;
        baseRef. One();
        baseRef = dObj1;
        baseRef. One();
        baseRef = dObj2;
        baseRef. One();
    }
}
```

三、编程题

1. 定义一个人员类 Person，包括数据成员：编号、姓名、性别和用于输入输出的成员函数。在此基础上派生出学生类 Student(增加成绩)和教师类 Teacher(增加教龄)，并实现对学生和教师信息的输入、输出。

2. 尝试开发一个程序，要求在程序中使用泛型存储 10 以下的数字，然后再循环输出。

第 5 章　Windows 程序设计

　　Windows 应用程序是基于图形用户界面的应用程序,因此设计一个 Windows 应用程序必须具备图形用户界面的特征要素,如菜单、工具栏、控件等。Visual Studio 2012 为设计 Windows 应用程序提供了可视化的快速应用开发手段,并提供了大量的可视化组件,支持事件驱动开发。

　　本章主要介绍如何使用上述开发工具进行 Windows 编程。作为一种编程模型,Windows 窗体(其架构如图 5-1 所示)结合了传统的和以 Internet 为中心的程序开发的特征,并利用了统一的 .NET 框架结构和丰富的 Windows 客户端图形用户界面(Graphical User Interface,GUI),极大地简化了 Windows 应用程序的开发。

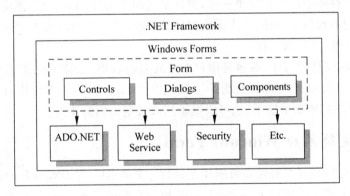

图 5-1　Windows 窗体架构

5.0　问 题 导 入

　　【导入问题】　现在需要设计一个简单的文本编辑器,完成一些诸如文本文件新建、打开、保存以及对文本内容进行编辑之类的功能。如果用前面的控制台应用程序来做,实现上比较复杂,用户操作起来更是非常不便,这样的软件无法被用户接受。那么如何设计一个界面美观、操作方便的文本编辑器呢?

　　【初步分析】　要实现良好的界面操作应采用 Windows 程序设计,通过控件快速实现界面的设计,再通过后台代码实现程序的功能。目前常用的软件都是采用可视化的操作方式,本章将学习 Windows 程序设计的基本方法以及一些常用控件的使用。

5.1 Windows 窗体

Windows 窗体是用于 Microsoft Windows 应用程序开发的基于 .NET 框架的新平台,利用它开发人员可以创建基于 Windows 窗体的应用程序,这些应用程序具备微软 Windows 操作系统中丰富的用户界面特性。Windows 窗体采用许多新技术,包括一个公共应用程序框架、受控的执行环境、集成的安全性和面向对象的设计原则。此外,Windows 窗体完全支持快速、容易地连接 XML 网络服务和在 ADO.NET 数据模型基础上创建丰富的、数据感知(Data-aware)的应用程序。

5.1.1 Windows 窗体简介

Windows 窗体通常在屏幕上以矩形的形式出现,用来为用户提供信息以及接收用户所输入的信息。它可以是标准窗口、多文档界面(Multi Document Interface,MDI)窗口、对话框或是图形程序的显示界面。Windows 窗体是具有特定外观属性的对象,并且包含可与用户交互的事件,可以通过设置窗体的属性和编写事件响应代码来定制符合应用程序需求的对象。

正如 .NET 框架中的所有对象一样,窗体是类的实例(Instance)。使用 Windows Form 设计工具所创建的窗体是一种类,当运行窗体实例时,这个类就成为创建窗体的模板。窗体对象同样包含属性、方法和事件。

在 Windows 窗体项目中,窗体是用户交互的基础载体。.NET 框架还允许继承已有的窗体,为其添加功能或修改窗体行为。当我们在项目中添加一个窗体时,既可以直接从 .NET 框架提供的窗体类中继承,也可以继承用户自定义的窗体类。

5.1.2 创建简单的 Windows Form

在以下内容里,将详细解说如何创建并运行一个简单的 Windows Form。

【例 5-1】 创建一个项目 Example5_1,添加一个窗体 FrmButton,并在窗体中添加一个 Button 控件。当单击这个按钮时,弹出"确认"对话框。操作步骤如下。

(1) 启动 Visual Studio 2012;

(2) 在弹出的"新建项目"对话框中,选择"Windows 窗体应用程序"模板,名称为 Example5_1,解决方案名称设为"CH5",单击"确定"按钮,如图 5-2 所示。

(3) 将默认窗体 Form1 重命名为 FrmButton。从左侧"工具箱"中将 Button 控件拖曳到窗体内,如图 5-3 所示。

(4) 单击 button1 控件,在右侧的"属性"窗口中,将其 Text 属性设置为"确认"。

(5) 双击"确认"按钮,加入 button1_Click 事件的处理程序。双击"确认"按钮后,程序代码编辑器随即打开,而插入点会位于事件处理程序内。

(6) 插入下列程序代码:

```
MessageBox.Show("确认");
```

(7) 按 F5 键运行应用程序,运行结果如图 5-4 所示。

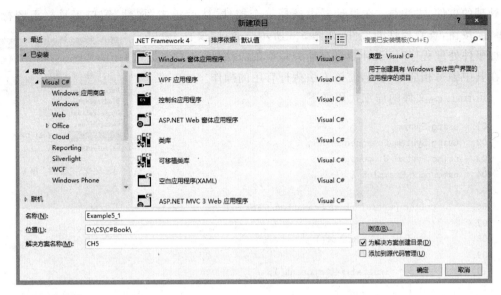

图 5-2　创建一个 Windows 窗体应用程序

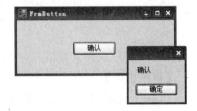

图 5-3　使用窗体设计器添加"按钮"控件　　　　图 5-4　例 5-1 运行结果

（8）如果在项目 Example5_1 中，还需添加其他窗体或类，在 Example5_1 上单击右键，在弹出菜单中将光标移到"添加"上，根据需要选择添加的内容。

使用控件的说明如下。

1．添加控件

开发人员可从"工具箱"窗口中将所需控件拖动到设计的窗体上，"工具箱"窗口位于 Visual C♯开发环境的左侧，也可以通过"视图"→"工具箱"菜单打开"工具箱"。在例 5-1 中只添加了一个 Button 按钮控件。

2．设置属性

将控件添加到窗体后，可以使用"属性"窗口设置控件的属性，如控件背景色、文本字体属性等，"属性"窗口一般位于整个程序窗体的右侧，"解决方案资源管理器"的下面，如图 5-5 所示。"属性"窗口在设计时非常有用，在该窗口中可以浏览控件支持的所有属性、事件和方法。

3．处理事件

具有图形用户界面的程序主要是由事件驱动的。开发人员可以通过 Visual Studio 2012 IDE 的"属性"窗口指定在代码中

图 5-5　"属性"窗口

要处理的事件,方法是:在设计器中选择一个控件,然后单击"属性"窗口工具栏上图标的"事件"按钮,查看控件的事件,如图5-6所示。通过"属性"窗口添加事件处理程序时,设计器将自动编写空的方法体,开发人员可在其中编写相应的代码,使该方法执行有用的操作。

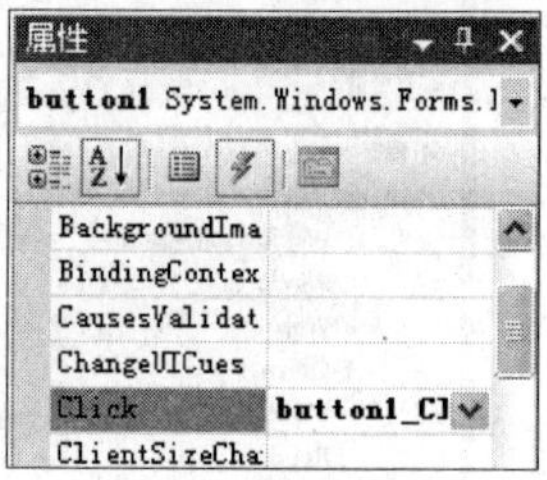

Form1.cs文件的详细代码如下。

```
01.    using System;
02.    using System.ComponentModel;
03.    using System.Windows.Forms;
04.    namespace Example5_1
05.    {
06.        public partial class FrmButton : Form
07.        {
08.            public FrmButton()
09.            {
10.                InitializeComponent();
11.            }
12.            private void button1_Click(object sender, EventArgs e)
13.            {
14.                MessageBox.Show("确认");
15.            }
16.        }
17.    }
```

图5-6 "事件"窗口

【程序说明】

(1) FrmButton.cs是由系统自动生成的文件,通过观察可以看到,除了程序第14行是在编辑button1_Click事件时编写的,其他行均是系统自动生成的。我们的建议是尽量读懂这些自动生成的程序,这对未来修改这些程序是很有帮助的。

(2) MessageBox.Show()方法的作用是显示一个消息框。消息框的内容由参数来决定。

(3) 由于相当一部分程序是由系统自动生成的,为了节约篇幅,在以后各节的程序中,只给出程序中需要改动的部分,其他部分将被省略,在此特别说明。

5.2 窗体控件

C#的窗体控件是放在窗体中供用户交互使用的对象,是构成Windows应用程序的重要部分。在5.1节已经学会了为窗体添加一个Button按钮控件。除了Button按钮控件,Visual C# 2012还提供了很多功能强大的控件。在这一节中将按文本输入、列表项选择、容器、菜单、对话框等类别分别介绍一些典型的控件。通过使用这些控件,可以方便快速地创建Windows窗体应用程序界面。

5.2.1 文本输入类控件

在Windows程序中,用户的输入都是通过文本框等输入控件来完成的。与文本输入相关的控件主要有文本框、文本标签和格式文本框等。

1. 文本标签

Windows 窗体的文本标签控件主要用于用户不能编辑的文本或图像。例如，可以使用标签为文本框、列表框和组合框等添加描述性标题，也可以使用标签显示响应运行时事件的信息或处理状态等消息。文本标签包括 Label 和 LinkLabel 两种常用控件，Label 控件用来显示透明底色的文字，LinkLabel 在 Label 的基础上支持超级链接，可以将文本的一部分设置为指向某个对象或 Web 页的链接。

【例 5-2】 创建 Windows 应用程序项目 Example5_2，添加两个窗体 FrmLabel 和 Login，在窗体 FrmLabel 中添加一个 Label 和一个 LinkLabel 控件，效果如图 5-7 所示。

该实例需要实现的功能是：显示文本标签，通过带链接的文本标签打开另一窗体。

设置 FrmLabel 中各控件的属性如表 5-1 所示（文本的字体及颜色可自选，此处不详细列出）。

图 5-7　窗体 FrmLabel 设计视图

表 5-1　窗体 FrmLabel 中各控件属性的设置

控 件 名	属　　性	设 置 值
Label1	Text	文本标签
LinkLabel1	Text	链接文本标签

FrmLabel.cs 程序的部分代码如下。

```
01.    private void linkLabel1_LinkClicked(object sender, LinkLabelLinkClickedEvent Args e)
02.    {
03.        linkLabel1.LinkVisited = true;
04.        Login loginForm = new Login();
05.        loginForm.Show();
06.    }
```

【程序说明】

（1）当单击 linkLabel1 时，调用其 LinkCliked 事件，在该事件中写入了 4 行代码。

（2）第 3 行设置 linkLabel1 的 LinkVisited 属性值为 true，表示访问过该链接，访问后该链接的字体颜色将发生变化。

（3）第 4 行实例化了 Login 窗体的一个实例，第 5 行通过 Show() 方法打开该窗体实例。

（4）当新建一个 Windows 应用程序项目时，默认创建一个窗体 Form1，在 Program.cs 文件的 Main() 方法中，最后一行代码是 Application.Run(new Form1())；表示默认启动的窗体是 Form1，如果将 Form1 进行了重命名或主窗体不是 Form1，那么需要修改这一行代码。例如，在 Example5_2 中，由于 FrmLabel 是主窗体，所以需要修改为 Application.Run(new FrmLabel())。

2. 文本框

Windows 窗体文本框用于获取用户输入的文本或显示文本。用 TextBox 控件可以编辑文本，不过也可以设置其为只读控件。需要说明的是：

（1）默认情况下，文本框为单行模式，如果希望文本框可以显示多行，将文本框 Multiline 属性设置为 true，即为多行模式。

（2）如果要输入密码之类不希望直接显示在屏幕上的信息，也可以通过设置 PasswordChar 属性来改变显示内容。

【例 5-3】 新建 Windows 应用程序项目 Example5_3，创建窗体 FrmTextBox，在窗体中添加三个标签、三个文本框和一个按钮。

该实例需要实现的功能是：在"密码模式"中输入若干字符（多于 10 个），单击"确定"按钮，密码框中的内容被显示到单行框中，同时分行显示到多行框中，每行 5 个字符，界面设计效果如图 5-8 所示。设置窗体 FrmTextBox 中各控件的属性如表 5-2 所示。

表 5-2 窗体 FrmTextBox 中各控件属性的设置

控件名	属性	设置值
Label1	Text	密码模式
Label2	Text	文本内容
Label3	Text	分段显示
textBox1	PasswordChar	*
textBox2	ScrollBars	Vertical
textBox3	MultiLine	true
Button1	Text	确定

【运行结果】

运行程序，单击"确定"按钮，效果如图 5-9 所示。

图 5-8 窗体 FrmTextBox 设计视图

图 5-9 例 5-3 运行效果

FrmTextBox.cs 文件的详细代码如下。

```
01.    private void button1_Click(object sender, EventArgs e)
02.    {
03.        if (this.textBox1.Text.Length <= 10)
04.            MessageBox.Show("请在第一个框内输入多于 10 个字符");
05.        else
06.        {
07.            this.textBox2.Text = this.textBox1.Text;
08.            int n = this.textBox2.Text.Trim().Length / 5;
09.            if (this.textBox2.Text.Trim().Length % 5 != 0)
```

```
10.              n++;
11.          String[] lines = new String[n];
12.          for (int i = 0; i < n - 1; i++)
13.          {
14.              lines[i] = this.textBox2.Text.Substring(5 * i, 5);
15.          }
16.          lines[n - 1] = this.textBox2.Text.Substring(5 * (n - 1));
17.          this.textBox3.Lines = lines;
18.      }
19. }
```

【程序说明】

（1）TextBox 控件的 Text 属性是控件所显示的内容，为 String 类型；TextBox 控件的 lines 属性是 String[]类型的字符串数组，数组的每一个元素记录一行数据。

（2）String.Length 属性返回字符串的长度；String.Trim()方法的作用是去掉字符串前后的空白字符。

（3）String.Substring()方法的功能是在指定字符串中截取子串；第 14 行的 Substring()方法有两个参数，第一个参数是截取的起始位置，第二个参数是截取的长度；第 16 行的 Substring()方法只有一个参数，只给出了截取的起始位置，表示从起始位置一直截取到最后。

3. 格式文本框

由于 TextBox 控件只能对显示或输入的文本提供单一格式化样式，若要显示多种类型的带格式文本，就要使用 RichTextBox（格式文本框）控件了。RichTextBox 在 TextBox 的基础上支持字体、颜色、缩进等排版元素，与 Microsoft Word 非常相似。

【例 5-4】 新建 Windows 应用程序项目 Example5_4，创建窗体 FrmRichTextBox，在该窗体中添加一个 RichTextBox、一个文本框和三个按钮，效果如图 5-10 所示。

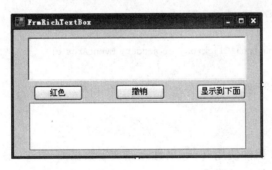

图 5-10　窗体 FrmRichTextBox 设计视图

该实例需要实现的功能是：在 RichTextBox 中输入文字，并选中部分文字，单击"红色"按钮，选中的文字将变成红色。单击"撤销"按钮，RichTextBox 中的编辑被撤销一次，单击"显示到下面"按钮，下方的 TextBox 的内容将是上方 RichTextBox 控件中的内容，但是没有格式。

上面的 RichTextBox 使用默认设置；下面是一个 TextBox 控件。设置各控件的属性如表 5-3 所示。

表 5-3　窗体 FrmRichTextBox 中各控件属性的设置

控件名	属性	设置值	控件名	属性	设置值
TextBox	MultiLine	true	Button2	Text	撤销
Button1	Text	红色	Button3	Text	显示到下面

【运行结果】

运行程序，效果如图 5-11 所示。

图 5-11　例 5-4 运行效果

FrmRichTextBox.cs 文件的详细代码如下。

```
01.  private void button1_Click(object sender, EventArgs e)
02.  {
03.      this.richTextBox1.SelectionColor = System.Drawing.Color.Red;
04.  }
05.  private void button2_Click(object sender, EventArgs e)
06.  {
07.      this.richTextBox1.Undo();
08.  }
09.  private void button3_Click(object sender, EventArgs e)
10.  {
11.      this.textBox1.Text = this.richTextBox1.Text;
12.  }
```

【程序说明】

（1）RichTextBox 控件使用 Text 属性存储文字数据。

（2）RichTextBox 控件的 SelectionColor 属性可以设置和获得选定文字的颜色，C#中所有的颜色都被定义在 System.Drawing.Color 类中。

（3）RichTextBox 控件的 Undo() 方法撤销最近的一次操作。

5.2.2　选择类控件

在与用户进行交互时，为了方便用户输入，程序员一般会提供各种不同的选择方式，利用不同的组件来获得用户的数据，例如使用单选按钮、复选框、复选列表框、下拉列表框、时间日期选择框等。下面将就这些选择类控件分别进行介绍。

1. 单选按钮

单选按钮 RadioButton 控件支持勾选与不勾选两种状态,在文字前用一个可以勾选的圆点来表示。但是在一个容器中,如果有多个 RadioButton,那么只允许有一个 RadioButton 处于选中状态。这个特性使得 RadioButton 适合于只允许用户选择一个选项的情况。

【例 5-5】 新建 Windows 应用程序项目 Example5_5,创建窗体 FrmRadioButton,在该窗体中添加三个 RadioButton 和一个按钮,效果如图 5-12 所示。

该实例需要实现的功能是:用户可以对三个 RadioButton 任意选定,单击按钮后弹出一个消息框,显示被选中的 RadioButton 的名称。

【运行结果】

运行程序,效果如图 5-13 所示。

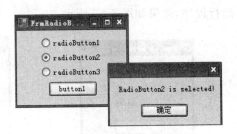

图 5-12　FrmRadioButton 设计视图　　　图 5-13　例 5-5 运行效果

FrmRadioButton.cs 文件的详细代码如下。

```
01.    private void button1_Click(object sender, EventArgs e)
02.    {
03.        string msg = "";
04.        if (this.radioButton1.Checked)
05.            msg += "RadioButton1";
06.        if (this.radioButton2.Checked)
07.            msg += "RadioButton2";
08.        if (this.radioButton3.Checked)
09.            msg += "RadioButton3";
10.        if (msg == "")
11.            MessageBox.Show("No RadioButton is selected!");
12.        else
13.            MessageBox.Show(msg + "is selected!");
14.    }
```

【程序说明】

(1) RadioButton 控件的 Checked 属性用于获取和设置 RadioButton 控件是否被选中的状态。

(2) 当单击 RadioButton 控件时,其 Checked 属性设置为 true,并且调用 Click 事件处理程序。

(3) 当 Checked 属性值更改时,将引用 CheckedChanged 事件。

(4) 如果 AutoCheck 属性设置为 true(默认),则当选择单选按钮时,将自动清除该组中的所有其他单选按钮。

2. 复选框

复选框(CheckBox)跟 RadioButton 一样,支持勾选和不勾选两种状态,CheckBox 是可以选择任意数目的复选框(包括 0 个),因此,Windows 窗体的 CheckBox 控件常用于为用户提供是/否或真/假选项。此外,多个复选框还可以使用 GroupBox 控件进行分组。这对于可视外观及用户界面设计很有用,因为成组控件可以在窗体设计器上一起移动。

【例 5-6】 新建 Windows 应用程序项目 Example5_6,创建窗体 FrmCheckBox,添加三个 CheckBox 和一个按钮,效果如图 5-14 所示。

该实例需要实现的功能是:用户可以对三个 CheckBox 任意选定,单击 button1 按钮后弹出一个消息框,显示三个 CheckBox 被选中的状态。

【运行结果】

运行程序,效果如图 5-15 所示。

图 5-14 FrmCheckBox 设计视图

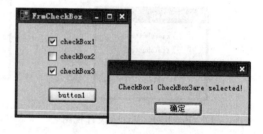
图 5-15 例 5-6 运行效果

FrmCheckBox.cs 文件的详细代码如下。

```
01.    private void button1_Click(object sender, EventArgs e)
02.    {
03.        string msg = "";
04.        if (this.checkBox1.Checked)
05.            msg += "CheckBox1 ";
06.        if (this.checkBox2.Checked)
07.            msg += "CheckBox2 ";
08.        if (this.checkBox3.Checked)
09.            msg += "CheckBox3 ";
10.        if (msg == "")
11.            MessageBox.Show("No box is checked!");
12.        else
13.            MessageBox.Show(msg + "are selected!");
14.    }
```

【程序说明】

CheckBox 控件的 Checked 属性可以获取和设置复选框的选中状态。通过访问每个 CheckBox 的状态就可以得到要显示的字符串。

3. 复选列表框

当 CheckBox 数目很多或者出现 CheckBox 动态生成,从而导致数目未知的情况下,依靠 CheckBox 遍历是不明智的,有没有其他办法呢?这时就需要一种叫做复选列表框的控件。复选列表框(CheckedListBox)是由若干个 CheckBox 构成的列表框。与 CheckBox 一样,列表中的每一项都支持勾选和不勾选两种状态,在文字前用一个可以勾选的框表示。

【例 5-7】 新建 Windows 应用程序项目 Example5_7,创建窗体 FrmCheckedListBox,在该窗体中添加一个 CheckedListBox 和一个按钮,效果如图 5-16 所示。

该实例需要实现的功能是:程序用循环语句动态地向复选列表框中添加 10 个复选框,用户可以对 10 个复选框任意选定,单击按钮后弹出一个消息框,显示被选中的复选框名称。

【运行结果】

运行程序,效果如图 5-17 所示。

图 5-16 窗体 FrmCheckedListBox 设计视图

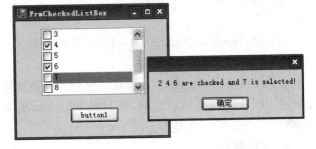

图 5-17 例 5-7 运行效果

FrmCheckedListBox.cs 文件的详细代码如下。

```
01.    public FrmCheckedListBox()
02.    {
03.        InitializeComponent();
04.        this.InitializeCheckListBox();
05.    }
06.    private void InitializeCheckListBox()
07.    {
08.        for (int i = 1; i <= 10; i++)
09.            this.checkedListBox1.Items.Add(i.ToString());
10.    }
11.    private void button1_Click(object sender, EventArgs e)
12.    {
13.        string msg = "";
14.        foreach (string str in this.checkedListBox1.CheckedItems)
15.        {
16.            msg += str + " ";
17.        }
18.        if (msg == "")
19.            MessageBox.Show("No box is checked!");
20.        else
21.        {
22.            msg += "are checked and " + this.checkedListBox1.
23.                SelectedItem.ToString() + " is selected!";
```

```
24.             MessageBox.Show(msg);
25.         }
26. }
```

【程序说明】

(1) InitializeCheckListBox()方法利用 for 循环动态地向复选列表框中添加了 10 个复选框。如果项目比较少的话,也可以在"属性"窗口的 Items 属性中单击 Collection 按钮手工进行添加。

(2) CheckedListBox.CheckedItems 属性用来获取和设置 CheckedListBox 控件中的列表元素,返回值是被 Check 项的集合,可以使用 foreach 语句对其进行遍历。

(3) CheckedListBox.Items.Add(Object)方法可向 CheckedListBox 中添加一个元素对象。

(4) CheckedListBox.SelectedItem 属性返回 CheckedListBox 控件中被选中的列表元素。

(5) 注意区别 CheckedItems 属性是指前面的框被勾选的项,而 SelectedItem 属性指的是被选中而变成高亮显示的项,而且被 Checked 的项可以不只一项,而被选中的项仅有一项。

4. 下拉列表框

程序员可以通过下拉列表框(ComboBox)列出可供用户选择的数据,并允许用户选择其中一项,程序可以读取被选取的项,从而得到用户数据。ComboBox 的 DropDownStyle 属性决定下拉框的样式,主要有简单样式、下拉式和下拉列表式几种,感兴趣的读者可以分别试一下,观察其中的不同之处。

【例 5-8】 新建 Windows 应用程序项目 Example5_8,创建窗体 FrmComboBox,在该窗体中添加一个 ComboBox 和一个 Label,效果如图 5-18 所示。

该实例需要实现的功能是:程序利用循环语句动态地向下拉列表框中添加 10 个选择项,用户可以对 10 个选择项进行选定,当更改选择项时,Label 控件中显示被选中的项。

【运行结果】

运行程序,效果如图 5-19 所示。

图 5-18 窗体 FrmComboBox 设计视图

图 5-19 例 5-8 运行效果

FrmComboBox.cs 文件的详细代码如下。

```
01. public FrmComboBox()
02. {
03.     InitializeComponent();
04.     this.InitializeComboBox();
05. }
```

```
06.    private void InitializeComboBox()
07.    {
08.        for (int i = 1; i <= 10; i++)
09.            this.comboBox1.Items.Add(i.ToString());
10.    }
11.    private void comboBox1_SelectedIndexChanged(object sender, EventArgs e)
12.    {
13.        this.label1.Text = this.comboBox1.SelectedItem + " is selected!";
14.    }
```

【程序说明】

（1）ComboBox 控件的 Items 属性用来获取和设置 ComboBox 控件的列表元素。

（2）使用 ComboBox 控件的 Items 属性的 Add(String)方法可向 ComboBox 中添加一个对象元素。

（3）ComboBox 的 SelectedIndexChanged 事件在选中的项发生改变之后被触发，由 SelectedItem 属性返回这个被选中的项。注意这个项也只能是单个对象。

（4）另外，对于各种类型的 ComboBox，都可以使用 Text 属性检索、编辑控件上显示的文本。

5.2.3 列表控件

列表控件是将一系列选项列在某种格式的表中，用户可以选择其中的某项来执行特定的操作。常用的列表控件包括列表框、列表视图和树状视图等。

1. 列表框

列表框(ListBox)控件用于显示列表项，用户可以从中选择一项或多项。如果总项数多于可以显示的项数，则自动向 ListBox 控件中添加滚动条。

【例 5-9】 新建 Windows 应用程序项目 Example5_9，创建窗体 FrmListBox，在该窗体中添加一个 ListBox、一个 TextBox 和 4 个 Button，设置 4 个 Button 的 Text 属性，效果如图 5-20 所示。

该实例需要实现的功能是：系统首先由程序动态地向列表框中添加 10 个选择项，用户可以通过在 TextBox 中输入文字，从而添加到 ListBox 中，如果 TextBox 为空，则提示用户输入。单击"选中的项"按钮显示被选择的项的内容。单击"删除"按钮删除当前被选中的项。单击"清空"按钮删除 ListBox 中所有的项。

【运行结果】

运行程序，效果如图 5-21 所示。

图 5-20 FrmListBox 设计视图

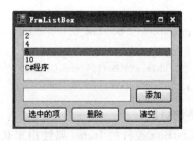
图 5-21 例 5-9 运行效果

FrmListBox.cs 文件的详细代码如下。

```csharp
01.    private void InitializeListBox()
02.    {
03.        for (int i = 1; i <= 10; i++)
04.            this.listBox1.Items.Add(i.ToString());
05.    }
06.    private void button1_Click(object sender, EventArgs e)
07.    {
08.        if (this.textBox1.Text != "")
09.        {
10.            this.listBox1.Items.Add(this.textBox1.Text);
11.            this.textBox1.Text = "";
12.        }
13.        else
14.        {
15.            MessageBox.Show("请输入添加的内容");
16.            this.textBox1.Focus();
17.        }
18.    }
19.    private void button2_Click(object sender, EventArgs e)
20.    {
21.        string msg = "";
22.        if (this.listBox1.SelectedItem != null)
23.            msg += this.listBox1.SelectedItem + " ";
24.        if (msg == "")
25.            MessageBox.Show("没有项被选中");
26.        else
27.            MessageBox.Show(msg + "被选中");
28.    }
29.    private void button3_Click(object sender, EventArgs e)
30.    {
31.        if (this.listBox1.SelectedIndex != -1)
32.            this.listBox1.Items.RemoveAt(this.listBox1.SelectedIndex);
33.        else
34.            MessageBox.Show("没有项被选中");
35.    }
36.    private void button4_Click(object sender, EventArgs e)
37.    {
38.        this.listBox1.Items.Clear();
39.    }
```

【程序说明】

(1) ListBox 控件的 Items 属性用来获取 ListBox 中所有元素的集合。

(2) ListBox.Items.Add(String)方法用来向 ListBox 元素集合中添加一个元素。

（3）ListBox.Items.Remove(int)方法可以删除 ListBox 元素集合中指定索引号的元素。

（4）ListBox.Items.Clear()方法用来删除 ListBox 元素集合中的所有元素。

（5）ListBox.SelectedItem：返回 ListBox 中被选定的元素，通常是字符串值。

（6）ListBox.SelectedIndex：返回对应于 ListBox 中第一个选定项的索引。如果未选定任何项，则 SelectedIndex 的值为 -1。如果选定列表中的第一项，SelectedIndex 的值为 0。

（7）ListBox.Items.Count 属性反映列表中的项数。

（8）ListBox 控件的 SelectionMode 属性决定一次可以选取的列表中项目的数量。

（9）MultiColumn 属性设置为 true 时，列表框以多列形式显示，并且会出现一个水平滚动条。当设置为 false 时，列表框以单列形式显示，并且会出现一个垂直滚动条。

（10）ScrollAlwaysVisible 设置为 true 时，无论项数多少都将显示滚动条。

2．列表视图

列表视图（ListView）控件的作用与列表框相似，也可以用来显示列表项。不同的是 ListView 具有图标显示功能，可以创建类似于 Windows 资源管理器的用户界面。它支持 4 种视图模式：LargeIcon（大图标）、SmallIcon（小图标）、List（列表）和 Details（详细信息）。视图模式由 View 属性设置，所有视图模式都可显示图像列表中的图像。

【例 5-10】 以 Details 视图为例，新建 Windows 应用程序项目 Example5_10，创建窗体 FrmListView，在该窗体中添加一个 ListView 按钮（分两栏显示，标题分别为"课程名称"和"主讲教师"）、两个 TextBox 和 4 个 Button，设置 4 个 Button 的 Text 属性，效果如图 5-22 所示。

该实例需要实现的功能是：用户通过在两个 TextBox 中输入文字，分别作为两项添加到 ListView 中，如果 TextBox 为空，则提示用户输入。单击"选中"按钮显示当前被选中的项的内容。单击"删除"按钮则删除当前被选中的项。单击"清空"按钮删除 ListView 中所有的项。

对控件 ListView 的属性设置如下所述。

设置 ListView 的 View 属性值为 Details。设置 ListView 的 Columns 属性时，在"属性"工具栏中单击 Columns 右侧的 Collection，弹出的"ColumnHeader 集合编辑器"如图 5-23 所示。单击"添加"按钮用来添加新列，可以在右侧的属性中修改列属性（columnHeader1 的 Text 属性为"课程名称"，Width 为 120；columHeader2 的 Text 属性为"主讲教师"，Width 为 120），最后单击"确定"按钮。

图 5-22　窗体 FrmListView 设计视图

【运行结果】

运行程序，效果如图 5-24 所示。

图 5-23　ColumnHeader 集合编辑器

图 5-24　例 5-10 运行效果

FrmListView.cs 文件的详细代码如下。

```
01.    private void button1_Click(object sender, EventArgs e)
02.    {
03.        if (this.textBox1.Text == "")
04.        {
05.            MessageBox.Show("请输入添加的内容!");
06.            this.textBox1.Focus();
07.            return;
08.        }
09.        if (this.textBox2.Text == "")
10.        {
11.            MessageBox.Show("请输入添加的内容!");
12.            this.textBox2.Focus();
13.            return;
14.        }
15.        string[] str = new string[2] { this.textBox1.Text, this.textBox2.Text };
16.        this.listView1.Items.Add(new ListViewItem(str));
17.        this.textBox1.Text = "";
```

```
18.        this.textBox2.Text = "";
19.    }
20.    private void button2_Click(object sender, EventArgs e)
21.    {
22.        string msg = "";
23.        foreach (ListViewItem item in this.listView1.SelectedItems)
24.            msg += "[" + item.SubItems[0].Text + "," + item.SubItems[1].Text + "]";
25.        if (msg == "")
26.            MessageBox.Show("没有项被选中!");
27.        else
28.            MessageBox.Show(msg + "被选中!");
29.    }
30.    private void button3_Click(object sender, EventArgs e)
31.    {
32.        foreach (ListViewItem item in this.listView1.SelectedItems)
33.            this.listView1.Items.Remove(item);
34.    }
35.    private void button4_Click(object sender, EventArgs e)
36.    {
37.        this.listView1.Items.Clear();
38.    }
```

【程序说明】

（1）ListView.Items 属性用来获取 ListView 中的所有元素集合。

（2）ListView.Items.Add(ListViewItem)：向 ListView 的元素集合中添加一个 ListViewItem 项。

（3）ListView.SelectItems：返回 ListView 中被选定的元素集合。

（4）ListView.Items.Remove(ListViewItem)：从 ListView 的元素集合中删除给定的 ListViewItem 类型的元素。

（5）以编程方式添加列的操作步骤：将控件的 View 属性设置为 Details，使用列表视图的 Columns 属性的 Add 方法。例如：

```
//将 View 设为 Details
listView1.View = View.Details;
//添加一宽 20 左对齐的列
listView1.Columns.Add("File Type",20, HorizontalAlignment.Left);
```

3. 树状视图

树状视图（TreeView）可以为用户显示节点层次结构，就像在 Windows 资源管理器窗口左窗格中显示的文件和文件夹树一样。树状视图中的各个节点可能包含其他节点，称为"子节点"（包含子节点的节点称为父节点）。父节点前的加号框（或减号框）可以展开或折叠子节点。Nodes 属性是 TreeView 的主要属性，包括节点的子树中所有节点集合，节点的 Checked 属性设置为 true 或 false，表示节点是否被选中。另外，TreeView 提供的 CheckBoxes 属性如果被设置为 true，那么将在节点旁边显示带有复选树的树状视图。

【例 5-11】 新建 Windows 应用程序项目 Example5_11，创建窗体 FrmTreeView，在该窗体中添加一个 TreeView、一个 TextBox 和三个 Button，设置三个 Button 的 Text 属性，效果如图 5-25 所示。

该实例需要实现的功能是：系统首先由程序动态地向树状视图添加三个节点项：第 1 章，第 2 章，第 3 章，每个节点包含 5 个子节点：第 1 节，……，第 5 节。用户可以通过在 TextBox 中输入文字，创建一个节点并添加到 TreeView 中，作为选定节点的子节点。如果 TextBox 为空，则提示用户输入。单击"显示"按钮显示当前被选中的节点的内容。单击"删除"按钮删除当前被选中的节点及其子节点。

【运行结果】

运行程序，效果如图 5-26 所示。

图 5-25 FrmTreeView 设计视图

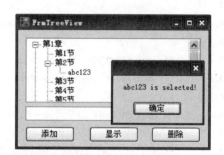

图 5-26 例 5-11 运行效果

FrmTreeView.cs 文件的详细代码如下。

```
01.    public FrmTreeView()
02.    {
03.        InitializeComponent();
04.        this.InitializeTreeView();
05.    }
06.    private void InitializeTreeView()
07.    {
08.        for (int i = 1; i <= 3; i++)
09.        {
10.            int n = 5;
11.            TreeNode[] children = new TreeNode[n];
12.            for (int j = 1; j <= 5; j++)
13.                children[j - 1] = new TreeNode("第" + j.ToString() + "节");
14.            TreeNode node = new TreeNode("第" + i.ToString() + "章", children);
15.            this.treeView1.Nodes.Add(node);
16.        }
17.    }
18.    private void button1_Click(object sender, EventArgs e)
19.    {
20.        if (this.textBox1.Text == "")
21.        {
```

```
22.          MessageBox.Show("请输入添加内容!");
23.          this.textBox1.Focus();
24.          return;
25.        }
26.        else
27.          this.treeView1.SelectedNode.Nodes.Add(this.textBox1.Text);
28.        this.textBox1.Text = "";
29.    }
30.    private void button2_Click(object sender, EventArgs e)
31.    {
32.        MessageBox.Show(this.treeView1.SelectedNode.Text + "is selected!");
33.    }
34.    private void button3_Click(object sender, EventArgs e)
35.    {
36.        this.treeView1.Nodes.Remove(this.treeView1.SelectedNode);
37.    }
```

【程序说明】

（1）TreeView.Items 控件的主要属性包括 Nodes 和 SelectedNode。Nodes 属性包含树状视图中的顶级子树节点列表，SelectedNode 属性可用于设置和获取当前选中的节点。

（2）TreeView.Nodes.Add(TreeNode)：向 TreeView 中添加一个 TreeNode 类型的子节点。

（3）TreeView.SelectedNodes.Add(TreeNode)：向 TreeView 中选定的节点的子节点集中添加一个 TreeNode 类型的子节点。

5.2.4 容器

容器，顾名思义，就是可以包含其他控件的控件，例如，在容器控件中放置前面所介绍的任意控件。常用的容器控件包括面板、分组框和分页控件等。

1. 面板

面板控件（Panel）用于为其他控件提供界面布局上的分组，这样可以按功能将窗体分为若干部分。例如，在学生管理系统中，可以将学生的性别放在一个面板上，参加的学生社团放在另外一个面板上。这样做的好处在于，在设计窗体时，如果移动 Panel 控件，面板上的所有控件都可以一起移动。

【例 5-12】 新建 Windows 应用程序项目 Example5_12，创建窗体 FrmPanel，在该窗体中添加两个 Label、一个 TextBox、两个 Panel 和一个 Button，其中一个 Panel 上面拖放两个 RadioButton 表示性别，另外一个 Panel 上面拖放 4 个 CheckBox 用于显示社团名称，效果如图 5-27 所示。

该实例需要实现的功能是：用户在 TextBox 中输入姓名后，可以选择性别和拟参加社团。然后单击"确定"按钮则弹出一个消息框显示当前设置的内容。设

图 5-27　FrmPanel 设计视图

置各控件的属性如表 5-4 所示。

表 5-4 窗体 FrmPanel 中各控件属性的设置

控 件 名	属性	设置值	控 件 名	属性	设置值
Label1	Text	姓名	checkBox1	Text	篮球
Label2	Text	性别	checkBox2	Text	足球
Label3	Text	拟参加社团	checkBox3	Text	声乐
radioButton1	Text	男	checkBox4	Text	美术
radioButton2	Text	女	Button1	Text	确定

【运行结果】

运行程序,效果如图 5-28 所示。

图 5-28 例 5-12 运行效果

FrmPanel.cs 文件的详细代码如下。

```
01.    private void button1_Click(object sender, EventArgs e)
02.    {
03.        string msg = this.textBox1.Text + ",";
04.        foreach(Control c in this.panel1.Controls)
05.            if (c.GetType().Name.Equals("RadioButton"))
06.            {
07.                if (((RadioButton)c).Checked)
08.                {
09.                    msg += ((RadioButton)c).Text + ",";
10.                    break;
11.                }
12.            }
13.        msg += "拟参加";
14.        foreach(Control c in this.panel2.Controls)
15.            if (c.GetType().Name.Equals("CheckBox"))
16.            {
17.                if (((CheckBox)c).Checked)
18.                    msg += ((CheckBox)c).Text + ",";
19.            }
20.        msg = msg.Remove(msg.Length - 1);
21.        msg += "社团";
22.        MessageBox.Show(msg);
23.    }
```

【程序说明】

（1）Panel.Controls 属性用来返回位于 Panel 中的所有控件列表集合，利用 foreach 语句进行遍历。

（2）当需要使用 Panel 中的控件时，必须将 Control 类型的"c"强制转换为特定类型的 RadioButton 或 CheckBox。如果需要判断控件的类型，可以使用 Control.GetType()方法获取类型信息。

2．分组框

分组框（GroupBox）控件与面板控件类似，可以为其他控件提供分组。与 Panel 所不同的是，分组框定义 Text 属性，用来显示分组框标题。但是分组框没有滚动条，Panel 控件可以有滚动条。

【例 5-13】 新建 Windows 应用程序项目 Example5_13，创建窗体 FrmGroupBox，在该窗体中添加一个 GroupBox 和一个 Button，效果如图 5-29 所示。

该实例需要实现的功能是：在 groupBox1 上添加 5 个 CheckBox，用户可以任意勾选。单击 button1 按钮，程序遍历这 5 个 CheckBox，并显示当前被选中的项的内容。

【运行结果】

运行程序，效果如图 5-30 所示。

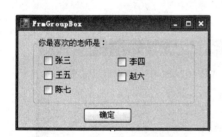

图 5-29 FrmGroupBox 设计视图

图 5-30 例 5-13 运行效果

FrmGroupBox.cs 文件的详细代码如下。

```
01.    private void button1_Click(object sender, EventArgs e)
02.    {
03.        string msg = "您最喜欢的老师是：";
04.        foreach(Control c in this.groupBox1.Controls)
05.            if (c.GetType().Name.Equals("CheckBox"))
06.            {
07.                if (((CheckBox)c).Checked)
08.                    msg += ((CheckBox)c).Text + " ";
09.            }
10.        MessageBox.Show(msg + "!");
11.    }
```

【程序说明】

（1）程序中对 GroupBox 中控件的遍历方法与 Panel 完全一致。

（2）GroupBox.Controls：返回位于 GroupBox 中的所有控件的集合。

（3）GroupBox.Controls.Add(Object)：向 GroupBox 中添加一个控件对象。

3. 分页控件

分页控件(TabControl)由多个选项卡构成,每个选项卡都是一个容器,因此选项卡中可包含其他控件。使用 TabControl 控件可以生成多页对话框,这种对话框在 Windows 操作系统中的许多地方都可以找到。例如,文件夹的"属性"对话框,控制面板中的"网络配置"对话框等。

TabControl 控件最重要的属性是 TabPages,该属性可以获取和设置控件中所包含的选项卡集合。单击选项卡标签时,将触发被单击的 TabPage 对象的 Click 事件。

【例 5-14】 新建 Windows 应用程序项目 Example5_14,创建窗体 FrmTabControl,在该窗体中添加一个 TabControl,并设置 TabControl 的 TabPages 属性,添加三个选项卡,效果如图 5-31 所示。

该实例需要实现的功能是:在 tabPage1 上动态添加 5 个 CheckBox 选项,在 tabPage2 上动态添加 5 个 RadioButton 选项,在 tabPage3 上手动添加一个 TextBox 和一个 Button。用户可以勾选 CheckBox 和 RadioButton,并切换到 tabPage3,单击"获取状态"按钮,程序将遍历 tabPage1 和 tabPage2 上的选项,并在 TextBox 中显示当前被选中的内容。

这样的对话框就是常见的多页对话框,使用它可以将不同的功能分类,并分布到不同的选项卡上。但是在调用控件时,和没有分页控件时的调用过程是一样的。

【运行结果】

运行程序,效果如图 5-32 所示。

图 5-31 FrmTabControl 设计视图　　　　图 5-32 例 5-14 运行效果

FrmTabControl.cs 文件的详细代码如下。

```
01.    public FrmTabControl()
02.    {
03.        InitializeComponent();
04.        this.AddCheckBoxes();
05.        this.AddRadioButton();
06.    }
07.    private void AddCheckBoxes()
08.    {
09.        for (int i = 1; i <= 5; i++)
10.        {
11.            CheckBox cb = new CheckBox();
12.            cb.Name = "cb" + i.ToString();
```

```csharp
13.          cb.Text = "CheckBox" + i.ToString();
14.          cb.Location = new Point(20, 10 + 20 * (i - 1));
15.          cb.Size = new Size(150, 25);
16.          this.tabControl1.TabPages[0].Controls.Add(cb);
17.       }
18.   }
19.   private void AddRadioButton()
20.   {
21.       for (int i = 1; i <= 5; i++)
22.       {
23.          RadioButton rb = new RadioButton();
24.          rb.Name = "rb" + i.ToString();
25.          rb.Text = "RadioButton" + i.ToString();
26.          rb.Location = new Point(20, 10 + 20 * (i - 1));
27.          rb.Size = new Size(150, 25);
28.          this.tabControl1.TabPages[1].Controls.Add(rb);
29.       }
30.   }
31.   private void button1_Click(object sender, EventArgs e)
32.   {
33.       String msg = "";
34.       foreach(Control c in this.tabPage1.Controls)
35.          if (c.GetType().Name.Equals("CheckBox"))
36.          {
37.              if (((CheckBox)c).Checked)
38.                  msg += ((CheckBox)c).Text + " ";
39.          }
40.       if (msg == "")
41.          msg = "No box is checked in page 1.";
42.       else
43.          msg += "are checked in page 1.";
44.       this.textBox1.Text = msg;
45.       msg = "";
46.       foreach(Control c in this.tabPage2.Controls)
47.          if (c.GetType().Name.Equals("RadioButton"))
48.          {
49.              if (((RadioButton)c).Checked)
50.              {
51.                  msg += ((RadioButton)c).Text;
52.                  break;
53.              }
54.          }
55.       if(msg == "")
56.          msg = "No radiobutton is checked in page 2.";
57.       else
58.          msg += " is checked in page 2.";
59.       this.textBox1.Text += msg;
60.   }
```

【程序说明】

（1）CheckBox.Location：Point 类型的属性，可以用来设置和获取 CheckBox 的相对

位置。

(2) CheckBox.Size：Size 类型的属性，用来设置和获取 CheckBox 的大小。

(3) TabPage.Controls：返回位于 TabPage 中的所有控件集合。

5.2.5 菜单、状态栏和工具栏

在大部分 Windows 应用程序中，菜单和工具栏这些都是必不可少的程序元素，是 Windows 程序开发常用的界面设计模式，也是用户与程序交互的首选工具。最为典型的成功案例当属微软公司开发的 Office 系统办公软件。通过菜单，可以规范有效地把对程序的各种操作命令展示给用户；利用工具栏则将常用的命令直接列于界面，方便用户的操作。另外，右键弹出菜单和窗体下方的状态栏也非常常见。

1. 菜单

菜单通过存放按照一般主题分组的命令将功能公开给用户。MenuStrip 控件是自 Visual Studio 和 .NET Framework 2005 以后版本中的新功能，程序员也可以使用 2003 版本中的 MainMenu 控件。使用菜单控件，可以轻松创建类似 Microsoft Office 中那样的菜单。

MenuStrip 控件支持多文档界面(MDI)和菜单合并、工具提示和溢出等功能。程序员可以通过添加访问键、快捷键、选中标记、图像和分隔条，来增强菜单的可用性和可读性。

【例 5-15】 新建 Windows 应用程序项目 Example5_15，创建窗体 FrmMain，在该窗体中添加一个 MenuStrip，建立 7 个菜单项，效果如图 5-33 所示。

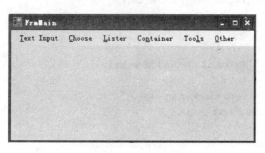

图 5-33 窗体 FrmMain 设计视图

该窗体需要实现的功能是：单击相应的菜单项打开对应控件类型的演示窗体，例如 Text Input 菜单项中包括三个子项：Label、Text Box 和 Rich Text Box，单击 Label 子菜单项后将打开标签使用的演示窗体。

值得注意的是，如果需要为菜单项添加快捷键，则需要在字母前添加"&"符号，例如，如果希望可以使用 Alt+T 组合键激活 Text Input 菜单项的话，则应用输入"&Text Input"。

另外，如果要输入菜单分隔符，则应在该菜单项中输入"—"符号。

主窗体并不需要设置其他功能，只是用来启动实例，因此所要处理的事件只有菜单项的单击事件(Click Event)。添加该事件的方法是先选中要添加事件的菜单项，然后单击"属性"窗口中的"事件"按钮，选择 Click，双击即可进入 Click Event 的代码编辑区域。

【运行结果】

运行程序，单击 Text Input 菜单下的 Label 菜单，效果如图 5-34 所示。

图 5-34 例 5-15 运行效果

FrmMain.cs 文件代码如下。

```
01.    private void labelToolStripMenuItem_Click(object sender, EventArgs e)
02.    {
03.        FrmLabel form = new FrmLabel();
04.        form.ShowDialog();
05.    }
06.    private void textBoxToolStripMenuItem_Click(object sender, EventArgs e)
07.    {
08.        FrmTextBox form = new FrmTextBox();
09.        form.ShowDialog();
10.    }
11.    private void richtextBoxToolStripMenuItem_Click(object sender, EventArgs e)
12.    {
13.        FrmRichTextBox form = new FrmRichTextBox();
14.        form.ShowDialog();
15.    }
```

【程序说明】

（1）需要注意的是，本例中使用到多个窗体，若所有的窗体均包含在 Example5_15 这个项目中则可以直接调用。如果需要的窗体包含在其他命名空间中的话，则需要使用 using 指令先将其所在的命名空间包含进来，然后再来完成每个菜单项的 Click 事件。引用其他项目参见实训 1 中的题目 3。

（2）本例中调用了 Form 类的 ShowDialog()方法打开被调用窗体，用 ShowDialog()方法打开的窗体为模式对话框，此对话框不被关闭无法进行其他操作。而用 Show()方法打开的窗体为非模式对话框，在对话框不被关闭的情况下仍可进行其他操作。

2. 弹出式菜单

弹出式菜单（ContextMenuStrip）也称为上下文菜单，是一种独立于菜单栏、在窗体上浮动的菜单。其设置与 MenuStrip 非常相似，但是，当用户单击鼠标右键时，被关联的 ContextMenuStrip 会出现在鼠标位置，向用户提供操作选项。

【例 5-16】 新建 Windows 应用程序项目 Example5_16，创建窗体 FrmContextMenu-Strip，在该窗体中添加一个 TextBox，两个 ContextMenuStrip，其中一个与窗体关联，一个与 TextBox 关联，效果如图 5-35 所示。

该实例需要实现的功能是：与窗体关联的 ContextMenuStrip 用来弹出一个信息框，显示 TextBox 中的内容；与 TextBox 关联的 ContextMenuStrip 包含两个菜单项，一个"全选"

用来选中 TextBox 中的所有文字,另外一个"删除",可以删除选定的内容。

注意:与前面的控件不同,将 ContextMenuStrip 控件添加到窗体后,它将出现在 Windows 窗体设计器底部的托盘中,若想选中该控件时,直接在窗体底部单击该控件即可,后面几个控件也是如此。设置 ContextMenuStrip2 控件 Items 属性的两个成员的属性如表 5-5 所示。

表 5-5 ContextMenuStrip2 的两个成员的属性设置

控 件 名	属性	设置值
toolStripMenuItem1	Text	全选(&A)
toolStripMenuItem2	Text	删除(&D)

【运行结果】

运行程序,在文本框中输入文本后,单击右键,效果如图 5-36 所示。

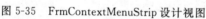

图 5-35 FrmContextMenuStrip 设计视图   图 5-36 例 5-16 运行效果

FrmContextMenuStrip.cs 文件代码如下。

```
01.    private void messageBoxToolStripMenuItem_Click(object sender, EventArgs e)
02.    {
03.        MessageBox.Show(this.textBox1.Text);
04.    }
05.    private void toolStripMenuItem1_Click(object sender, EventArgs e)
06.    {
07.        this.textBox1.SelectAll();
08.    }
09.    private void toolStripMenuItem2_Click(object sender, EventArgs e)
10.    {
11.        int start = this.textBox1.SelectionStart;
12.        int length = this.textBox1.SelectionLength;
13.        this.textBox1.Text = this.textBox1.Text.Remove(start, length);
14.    }
```

【程序说明】

设计 ContextMenuStrip 与窗体关联的方法是:选中窗体控件,然后在"属性"窗口中设计窗体控件的 ContextMenuStrip 属性为要关联的菜单名称,在此实例中选择 ContextMenuStrip1。用同样的方法也可以设计 ContextMenuStrip2 与 TextBox 相关联。

3. 状态栏

状态栏(StatusStrip)也是 Windows 应用程序常用的元素,通常放置在窗口的底部,应用程序可以通过 StatusStrip 在该区域显示各种状态信息。StatusStrip 控件上可以显示指示状态的文本、图标、进度条或者指示进程正在工作的动画图标。例如，Microsoft Word 中使用状态栏提供有关页位置、节位置和编辑模式等信息；保存文档时，下面出现一个磁盘的小动画图标，同时显示文字和进度条，以此通知用户系统的当前行为。

另外，在窗体中添加 StatusStrip 后，窗体底部状态栏的位置会出现几个派生类，即 StatusStrip 中的项，它们的含义分别如下。

（1）ToolStripStatusLabel：表示 StatusStrip 控件中的一个面板，它可以包含反映应用程序状态的文本或图标。

（2）ToolStripDropDownButton：看起来类似于 ToolStripButton，但在用户单击它时，它会显示一个下拉区域，用于显示溢出 ToolStrip 项的 ToolStripOverflow Button。

（3）ToolStripSplitButton：表示左侧标准按钮和右侧下拉按钮的组合，如果 RightToLeft 的值为 Yes，则这两个按钮位置互换。

（4）ToolStripProgressBar：直观地指示较长久的操作的进度。

【例 5-17】 新建 Windows 应用程序项目 Example5_17，创建窗体 FrmStatusStrip，在该窗体中添加一个 TextBox、两个 Button 和一个 StatusStrip，并在 StatusStrip 上添加一个 ToolStripStatusLabel 和一个 ToolStripProgressBar，它们将分别用于显示文字和进度条，效果如图 5-37 所示。

该实例需要实现的功能是：button1 用来将 TextBox 中内容的长度及总长度限制显示到状态栏上；button2 则用来增加进度条的进度。

【运行结果】

运行程序，在文本框中输入文本后，效果如图 5-38 所示。

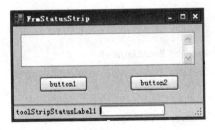
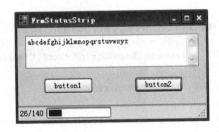

图 5-37　FrmStatusStrip 设计视图　　　　图 5-38　例 5-17 运行效果

FrmStatusStrip.cs 文件代码如下。

```
01.    public FrmStatusStrip()
02.    {
03.        InitializeComponent();
04.    }
05.    private void button1_Click(object sender, EventArgs e)
06.    {
07.        if (this.textBox1.Text.Length > 140)
08.            MessageBox.Show("文本最长输入 140 字!");
09.        else
10.            this.toolStripStatusLabel1.Text = this.textBox1.Text.Length + "/140";
11.    }
```

```
12.    private void button2_Click(object sender, EventArgs e)
13.    {
14.        this.toolStripProgressBar1.Value = this.textBox1.Text.Length % 140;
15.    }
```

4. 工具栏

使用工具栏(ToolStrip)控件可以创建具有 Windows XP、Microsoft Office 外观和行为的工具栏及其他用户界面的元素，它支持操作系统的典型外观和行为。

【例 5-18】 新建 Windows 应用程序项目 Example5_18，创建窗体 FrmToolStrip，在该窗体中添加一个 RichTextBox 和一个 ToolStrip，并在 ToolStrip 上添加两个 ToolStripButton，分别显示为 Undo 和 Redo 的图标(即设置 Image 属性为所希望显示的图标)，效果如图 5-39 所示。

该实例需要实现的功能是：Undo 按钮可以将 RichTextBox 中最近的一次编辑撤销，而 Redo 按钮可以将 RichTextBox 中最近一次的撤销动作重做。

【运行结果】

运行程序，在文本框中输入文本后，效果如图 5-40 所示。

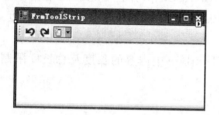
图 5-39　FrmToolStrip 设计视图

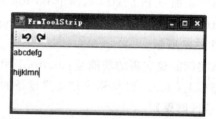
图 5-40　例 5-18 运行效果

FrmToolStrip.cs 文件代码如下。

```
01.    private void toolStripButton1_Click(object sender, EventArgs e)
02.    {
03.        this.richTextBox1.Undo();
04.    }
05.    private void toolStripButton2_Click(object sender, EventArgs e)
06.    {
07.        this.richTextBox1.Redo();
08.    }
```

5.2.6 对话框

1. 窗体对话框

Windows 应用程序使用两种类型的窗体对话框——模式对话框和非模式对话框。

(1) 模式对话框，像"关于"对话框和"打开文件"对话框这样，它在得到响应之前阻止用户切换到其他窗体和对话框。

(2) 非模式对话框，像"单词查找"对话框，与主窗体并排存在，用户可以在主窗体和对话框之间往复切换。

非模式对话框实际上是应用程序的一个窗体，与一般的窗体相比，并没有任何特殊性。对一个 Form 对象，可以使用 Form 对象的 Show()方法，即可将它作为非模式对话框显示。

如果想把一个窗体作为模式对话框使用，调用 Form 类的 ShowDialog()方法即可。ShowDialog()返回一个 DialogResult 值，它告诉用户对话框中哪个按钮被单击。

通常在窗体对话框中必须要存在按钮，这些按钮让用户选择如何释放对话框。对话框一般都有 OK 和 Cancel 按钮，这两个按钮比较特殊，按 Enter 键与单击 OK 按钮等效，而按 Esc 键与单击 Cancel 按钮等效。可以使用窗体的 AcceptButton 和 CancelButton 属性指定哪个按钮表示 OK 和 Cancel。

通过给窗体的 DialogResult 属性赋一个合适的值，就可以设置对话框的返回值，如下所示。

```
This.DialogResult = DialogResult.Yes;
```

给 DialogResult 属性赋值，通常是关闭对话框，或者返回控制发出 ShowDialog()请求的窗体。如果因某些原因想阻止该属性关闭对话框，可以使用 DialogResult.None 值，对话框将保持打开状态。

当给 Button 对象的 DialogResult 属性赋值时，单击按钮，关闭对话框并且返回一个值给父窗体。

【例 5-19】 新建 Windows 应用程序项目 Example5_19，创建窗体 FrmMain 和 FrmShowDialog，在窗体 FrmMain 上添加一个 Label 和一个 Button，在窗体 FrmShowDialog 上添加一个 Label 和两个 Button，修改 FrmMain 中两个控件的 Text 属性，FrmShowDialog 中各控件的属性设置如表 5-6 所示，效果如图 5-41 所示。

图 5-41　窗体 FrmMain 和 FrmShowDialog 设计视图

该实例需要实现的功能是：当单击 FrmMain 上的"打开对话框"按钮时，弹出 FrmShowDialog 对话框。在弹出的对话框中单击"确定"或"取消"按钮时，返回到 FrmMain 窗体中，并显示对话框的返回值。

表 5-6　窗体 FrmShowDialog 中控件的属性设置

控件名	属性	设置值	控件名	属性	设置值
Button1	Text	确定	FrmShowDialog	AcceptButton	Button1
Button2	Text	取消	FrmShowDialog	CancelButton	Button2

【运行结果】

运行程序，在 FrmMain 中单击"打开对话框"按钮，再单击弹出对话框中的"确定"按钮，效果如图 5-42 所示。

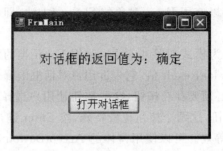

图 5-42　例 5-19 运行效果

FrmMain.cs 文件中相关代码如下。

```
01.    private void button1_Click(object sender, EventArgs e)
02.    {
03.        FrmShowDialog showDlg = new FrmShowDialog();
04.        if (showDlg.ShowDialog(this) == DialogResult.OK)
05.            this.label1.Text = "对话框的返回值为：确定";
06.        else
07.            this.label1.Text = "对话框的返回值为：取消";
08.        showDlg.Dispose();
09.    }
```

FrmShowDialog.cs 文件中的代码如下。

```
10.    private void button1_Click(object sender, EventArgs e)
11.    {
12.        this.DialogResult = DialogResult.OK;
13.    }
14.    private void button2_Click(object sender, EventArgs e)
15.    {
16.        this.DialogResult = DialogResult.Cancel;
17.    }
```

【程序说明】

（1）第 4 行用 ShowDialog()方法打开模式对话框,并判断其返回值。ShowDialog()方法内的参数指定模式对话框的所有者。

（2）当在 FrmShowDialog 中单击"确定"按钮时,通过第 12 行代码设置对话框的返回值为 DialogResult.OK；同样单击"取消"按钮时,通过第 16 行代码设置对话框的返回值为 DialogResult.Cancel。

（3）如果在窗体 FrmShowDialog 中,设置 button1 和 button2 的 DialogResult 属性值分别为 OK 和 Cancle,则不需要写 button1 和 button2 的 Click 事件代码。

2．通用对话框

除了上述情况以外,在 Windows 系统中,我们常常看到,应用程序如果需要用户打开一个文件或文件夹时通常都会弹出一个选择对话框,保存一个文件时也会弹出一个对话框,这些对话框允许用户执行常用的任务,设计方式也差不多。由于这些对话框的通用性,C#提供了通用对话框类来快速创建对话框。常用的控件有打开文件对话框（OpenFileDialog）、存储文件对话框(SaveFileDialog)、浏览文件对话框(FolderBrowserDialog)等。这里仅以"打开文件"为例,介绍一下此类对话框的使用方法。

【例 5-20】 新建 Windows 应用程序项目 Example5_20,创建窗体 FrmOpenFileDialog,在该窗体中添加一个 TextBox、一个按钮和一个 OpenFileDialog,效果如图 5-43 所示。

该实例需要实现的功能是:单击"浏览"按钮可以激活 OpenFileDialog 并选择文件,如果用户在选择对话框中确认了选择,则将选定的文件路径显示到 TextBox 中。

【运行结果】

运行程序 FrmOpenFileDialog,单击"浏览"按钮,选择要打开的文件名称,单击"确定"按钮后,效果如图 5-44 所示。

图 5-43 FrmOpenFileDialog 设计视图

图 5-44 例 5-20 运行效果

FrmOpenFileDialog.cs 文件的代码如下。

```
01.    public FrmOpenFileDialog()
02.    {
03.        InitializeComponent();
04.        this.openFileDialog1.Title = "打开文件";
05.    }
06.    private void button1_Click(object sender, EventArgs e)
07.    {
08.        if (this.openFileDialog1.ShowDialog() == DialogResult.OK)
09.            this.textBox1.Text = this.openFileDialog1.FileName;
10.    }
```

【程序说明】

(1) OpenFileDialog.Title:表示打开文件对话框的窗体标题。

(2) OpenFileDialog.Filename:获取和设置对话框中被选中的文件路径。

(3) 利用 OpenFileDialog.Multiselect:可使用户选择多个要打开的文件。

(4) OpenFileDialog.Filter:可以设置当前文件名的筛选字符串,该字符串出现在对话框的"文件类型"框中,过滤浏览的文件类型。

(5) FolderBrowserDialog.Description:获取和设置浏览文件夹对话框的描述信息。

(6) FolderBrowserDialog.SelectPath:获取和设置浏览文件夹对话框中被选中的文件夹路径。

5.2.7 其他常用控件

除了前面 5 大类界面控件外,还有一些非常重要的界面控件在开发中占据着重要地位,例如计时器、任务栏图标、页面浏览器等。更加有效地利用这些控件,可以使界面设计得更加合理、方便、易用。

1. 计时器

计时器(Timer)控件可以定期引发事件。Timer 控件的主要属性是 Interval，该属性用于定义时间间隔长度，其值以 ms 为单位。如果启用了该控件，则每隔 Interval 的时间间隔将引发一个 Tick 事件，程序员可以在该事件的处理函数中添加要执行的代码。Timer 控件的两个主要方法是 Start 和 Stop，分别用于启动和关闭计时器。

【例 5-21】 新建 Windows 应用程序项目 Example5_21，创建窗体 FrmTimer，在该窗体中添加一个 Timer、两个按钮和一个 Label，效果如图 5-45 所示。

该实例需要实现的功能是：模拟秒表计时器。单击"开始"按钮可以开始跑表计时，并在 label1 中显示当前累积时间，单击"停止"按钮则停止计时。

【运行结果】

运行程序，效果如图 5-46 所示。

图 5-45　FrmTimer 设计视图

图 5-46　例 5-21 运行效果

FrmTimer.cs 文件的代码如下。

```
01.    private DateTime timeSum;
02.    public FrmTimer()
03.    {
04.        InitializeComponent();
05.        this.InitializeTime();
06.        this.button2.Enabled = false;
07.    }
08.    private void InitializeTime()
09.    {
10.        this.timeSum = new DateTime(0);
11.        this.label1.Text = timeSum.Hour + "." + timeSum.Minute + "." + timeSum.Second
               + ":" + timeSum.Millisecond;
12.    }
13.    private void IncreaseTime(double seconds)
14.    {
15.        this.timeSum = this.timeSum.AddSeconds(seconds);
16.        this.label1.Text = timeSum.Hour + "." + timeSum.Minute + "." + timeSum.Second
               + ":" + timeSum.Millisecond;
17.    }
18.    private void timer1_Tick(object sender, EventArgs e)
19.    {
20.        this.IncreaseTime(0.1);
21.    }
22.    private void button1_Click(object sender, EventArgs e)
23.    {
```

```
24.        this.timer1.Start();
25.        this.button1.Enabled = false;
26.        this.button2.Enabled = true;
27.   }
28.   private void button2_Click(object sender, EventArgs e)
29.   {
30.        this.timer1.Stop();
31.        this.button1.Enabled = true;
32.        this.button2.Enabled = false;
33.   }
```

【程序说明】

（1）Button.Enabled：设置和获取按钮控件是否处于可用的状态。

（2）PrivateDateTime timeSum 定义了一个 DateTime 类型的变量来记录累积时间。

（3）DateTime.Hour：返回日期时间对象的小时部分的值。同理，Minute、Second 和 Millisecond 分别返回日期时间对象的分、秒和毫秒部分的值。

（4）DateTime.AddSeconds(double)：为日期时间对象增加给定的秒数时间差。

（5）Timer.Start()：启动 Timer 对象；同理，Timer.Stop()方法的作用是停止 Timer 对象。

2. 任务栏图标

任务栏图标控件(NotifyIcon)用于显示在后台运行的应用程序的图标，这个图标通常显示在任务栏状态的通知区域，例如 MSN、QQ、各种杀毒软件等。

NotifyIcon 组件的主要属性包括 Icon 和 Visible 两个。Icon 属性用于设置出现在状态区域的图标外观，可以导入一个 ico 文件。并且只有在 Visible 属性设置为 true 时，图标才会出现。

【例 5-22】 新建 Windows 应用程序项目 Example5_22，创建窗体 FrmIcon，在该窗体上添加一个任务栏图标 NotifyIcon，当窗体最小化到任务栏时，用户可以双击任务栏中的图标来打开窗体。

打开 FrmIcon 窗体，在窗体上添加一个 NotifyIcon 控件，设置 NotifyIcon 控件的 Icon 属性为一个所希望出现的 ico 图标文件。然后在 FrmIcon.cs 文件中添加 NotifyIcon 的 DoubleClick 事件代码和 FrmIcon 的 Resize 事件代码。

【运行结果】

运行程序，将窗体 FrmIcon 最小化，任务栏上多出一个图标（图例中最左边的图标），如图 5-47 所示。双击该图标，窗体又可以恢复到从前的状态。

图 5-47　例 5-22 运行效果

FrmIcon.cs 文件中，NotifyIcon 的 DoubleClick 事件和 FrmIcon 的 Resize 事件代码如下。

```
01.   private void notifyIcon1_DoubleClick(object sender, EventArgs e)
02.   {
03.        this.Show();
04.        if (this.WindowState == FormWindowState.Minimized)
05.            this.WindowState = FormWindowState.Normal;
```

```
06.        this.Activate();
07.    }
08.    private void FrmMain_Resize(object sender, EventArgs e)
09.    {
10.        if (this.WindowState == FormWindowState.Minimized)
11.            this.Hide();
12.    }
```

【程序说明】

(1) Form.Show()：显示 Form 窗体对象。

(2) Form.Hide()：隐藏 Form 窗体对象。

(3) Form.Activate()：激活 Form 窗体对象。

(4) Form.WindowState：返回窗体的状态，包括 Normal、Minimized 和 Maximized 等。

3. 页面浏览器

页面浏览器（WebBrowser）控件可以在 Windows 窗体应用程序中显示网页。WebBrowser 控件包含多种可以用来实现 Internet Explorer 功能的属性、方法和事件。例如，URL 属性用于设置控件浏览的页面地址；GoBack、GoForward、Stop 和 Refresh 方法分别实现 IE 工具栏中的后退、前进、停止和刷新功能等。

【例 5-23】 新建 Windows 应用程序项目 Example5_23，创建窗体 FrmWebBrowser，在该窗体中添加一个 TextBox、一个按钮和一个 WebBrowser，效果如图 5-48 所示。

该实例需要实现的功能是：当用户输入网址后，按 Enter 键或单击"转到"按钮，就可以在控件中显示网页内容。

【运行结果】

运行程序，在文本框（地址栏）里输入"http://www.sina.com.cn，"单击"转到"按钮，运行效果如图 5-49 所示。

图 5-48　FrmWebBrowser 设计视图

图 5-49　例 5-23 运行效果

FrmWebBrowser.cs 文件的代码如下。

```
01.    private void button1_Click(object sender, EventArgs e)
02.    {
03.        this.webBrowser1.Url = new Uri(this.textBox1.Text);
```

```
04.    }
05.    private void textBox1_KeyUp(object sender, KeyEventArgs e)
06.    {
07.        if (e.KeyCode == Keys.Enter)
08.            this.webBrowser1.Url = new Uri(this.textBox1.Text);
09.    }
```

【程序说明】

WebBrowser.Url：设置和获取 WebBrowser 对象浏览网页的 URL。

5.3 多文档界面

到目前为止，我们创建的所有项目都是单文档界面(Single Document Interface,SDI)的项目。在 SDI 程序中，应用中的每个窗体与其他的窗体都是对等的，窗体之间不存在层次的关系。Visual C#也允许创建多文档界面(Multiple Document Interface，MDI)程序，也就是说，一个 MDI 窗体可以同时显示多个文档，每个文档显示在各自的窗口中。MDI 程序包含一个父窗体以及一个或多个子窗体，对于子窗体的唯一限制是它们只能在父窗体的边界之内显示，所有的子窗体都共享父窗体的同一个工具栏和菜单栏。

5.3.1 设置 MDI 窗体

在 MDI 应用程序中，父窗体是包含子窗体的窗体，在"Windows 窗体设计器"中创建 MDI 父窗体很容易。首先创建 Windows 应用程序，在"属性"窗口中，将 IsMDIContainer 属性设置为 true，将该窗体指定为子窗体的 MDI 容器，即父窗体。

【例 5-24】 新建 Windows 应用程序项目 Example5_24，创建窗体 FrmMdi 并设置其 IsMDIContainer 属性为 true，为 FrmMdi 添加一个 MenuStrip，新建一个菜单项"加载子窗体"。再在项目中添加窗体 FrmMdiChild1、FrmMdiChild2、FrmMdiChild3。

该实例需要实现的功能是：将其他三个窗体作为 FrmMdi 的子窗体，在父窗体 FrmMdi 中单击"加载子窗体"菜单项，可以加载三个子窗体。

【运行结果】

运行程序，效果如图 5-50 所示。

图 5-50 例 5-24 运行效果

打开窗体 FrmMdi,修改 FrmMdi.cs 程序代码如下。

```
01.    private void 加载子窗体Menu_Click(object sender, EventArgs e)
02.    {
03.        FrmMdiChild1 frm1 = new FrmMdiChild1();
04.        frm1.MdiParent = this;
05.        frm1.Show();
06.        FrmMdiChild2 frm2 = new FrmMdiChild2();
07.        frm2.MdiParent = this;
08.        frm2.Show();
09.        FrmMdiChild3 frm3 = new FrmMdiChild3();
10.        frm3.MdiParent = this;
11.        frm3.Show();
12.    }
```

【程序说明】

(1)"加载子窗体"菜单项的默认名称是"加载子窗体 ToolStripMenuItem",将其 Name 属性修改为"加载子窗体 Menu",简化命名。

(2)程序的第 4、7 和 10 行的作用是设置子窗体的父窗体。

(3)程序的第 5、8 和 11 行的作用是显示子窗体。

5.3.2 排列子窗体

如果一个 MDI 窗体中有多个子窗体被同时打开,界面会显得非常混乱,而且不容易浏览。这时可以通过使用带有 MdiLayout 枚举的 LayoutMdi 方法来排列父窗体中的子窗体。

【例 5-25】 在项目 Example5_24 中为父窗体 FrmMdi,再添加三个菜单项"水平平铺""垂直平铺"和"层叠排列"。

该实例需要实现的功能是:使用 LayoutMdi 方法以及 MdiLayout 枚举设置窗体的排列。

【运行结果】

运行程序,加载所有的子窗体后,选择"水平平铺"菜单项,运行效果如图 5-51 所示。

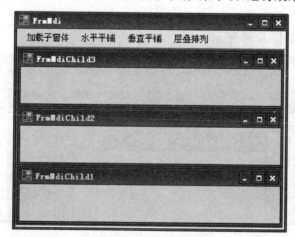

图 5-51 例 5-25 运行效果

修改 FrmMdi.cs 程序代码,增加如下内容。

```
01.    private void 水平平铺 Menu_Click(object sender, EventArgs e)
02.    {
03.        LayoutMdi(MdiLayout.TileHorizontal);
04.    }
05.    private void 垂直平铺 Menu_Click(object sender, EventArgs e)
06.    {
07.        LayoutMdi(MdiLayout.TileVertical);
08.    }
09.    private void 层叠排列 Menu_Click(object sender, EventArgs e)
10.    {
11.        LayoutMdi(MdiLayout.Cascade);
12.    }
```

【程序说明】

(1) 第 3、7 和 11 行分别调用 LayoutMdi 方法对子窗体进行不同形式的排列。

(2) 窗体设计时,对三个菜单项的 Name 属性进行了修改,见例 5-24 的说明。

5.4 GDI+编程

对于大多数以对话框为主的应用程序而言,使用.NET 所提供的标准控件设计用户界面已经足够了。但是有时还需要在屏幕上使用颜色和图形对象,例如,使用线条或弧线开发游戏,使用多个移动的图形来开发屏保程序等,这就需要用到 GDI+编程。

那么到底什么是 GDI+呢? GDI+是 GDI(即 Windows 早期版本中附带的 Graphics Device Interface)的后继者,是一种应用程序编程接口(API),可以在 Windows 窗体应用程序中以编程方式绘制或操作图形图像。

在托管代码中,不需要考虑 GDI+内部是如何实现的,直接使用.NET 框架提供的类进行编程就可以了。所有图形图像处理功能都包含在下面介绍的命名空间下。

(1) System.Drawing 命名空间,提供了对 GDI+基本图形功能的访问,主要有 Graphics 类、Pen 类、从 Brush 类继承的类、Font 类、Color 类、Image 类、Bitmap 类、Icon 类等。

(2) System.Drawing.Drawing2D 命名空间,提供了高级的二维和矢量图形处理功能,主要有梯度型画刷、Matrix 类(用于定义几何变换)、GraphicsPath 类等。

(3) System.Drawing.Imaging 命名空间,提供了高级图像处理功能。

(4) System.Drawing.Text 命名空间,提供了字体和文本排版功能。

处理图形图像首先要创建 Graphics 对象,使用 Graphics 对象绘制线条和形状、呈现文本和显示操作图像等。

5.4.1 创建 Graphics 对象

Graphics 类是 GDI+的核心和基础,它代表了所有输出显示的绘图环境,用户可以通过编程操作 Graphic 对象,在屏幕上绘制图形、呈现文本或操作图像。创建 Graphics 对象有以下三种方法。

(1) 在窗体或控件的 Paint 事件中创建,将其作为 PaintEventArgs 的一部分,代码如下。

```
01.    private void Form1_Paint(object sender, PaintEventArgs e)
02.    {
03.        Graphics g = e.Graphics;              //创建 Graphics 对象
04.    }
```

(2) 调用控件或窗体的 CreateGraphics()方法获取对 Graphics 对象的引用,该对象表示控件或窗体的绘图表面。

在窗体的 Load 事件中,通过 CreateGraphics 方法创建 Graphics 对象,代码如下。

```
01.    private void Form1_Load(object sender, EventArgs e)
02.    {
03.        Graphics g;                           //声明一个 Graphics 对象
04.        g = this.CreateGraphics();            //使用 CreateGraphics 方法创建 Graphics 对象
05.    }
```

(3) 从 Image 类派生的任何对象创建 Graphics 对象。

在窗体的 Load 事件中,通过 FromImage()方法创建 Graphics 对象,代码如下。

```
01.    private void Form1_Load(object sender, EventArgs e)
02.    {
03.        Bitmap mbit = new Bitmap(@"C:\ls.bmp");   //实例化 Bitmap 类
04.        Graphics g = Graphics.FromImage(mbit);    //通过 FromImage 方法创建 Graphics 对象
05.    }
```

在这三种方法中,第一种方法适合在为控件创建绘制代码时使用用以获取图形对象的引用,如果在已经存在的窗体或控件上绘图,则应该使用第二种方法,第三种方法则在需要更改已经存在的图像时十分有用。

5.4.2 创建 Pen 对象

笔(Pen)类主要用于绘制线条、曲线以及勾勒形状的轮廓。Pen 类的构造函数如下。

public Pen(Color color, float width)

说明:

(1) color:设置 Pen 的颜色。

(2) width:设置 Pen 的宽度。

创建一个 Pen 对象,使其颜色为蓝色,宽度为 2,代码如下。

Pen mypen = new Pen(Color.Bule,2);   //实例化一个 Pen 类,并设置其颜色和宽度

使用之前创建的 Graphics 对象和 Pen 对象来绘制椭圆,代码如下。

g.GrawEllipse(myPen, 20,30,10,50);

5.4.3 创建 Brush 对象

画笔(Brush)主要用于填充几何图形,如将正方形填充其他颜色。Brush 类是一个抽象

基类，不能进行实例化；若要创建一个画笔对象，需要使用从 Brush 派生出的类，如 SolidBrush 类和 HatchBrush 类等。

1. SolidBrush 类

SolidBrush 类可以定义单色画笔，用于填充图形，如矩形、椭圆、多边形和封闭路径。其构造函数如下。

```
public SolidBrush(Color color)                    //color: 画笔的颜色
```

【例 5-26】 创建一个 Windows 应用程序，通过使用 SolidBrush 对象将绘制的矩形填充为红色。代码如下。

```
01.    private void button1_Click(object sender, EventArgs e)
02.    {
03.        Graphics ghs = this.CreateGraphics();
04.        Brush mybs = new SolidBrush(Color.Red);
05.        Rectangle rt = new Rectangle(40, 30, 75, 75);
06.        ghs.FillRectangle(mybs, rt);
07.    }
```

【运行结果】

运行程序，结果如图 5-52 所示。

【程序说明】

（1）第 3 行通过窗体的 CreateGraphics() 方法创建 Graphics 对象。

（2）第 4 行创建一个 SolidBrush 对象，并初始化其颜色为红色。

（3）第 5 行声明一个矩形对象，参数中出给了矩形的左上角坐标、宽和高。

图 5-52　例 5-26 运行效果

（4）第 6 行调用 Graphics 类的 FillRectangle() 方法来填充矩形，第一个参数指明所用的画刷，第二个参数指明填充的矩形区域。

2. HatchBrush 类

HatchBrush 类提供一定样式的图案，用来制作填满整个封闭区域的绘图效果。其构造函数如下。

```
public HatchBrush(HatchStyle hatchstyle, Color foreColor)
```

说明：

（1）hatchstyle：HatchStyle 枚举类型的值之一，表示此 HatchBrush 所绘制的图案。

（2）foreColor：Color 结构，表示此 HatchBrush 所绘制区域的颜色。

（3）HatchBrush 类位于 System.Drawing.Drawing2D 命名空间下。

【例 5-27】 创建一个 Windows 应用程序，利用 HatchBrush 对象填充三个长条图形的封闭区域。代码如下。

```
01.    private void button1_Click(object sender, EventArgs e)
02.    {
```

```
03.        Graphics ghs = this.CreateGraphics();
04.        for (int i = 1; i <= 3; i++)
05.        {
06.            HatchStyle hs = (HatchStyle)(3 + i);
07.            HatchBrush hb = new HatchBrush(hs, Color.White);
08.            Rectangle rtl = new Rectangle(10, 50 + (i-1) * 30, 50 * i, 30);
09.            ghs.FillRectangle(hb, rtl);
10.        }
11.    }
```

【运行结果】

运行程序,结果如图 5-53 所示。

【程序说明】

(1) 第 6 行将整数值转换为 HatchStyle 类型的枚举值,设置不同的图案。

(2) 第 7 行创建 HatchBrush 类的画刷。

(3) 第 8 行根据 i 值的不同,得到坐标和宽度不同的矩形。

从 Bruch 派生出来的类中,除了上面介绍的两种以外,还有 TextureBrush(使用纹理)、LinearGradientBrush(使用渐变混合色)等多种派生类,感兴趣的读者可以参考相关资料进行学习。

图 5-53 例 5-27 运行效果

5.4.4 绘制基本图形

介绍完 GDI+绘图技术的几个基本对象,下面讲解如何通过这些基本对象绘制常见的几何图形,如直线、矩形、椭圆、多边形等。

1. 绘制直线

调用 Graphics 类中的 DrawLine 方法,结合 Pen 对象可以绘制直线。DrawLine 方法有以下两种重载形式。

(1) 用于绘制一条连接两个 Point 结构的线。其语法格式如下。

public void DrawLine (Pen pen, Point pt1, Point pt2)

说明:

① pen:Pen 对象,它确定线条的颜色、宽度和样式。

② pt1:Point 结构,表示要连接的第一个点。

③ pt1:Point 结构,表示要连接的第二个点。

(2) 用于绘制一条连接由坐标指定的两个点的线条。其语法格式如下。

Public void DrawLine (Pen pen, int x1, int y1, int x2, int y2)

说明:

① x1,y1:第一个点的 x,y 坐标。

② x2,y2:第二个点的 x,y 坐标。

【例 5-28】 创建一个 Windows 应用程序,在窗体中绘制一横一纵两条直线。效果如图 5-54 所示。程序代码如下。

```
01.    private void Form3_Paint(object sender, PaintEventArgs e)
02.    {
03.        Graphics g = this.CreateGraphics();
04.        Pen blackPen = new Pen(Color.Black, 3);
05.        Point point1 = new Point(10, 50);
06.        Point point2 = new Point(100, 50);
07.        g.DrawLine(blackPen, point1, point2);
08.        g.DrawLine(blackPen, 150, 20, 150, 80);
09.    }
```

图 5-54 例 5-28 运行效果

【运行结果】

运行程序,结果如图 5-54 所示。

【程序说明】

第 7 行和第 8 行分别调用 DrawLine()方法的两种不同重载形式进行直线的绘制。

2. 绘制矩形

通过 Graphics 类中的 DrawRectangle 方法,可以绘制由一对坐标、宽度和高度指定的矩形。其语法格式如下。

```
public void DrawRectangle (Pen pen, int x, int y, int width, int height)
```

说明:

(1) pen: Pen 对象,它确定线条的颜色、宽度和样式。

(2) x,y: 要绘制矩形的左上角的 x,y 坐标。

(3) width,height: 分别表示要绘制矩形的宽度和高度。

【例 5-29】 创建一个 Windows 应用程序,在窗体中绘制一个矩形。代码如下。

```
01.    private void Form4_Paint(object sender, PaintEventArgs e)
02.    {
03.        Graphics g = this.CreateGraphics();
04.        Pen myPen = new Pen(Color.Black, 8);
05.        g.DrawRectangle(myPen, 20, 10, 100, 75);
06.    }
```

【运行结果】

运行程序,结果如图 5-55 所示。

【程序说明】

第 5 行调用 Graphics 类的 DrawRectangle()方法,用指定的画笔按左上角坐标、矩形的宽度和高度绘制矩形。

图 5-55 例 5-29 运行效果

5.5 问题解决

学习了本章的知识之后,对于文本编辑器的设计和实现,可以采取下面的步骤来加以解决。

(1) 设计一个文本编辑器的主窗体,在该窗体内设计一个主菜单用于调用文本操作的各项功能。

(2) 再设计一个"查找替换"窗体,用于完成文本的查找和替换功能。

根据以上思路,解决问题的设计和实现过程如下。

1. 界面设计

通过分析上面的题目要求,建立 Windows 应用程序项目 Example5_30,创建两个窗体:"程序主窗体"和"查找替换"窗体。下面对这两个窗体分别进行界面设计。

1) "程序主窗体"界面设计

主窗体将完成大部分的程序功能,包括打开文件、保存文件、复制和粘贴、字体设置等功能。主窗体的名称为 FrmTextbook,界面设计效果如图 5-56 所示。

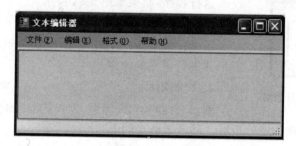

图 5-56 主窗体 FrmTextbook 界面设计效果

向主窗体中添加一个 MenuStrip 控件、一个 RichTextBox 控件、一个 StatusStrip 控件、一个 OpenFileDialog 控件、一个 SaveFileDialog 控件、一个 FontDialog 控件,添加的 MenuStrip 所包含的菜单项如表 5-7 所示,设置各个控件的属性如表 5-8 所示。

表 5-7 主窗体菜单中所包含的菜单项

主菜单名称	包含子菜单名称
文件(&F)	新建、打开、保存、另存为、退出
编辑(&E)	撤销、重做、剪切、复制、粘贴、删除、查找、替换、全选
格式(&O)	字体
帮助(&H)	关于

表 5-8 主窗体中控件对象属性设置列表

控件名	属性	设置值
OpenFileDialog1	Name	dlg_openFile
	Filter	RTF 文件(*.rtf)|*.rtf|文本文件(*.txt)|*.txt|Unicode 文本(*.uni)|*.uni|所有文件(*.*)|*.*
SaveFileDialog1	Name	dlg_saveFile
	Filter	RTF 文件(*.rtf)|*.rtf|文本文件(*.txt)|*.txt|Unicode 文本(*.uni)|*.uni|所有文件(*.*)|*.*
StatusBar1	Name	mainStatus
RichTextBox1	Name	txtMain

2) "查找替换"窗体界面设计

此窗体用于查找和替换文本,窗体名称为 FrmSearchReplace,设计如下:在程序中新建窗体，添加两个 Label 控件、两个 TextBox 控件、两个 RadioButton 控件、一个 CheckBox 控件和三个 Button 控件。分别设置它们的属性如表 5-9 所示，设置完成后的界面如图 5-57 所示。

表 5-9 "查找替换"窗体中控件对象属性设置列表

控件名	属性	设置值	控件名	属性	设置值
Label1	Text	查找内容	RadioButton2	Name	rbtRadioDown
Label2	Text	替换为	RadioButton2	Text	向下
TextBox1	Name	txtSearch	Button1	Name	btnSearch
TextBox2	Name	txtReplace	Button1	Text	查找
CheckBox1	Name	cbxCheckCase	Button2	Name	btnReplace
CheckBox1	Text	区分大小写	Button2	Text	替换
RadioButton1	Name	rbtRadioUp	Button3	Name	btnReplaceAll
RadioButton1	Text	向上	Button3	Text	全部替换

图 5-57 "查找替换"窗体界面设计效果

2. 代码编写

1) 主窗体代码的实现

（1）主窗体中定义的成员变量如下。

```
private bool IsChanged;                             //文档是否被修改
private bool IsSaved;                               //文档是否被保存过
private string FileName;                            //文档文件名
private FrmSearchReplace searchForm;                //"查找替换"窗体对象
```

（2）程序中自定义方法。

```
private bool AlterSaveFile()                        //提示用户保存文件
{
    if (IsChanged)
    {
        DialogResult result = MessageBox.Show(this,"文档做了改动,要保存吗?","文本编辑器",
MessageBoxButtons.YesNoCancel,MessageBoxIcon.Warning);
        if (result == DialogResult.Yes)
        {
            if (this.IsSaved)
            { this.txtMain.SaveFile(FileName); }
            else
            { menu_FileSaveAs_Click(null, null); }
        }
```

```csharp
        else if (DialogResult == DialogResult.No)
        { }
        else
        { return false;                              //表示单击"取消" }
    }
    return true;                                     //表示单击"其他"
}
private void OpenFile(string fileName)               //用于打开文件
{
    FileInfo finfo = new FileInfo(fileName);
    if (finfo.Extension == ".rtf")
    {
        this.txtMain.LoadFile(finfo.FullName, RichTextBoxStreamType.RichText);
    }
    else if (finfo.Extension == ".txt")
    {
        this.txtMain.LoadFile(finfo.FullName, RichTextBoxStreamType.PlainText);
    }
    else if (finfo.Extension == ".uni")
    {
        this.txtMain.LoadFile(finfo.FullName, RichTextBoxStreamType.UnicodePlainText); }
    else
    { FileStream fs = finfo.Open(FileMode.OpenOrCreate, FileAccess.ReadWrite, FileShare.ReadWrite); }
}
```

(3) 文件中各个菜单项的实现。

"文件"菜单中的"新建"子菜单用于新建一个文件，代码如下。

```csharp
private void menu_FileNew_Click(object sender, EventArgs e)    //新建文件
{
    AlterSaveFile();
    this.txtMain.Clear();
    this.IsSaved = false;
    this.IsChanged = false;
    this.Text = "无标题";
}
```

"文件"菜单中的"打开"子菜单用于打开一个已经存在的文件，代码如下。

```csharp
private void menu_FileOpen_Click(object sender, EventArgs e)    //打开文件
{
    if (this.dlg_openFile.ShowDialog() != DialogResult.Cancel)
    {
        OpenFile(this.dlg_openFile.FileName);
        this.FileName = this.dlg_openFile.FileName;
        this.IsSaved = true;
        this.Text = this.dlg_openFile.FileName;
        this.statusBarSaveTime.Text = "文件打开于" + DateTime.Now.ToShortTimeString();
    }
}
```

"文件"菜单中的"保存"子菜单用于实现文件的保存任务,代码如下。

```csharp
private void menu_FileSave_Click(object sender, EventArgs e)      //保存文件
{
    if (!this.IsChanged)
        return;
    if (this.IsSaved)
    {
        FileInfo finfo = new FileInfo(this.FileName);
        this.IsChanged = false;
        this.Text = this.FileName;
        this.statusBarSaveTime.Text = "文件保存于" + DateTime.Now.ToShortDateString();
    }
    else
    { menu_FileSaveAs_Click(sender,e); }
}
```

"文件"菜单中的"另存为"子菜单实现文件的再次保存功能,代码如下。

```csharp
private void menu_FileSaveAs_Click(object sender, EventArgs e)      //文件另存为
{
    if (this.dlg_saveFile.ShowDialog() != DialogResult.Cancel)
    {
        FileInfo finfo = new FileInfo(this.dlg_saveFile.FileName);
        if (finfo.Extension == ".rtf")
        { this.txtMain.SaveFile(finfo.FullName, RichTextBoxStreamType.RichText); }
        else
        { this.txtMain.SaveFile(finfo.FullName, RichTextBoxStreamType.PlainText); }
        this.FileName = this.dlg_saveFile.FileName;
        this.IsSaved = true;
        this.IsChanged = false;
        this.Text = this.FileName;
        this.statusBarSaveTime.Text = "文件保存于" + DateTime.Now.ToShortTimeString();
    }
}
```

"编辑"菜单中的"查找"和"替换"子菜单实现文本的查找和替换功能,在这里实际执行的都是同一项功能,弹出"查找替换"子窗体。以"查找"子菜单为例,其代码如下。

```csharp
private void menu_Find_Click(object sender, EventArgs e)
{
    this.searchForm = new FrmSearchReplace(this);
    this.searchForm.Show();
    this.AddOwnedForm(this.searchForm);
}
```

"编辑"菜单中的其他子菜单都是直接调用 RichTextBox 控件的方法来实现的,非常简单,在这里就不再赘述,感兴趣的读者可参考源程序里的完整代码。

"格式"菜单中的"字体"子菜单用于更改选中文字的字体,代码如下。

```csharp
private void menu_FormatFont_Click(object sender, EventArgs e)
```

```
        if (this.dlg_font.ShowDialog() == DialogResult.OK)
        {
            this.txtMain.SelectionFont = this.dlg_font.Font;
            this.txtMain.SelectionColor = this.dlg_font.Color;
        }
    }
```

2)"查找替换"窗体代码的实现

(1)由于在本窗体内需要操纵主窗体,所以其构造函数的形式如下。

```
public FrmSearchReplace(FrmTextbook parent)
{
    InitializeComponent();
    this.parentForm = parent;              //指明父窗体
}
```

(2)"查找替换"窗体中定义的成员变量如下。

```
private FrmTextbook parentForm;        //存储主窗体的实例
private string strSearch = "";         //表示要查找的字符串
private string strReplace = "";        //表示要替换的字符串
private int searchPos = 0, lastSearchPos = 0;
                                       //前者表示当前查找位置,后者表示上次的查找位置
```

(3)程序中自定义方法。

由于在此窗体中几乎所有的任务都需要进行文本的查找,所以定义一个函数来完成文本的查找功能,该函数定义如下。

```
private bool SearchText(bool ShowNotFind)
{
    bool find = true;
    if (this.cbxCheckCase.Checked)          //表示大小写匹配查找
    {
        if (this.rbtRadioDown.Checked) //表示向下查找
        { this.searchPos = this.parentForm.txtMain.Find(this.strSearch, searchPos, this.parentForm.txtMain.Text.Length, RichTextBoxFinds.MatchCase); }
        else
        { this.searchPos = this.parentForm.txtMain.Find(this.strSearch, 0, searchPos, RichTextBoxFinds.MatchCase | RichTextBoxFinds.Reverse); }
    }
    else
    {
        if (this.rbtRadioDown.Checked)
        { this.searchPos = this.parentForm.txtMain.Find(this.strSearch, searchPos, this.parentForm.txtMain.Text.Length, RichTextBoxFinds.None); }
        else
        { this.searchPos = this.parentForm.txtMain.Find(this.strSearch, 0, searchPos, RichTextBoxFinds.Reverse); }
    }
    if (this.searchPos < 0)                 //如果未找到显示信息
```

```
        {
            if (ShowNotFind)
            {   MessageBox.Show("未找到指定文本", "文本编辑器", MessageBox Buttons.OK, MessageBoxIcon.Information);
            }
            this.searchPos = this.lastSearchPos;
            find = false;
        }
        else
        {
            if (this.rbtRadioDown.Checked)
            {   this.searchPos += this.strSearch.Length; }
            else
            {   this.searchPos -= this.strSearch.Length; }
            this.parentForm.Focus();
        }
        this.lastSearchPos = this.searchPos;
        return find;
}
```

（4）按钮事件代码。

三个 Button 控件的 Click 事件代码大致相同，这里只列出"全部替换"按钮的 Click 事件代码如下。

```
private void btnReplaceAll_Click(object sender, EventArgs e)
{
    this.strSearch = this.txtSearch.Text;
    this.strReplace = this.txtReplace.Text;
    while (SearchText(false))//在可以查找到指定文本时就将文本替换
    {
        if(this.parentForm.txtMain.SelectedText.Length > 0)
        {   this.parentForm.txtMain.SelectedText = this.strReplace; }
    }
}
```

【运行结果】

运行程序，界面如图 5-58 所示。

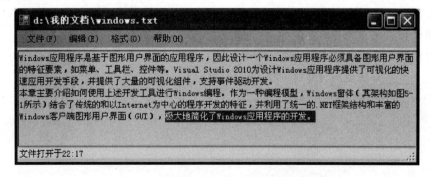

图 5-58　例 5-30 运行效果

小　　结

　　Windows Form 主要为应用程序创建图形用户界面。图形用户界面使程序有明显的观感效果，实现同用户的友好交互。生成 Windows 应用程序的通用设计过程包括：创建一个 Windows 窗体，设置窗体的属性，添加控件，设置控件的属性并配置事件处理程序。

　　所有的窗体和控件都是类。.NET 为 Windows Form 实现了许多控件，这些控件能够支持用户的大多数编程，用户也可以自定义控件。任何由类 System.Windows.Forms.Control 派生的图形用户界面控件都能够处理鼠标事件。

课　后　练　习

一、选择题

1. Windows Forms 中不包括（　　）。
   A. Controls　　　　B. Dialogs　　　　C. Database　　　　D. Components
2. Windows 开发中使用控件时一般不需要完成（　　）。
   A. 添加控件　　　　B. 设置控件属性　　C. 处理事件　　　　D. 连接数据库
3. 设置两个或两个以上互斥选项的按钮是（　　）。
   A. RadioButton　　B. CheckBox　　　　C. Panel　　　　　　D. Choose
4. Timer 控件的 Interval 属性以（　　）为单位。
   A. 小时　　　　　　B. 分钟　　　　　　C. 秒　　　　　　　　D. 毫秒
5. 窗体的菜单栏使用（　　）控件创建。
   A. ContextMenu　　B. MenuStrip　　　C. ToolStrip　　　　D. StatusStrip
6. 下面关于容器控件说法正确的是（　　）。
   A. Panel 控件可以有标题，但是 GroupBox 控件不能显示标题
   B. Panel 控件既能显示标题也能显示滚动条
   C. Panel 控件能显示标题但是不能显示滚动条
   D. GroupBox 控件可以显示标题，但是不能显示滚动条

二、填空

1. 要显示用户不能编辑的文本应该使用_____控件。
2. 必须设置文本框控件的_____属性为 true 才能调整它的高度。
3. 要对列表中的元素进行操作，使用_____属性。
4. _____方法能将元素添加到列表中指定的位置。
5. TreeView 控件的每个元素被称为_____。

第6章 目录与文件管理

我们每天都在处理数据,如创建办公文档、处理财务报表、进行网上冲浪等。这些数据在计算机中,都是以文件的形式存储在磁盘中的。.NET Framework 提供了多个类,来实现对文件、目录和驱动器的操作。掌握如何使用这些类,为我们在应用程序中实现文件和目录的操作提供了便利。

6.0 问题导入

【导入问题】 在例 2-22 中根据顾客的消费额度进行不同程度的打折,最终输出顾客的消费信息,该解决方案的不足之处是:只是动态地显示顾客消费情况,没有将顾客的消费信息保存下来。对商家来说保存顾客的消费信息是很重要的,如何解决呢?

【初步分析】 可以定义一个保存和读取顾客消费信息的类,通过该类将顾客的消费信息保存到文件中。本章将学习 C♯文件存取的相关知识。

6.1 目录管理

在 System.IO 命名空间中,.NET Framework 提供了三种对目录进行管理的类,分别是 Directory 类、DirectoryInfo 类和 Path 类。

6.1.1 DirectoryInfo 类

DirectoryInfo 类包含用于创建、移动、删除、重命名、复制和枚举目录和子目录的成员集。DirectoryInfo 类提供的主要成员方法和属性如表 6-1 所示。

表 6-1 DirectoryInfo 类的主要方法和属性

方法/属性名	说明
Create 方法	给定一个路径名,创建目录
CreateSubdirectory 方法	给定一个路径名,创建子目录
Delete 方法	删除目录和其所有内容
GetDirectories 方法	返回一个 DirectoryInfo 类型的数组,表示当前目录中的所有子目录
GetFiles 方法	提取一个 FileInfo 类型的数组,表示给定目录下的文件集
MoveTo 方法	将目录及其内容移动到新的路径中
Parent 属性	获取指定子目录的父目录

续表

方法/属性名	说明
Root 属性	获取路径的根部分
Exists 属性	返回指示目录是否存在的布尔值
CreationTime 属性	获取或设置当前目录的创建时间

【例 6-1】 自定义方法实现目录复制功能。

```
01.   namespace Example6_1
02.   {
03.       class Example6_1
04.       {
05.           static void Main(string[] args)
06.           {
07.               DirectoryInfo sourDir = new DirectoryInfo(@"D:\CS\Dir1");
08.               DirectoryInfo destDir = new DirectoryInfo(@"D:\CS\Dir2");
09.               CopyDirectory(sourDir, destDir);
10.               Console.Read();
11.           }
12.           static void CopyDirectory(DirectoryInfo source, DirectoryInfo destination)
13.           {
14.               if (!destination.Exists)
15.               {
16.                   Console.WriteLine("程序自动创建目录" + destination.FullName);
17.                   destination.Create();
18.               }
19.               FileInfo[] files = source.GetFiles();
20.               foreach (FileInfo file in files)
21.               {
22.                   file.CopyTo(Path.Combine(destination.FullName, file.Name));
23.               }
24.               DirectoryInfo[] dirs = source.GetDirectories();
25.               foreach (DirectoryInfo dir in dirs)
26.               {
27.                   string destDir = Path.Combine(destination.FullName, dir.Name);
28.                   CopyDirectory(dir, new DirectoryInfo(destDir));
29.               }
30.               Console.WriteLine("复制目录" + source.FullName + "到" + destination.FullName);
31.           }
32.       }
33.   }
```

【运行结果】

单击工具栏中的"开始"按钮,即可在控制台中输出如图 6-1 所示的结果。

图 6-1 例 6-1 运行结果

【程序说明】

(1) 第 12～31 行定义了实现目录复制功能的方法 CopyDirectory()，该方法包含两个参数，一个是源目录，一个是目的目录。

(2) 第 14～18 行判断目的目录是否存在，如果不存在调用 Create() 方法进行创建。

(3) 第 19～23 行首先调用 DirectoryInfo 类的 GetFiles() 方法获取 source 目录下的所有文件放在 FileInfo 类型的数组中，然后通过 FileInfo 类的 CopyTo() 方法将这些文件复制到 destination 目录下，其中 Path.Combine() 方法实现将两个字符串组合为一个路径。

(4) 第 24～29 行实现子目录的复制，利用 FileInfo 类的 GetDirectories() 方法获取 source 目录下的所有子目录，然后递归调用 CopyDirectory() 方法实现子目录的复制。

【例 6-2】 获取指定目录下的所有子目录信息。

```
01.    namespace Example6_2
02.    {
03.        class Example6_2
04.        {
05.            static void Main(string[] args)
06.            {
07.                DirectoryInfo parentDir = new DirectoryInfo(@"D:\CS\Dir1");
08.                ShowDirs(parentDir, 0);
09.                Console.Read();
10.            }
11.            static void ShowDirs(DirectoryInfo d, int level)
12.            {
13.                int spaces = level;
14.                while (spaces-- >= 0)
15.                    Console.Write(" ");
16.                Console.WriteLine(d);
17.                DirectoryInfo[] dirs = d.GetDirectories();
18.                if (dirs.Length > 0)
19.                {
20.                    foreach (DirectoryInfo dir in dirs)
21.                    {
22.                        try
23.                        {
24.                            ShowDirs(dir, level + 2);
25.                        }
26.                        catch (UnauthorizedAccessException)
27.                        {
28.                            continue;
29.                        }
```

```
30.            }
31.          }
32.        }
33.      }
34.  }
```

【运行结果】

单击工具栏中的"开始"按钮,即可在控制台中输出如图 6-2 所示的结果。

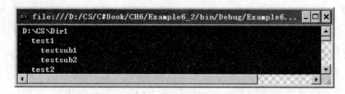

图 6-2 例 6-2 运行结果

【程序说明】

(1) 第 11～32 行定义了一个递归显示指定目录下所有子目录的方法 ShowDirs(),该方法包含两个参数,第一个参数是目录参数,第二个参数代表目录的级别。

(2) 第 13～16 行根据目录的不同级别,先在目录名的前面加上不同的空格数,然后再输出目录名。

(3) 第 17～28 行首先获取初始目录下的所有子目录,再递归调用 ShowDirs()方法,依次显示每一级别下的所有子目录。

6.1.2 Directory 类

6.1.1 节中使用 DirectoryInfo 类来实现目录管理,也可以使用 Directory 类来实现目录管理。两个类的不同点在于 DirectoryInfo 类必须被实例化后才能使用,而 Directory 类则只提供了静态的方法。

程序中如果多次使用某个对象,一般用 DirectoryInfo 类;如果仅执行某一个操作,则使用 Directory 类效率更高一些。这是因为 DirectoryInfo 类只在创建实例时进行安全性检查,实例提供的方法不再做安全检查,因此多次使用效率较高。但如果只使用一次,由于创建、销毁实例花费的时间比较长,其效率不如直接用 Directory 类提供的静态方法高。Directory 类提供的静态方法每次总是先进行安全检查,所以多次使用时,用该类提供的静态方法没有用 DirectoryInfo 类实例提供的方法效率高。

【例 6-3】 获取指定目录下的所有文件名。

```
01.  namespace Example6_3
02.  {
03.      class Example6_3
04.      {
05.          static void Main(string[] args)
06.          {
07.              Console.WriteLine(@"D:\CS\Dir1 的创建时间为: " + Directory.GetCreationTime
                  (@"D:\CS\Dir1"));
08.              string[] files = Directory.GetFiles (@"D:\CS\Dir1");
```

```
09.            Console.WriteLine("该目录下包含的文件如下：");
10.            foreach(string str in files )
11.                Console.WriteLine (str);
12.            Console.Read();
13.        }
14.    }
15. }
```

【运行结果】

在命令窗口下执行生成的.exe文件，输出如图6-3所示的结果。

图6-3　例6-3运行结果

【程序说明】

（1）第7行通过Directory类的GetCreationTime()静态方法，获取指定目录的创建时间。

（2）第8行调用Directory类的GetFiles()静态方法，获取指定目录下的所有文件，返回结果为string类型的数组。

说明：DirectoryInfo类和Directory类均提供了GetFiles和GetDirectories方法，用于获取指定目录下的文件和子目录，但前者返回强类型FileInfo或DirectoryInfo对象，而后者返回字符串。

6.1.3　Path类

Path类用于对包含文件或目录路径信息的String实例执行操作。这些操作是以跨平台的方式来执行的。Path类的大多数成员不与文件系统进行交互，且不验证路径字符串所指定的文件是否存在。但是，Path成员验证指定路径字符串的内容，如果字符串在路径字符串中包含无效字符，则引发ArgumentException。Path类的所有成员都是静态的，因此无须具有路径的实例即可被调用，表6-2列出了Path类提供的部分方法。

表6-2　Path类的部分方法

方　法　名	说　　　明
ChangeExtension方法	更改路径字符串的扩展名
GetDirectoryName方法	返回指定路径字符串的目录信息
GetExtension方法	返回指定的路径字符串的扩展名
GetFileName方法	返回指定路径字符串的文件名和扩展名
GetFullPath方法	返回指定路径字符串的绝对路径
GetPathRoot方法	获取指定路径的根目录信息

方 法 名	说 明
GetTempFileName 方法	创建磁盘上唯一命名的零字节的临时文件并返回该文件的完整路径
GetTempPath 方法	返回当前用户的临时文件夹的路径
HasExtension 方法	确定路径是否包括文件扩展名
IsPathRooted 方法	获取指示指定的路径字符串是否包含根的值

【例 6-4】 Path 类某些主要成员的演示。

```
01.    namespace Example6_4
02.    {
03.        class Example6_4
04.        {
05.            static void Main(string[] args)
06.            {
07.                string path1 = @"c:\temp\MyTest.txt";
08.                string path2 = @"c:\temp\MyTest";
09.                string path3 = @"temp";
10.                if (Path.HasExtension(path1))
11.                {
12.                    Console.WriteLine("{0} 有扩展名.",path1);
13.                }
14.                if (!Path.HasExtension(path2))
15.                {
16.                    Console.WriteLine("{0} 无扩展名.", path2);
17.                }
18.                if (!Path.IsPathRooted(path3))
19.                {
20.                    Console.WriteLine("字符串{0}不包含根目录信息.", path3);
21.                }
22.                Console.WriteLine("{0}的绝对路径是：{1}.", path3, Path.GetFullPath(path3));
23.                Console.WriteLine("临时文件夹的位置为{0}.", Path.GetTempPath());
24.                Console.WriteLine("{0} 是一个可用临时文件.", Path.GetTempFileName());
25.                Console.Read();
26.            }
27.        }
28.    }
```

【运行结果】

在命令窗口下执行生成的 .exe 文件,输出如图 6-4 所示的结果。

图 6-4 例 6-4 运行结果

【程序说明】

（1）第 10、14 和 18 行分别调用相应的方法判断给定的路径字符串是否包含扩展名和根目录信息，path1、path2 和 path3 只是一个字符串，与这个路径实际存在与否并无关系。

（2）第 23 行通过 GetTempPath()方法获取了当前用户的临时文件夹的路径，第 24 行调用 GetTempFileName()时，在临时文件夹下新创建了一个 tmp112.tmp 的临时文件，并返回该临时文件的完整路径。

6.2 文 件 管 理

文件管理涉及文件的复制、删除、移动或设置文件属性等操作，这些都是在应用程序设计中经常用到的。一般情况下，文件按照树状目录进行组织，每个文件都有文件名、文件所在路径、创建时间和访问权限等属性。

6.2.1 FileInfo 类

在 System.IO 命名空间下，.NET 提供了 FileInfo 类和 File 类，实现文件的创建、复制、移动和删除等操作。

FileInfo 类和 File 类均能完成对文件的操作，不同点在于 FileInfo 类必须被实例化，并且每个 FileInfo 的实例必须对应于系统中一个实际存在的文件。与 Directory 类相似，所有 File 类提供的方法都是静态的。FileInfo 类提供的主要成员方法和属性如表 6-3 所示。

表 6-3 FileInfo 类的主要方法和属性

方法/属性名	说 明
AppendText 方法	创建一个 StreamWriter，它向 FileInfo 当前实例表示的文件追加文本
CopyTo 方法	将现有文件复制到新文件
Create 方法	创建文件
CreateText 方法	创建写入新文本文件的 StreamWriter
Delete 方法	永久删除文件
MoveTo 方法	将指定文件移到新位置，并提供指定新文件名的选项
Open 方法	以指定模式打开文件
OpenRead 方法	创建只读 FileStream
OpenText 方法	创建使用 UTF-8 编码、从现有文本文件中进行读取的 StreamReader
OpenWrite 方法	创建只写 FileStream
Attributes 属性	获取或设置当前文件或目录的特性
DirectoryName 属性	获取表示目录的完整路径的字符串
IsReadOnly 属性	获取或设置确定当前文件是否为只读的值
Length 属性	获取当前文件的大小（字节）

【例 6-5】 创建并复制文件。

```
01.    namespace Example6_5
02.    {
03.        class Example6_5
04.        {
```

```
05.     static void Main(string[] args)
06.     {
07.         FileInfo myFile1 = new FileInfo(@"D:\file1.txt");
08.         using (FileStream fs = myFile1.Create())
09.         {
10.             if (fs != null)
11.                 Console.WriteLine(@"D:\file1.txt 创建成功.");
12.         }
13.         FileInfo myFile2 = myFile1.CopyTo(@"D:\CS\movedFile1.txt",true);
14.         if(myFile2 != null)
15.             Console.WriteLine(@"file1.txt 复制到 D:\CS\下成功,并重命名为 movedFile1.txt.");
16.         Console.Read();
17.     }
18. }
19. }
```

【运行结果】

单击工具栏中的"开始"按钮,即可在控制台中输出如图 6-5 所示的结果。

图 6-5 例 6-5 运行结果

【程序说明】

（1）第 7 行实例化了一个 FileInfo 类对象 myFile1,第 8 行调用 Create()方法进行该文件的创建,Create()方法创建成功后返回一个 FileStream 对象,通过使用 using 使文件流对象 fs 的作用范围在 8~12 行之间,在第 13 行时 fs 已被关闭,否则无法复制文件。

（2）第 13 行通过 CopyTo()方法将 D:\file1.txt 复制到新的目录下并重新进行命名,FileInfo 类的 CopyTo()方法有两种重载形式：一种是 CopyTo(String),另一种是 CopyTo(String, Boolean)。第一种形式只接受目的文件名为参数,如果该命名的文件已存在则复制失败；第二种形式通过第二个参数的布尔值表明是否覆盖已有的目的文件。

【例 6-6】 查看并设置文件的只读属性。

```
01. namespace Example6_6
02. {
03.     class Example6_6
04.     {
05.         static void Main(string[] args)
06.         {
07.             string FileName = @"D:\file1.txt";
08.             bool isReadOnly = IsFileReadOnly(FileName);
09.             Console.WriteLine("文件" + FileName + "的只读属性为：" + isReadOnly);
10.             Console.WriteLine("将文件" + FileName + "的只读属性改为：true");
11.             SetFileReadAccess(FileName, true);
12.             isReadOnly = IsFileReadOnly(FileName);
13.             Console.WriteLine("文件" + FileName + "的只读属性为：" + isReadOnly);
14.             Console.Read();
```

```
15.        }
16.        public static void SetFileReadAccess(string FileName, bool SetReadOnly)
17.        {
18.            FileInfo fInfo = new FileInfo(FileName);
19.            fInfo.IsReadOnly = SetReadOnly;
20.        }
21.        public static bool IsFileReadOnly(string FileName)
22.        {
23.            FileInfo fInfo = new FileInfo(FileName);
24.            return fInfo.IsReadOnly;
25.        }
26.    }
27. }
```

【运行结果】

单击工具栏中的"开始"按钮,即可在控制台中输出如图 6-6 所示的结果。

图 6-6 例 6-6 运行结果

【程序说明】

(1) 第 16~20 行自定义了 SetFileReadAccess()方法用于设置文件的只读属性,该方法有两个参数。第一个参数为文件名,第二个参数为布尔类型用于为只读属性赋值。第 19 行通过 FileInfo 类的 IsReadOnly 属性,来为指定的文件设置只读属性。

(2) 第 21~25 行自定义了 IsFileReadOnly()方法用于获取文件的只读属性,在该方法内返回指定文件的 IsReadOnly 属性值。

6.2.2 File 类

File 类的功能同 FileInfo 类的类似,它提供了相应的静态方法用以实现文件的操作。同 FileInfo 类一样,File 类提供了创建文件、打开文件、复制文件、获取文件属性信息等方法。File 类还提供了一些新的成员,简化了读取和写文本数据,如表 6-4 所示。

表 6-4 File 类提供的读取和写文本数据的主要方法

方 法 名	说 明
ReadAllBytes 方法	打开一个文件,将文件的内容读入一个字符串,然后关闭该文件
ReadAllLines 方法	打开一个文本文件,读取文件的所有行,然后关闭该文件
ReadAllText 方法	打开一个文本文件,读取文件的所有行,然后关闭该文件
WriteAllBytes 方法	创建一个新文件,在其中写入指定的字节数组,然后关闭该文件。如果目标文件已存在,则覆盖该文件
WriteAllLines 方法	创建一个新文件,在其中写入一组字符串,然后关闭该文件
WriteAllText 方法	创建一个新文件,在其中写入指定的字符串,然后关闭文件。如果目标文件已存在,则覆盖该文件

【例 6-7】 WriteAllLines 和 ReadAllLines 方法的应用示例。

```
01.  namespace Example6_7
02.  {
03.      class Example6_7
04.      {
05.          static void Main(string[] args)
06.          {
07.              string path = @"D:\fileTest.txt";
08.              if (!File.Exists(path))
09.              {
10.                  string[] createText = { "Hello", "And", "Welcome" };
11.                  File.WriteAllLines(path, createText);
12.              }
13.              string appendText = "This is extra text" + Environment.NewLine;
14.              File.AppendAllText(path, appendText);
15.              string[] readText = File.ReadAllLines(path);
16.              foreach (string s in readText)
17.              {
18.                  Console.WriteLine(s);
19.              }
20.              Console.Read();
21.          }
22.      }
23.  }
```

【运行结果】

单击工具栏中的"开始"按钮，即可在控制台中输出如图 6-7 所示的结果。

图 6-7　例 6-7 运行结果

【程序说明】

（1）第 8 行首先调用 File 类的 Exists()方法判断文件"D:\fileTest.txt"是否存在，如果文件不存在，第 11 行调用 File 类的 WriteAllLines()方法创建一个新文件，同时将字符串数组 createText 中的三个字符串写入到该文件中。

（2）第 14 行调用 File 类的 AppendAllText()方法，将字符串 appendText 的内容追加到 fileTest.txt 文件的末尾。

（3）第 15 行调用 File 类的 ReadAllLines()方法，读取 fileTest.txt 文件中的所有行，该方法返回一个字符串数组，数组中每一个元素存放一行。

6.3　驱动器管理

除了处理文件和目录之外，.NET Framework 还可以从指定的驱动器中读取信息，通过 .NET 提供的 DriveInfo 类来实现。DriveInfo 类可以扫描系统，提供可用驱动器的列表，同时提供驱动器的大量信息。

【例 6-8】 使用 DriveInfo 类显示当前系统中所有驱动器的信息。

```
01.    namespace Example6_8
02.    {
03.        class Example6_8
04.        {
05.            static void Main(string[] args)
06.            {
07.                DriveInfo[] allDrives = DriveInfo.GetDrives();
08.
09.                foreach (DriveInfo d in allDrives)
10.                {
11.                    Console.WriteLine("驱动器 {0}", d.Name);
12.                    Console.WriteLine(" 驱动器类型：{0}", d.DriveType);
13.                    if (d.IsReady == true)
14.                    {
15.                        Console.WriteLine(" 驱动器卷标：{0}", d.VolumeLabel);
16.                        Console.WriteLine(" 驱动器格式：{0}", d.DriveFormat);
17.                        Console.WriteLine(" 当前用户的可用空间：{0, 15} bytes", d.AvailableFreeSpace);
18.
19.                        Console.WriteLine(" 总的可用空间：{0, 15} bytes", d.TotalFreeSpace);
20.
21.                        Console.WriteLine(" 驱动器总空间：{0, 15} bytes ", d.TotalSize);
22.                    }
23.                }
24.                Console.Read();
25.            }
26.        }
27.    }
```

【运行结果】

单击工具栏中的"开始"按钮，即可在控制台中输出如图 6-8 所示的结果。

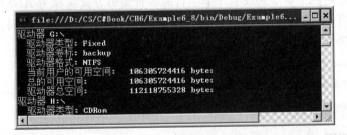

图 6-8　例 6-8 运行结果

【程序说明】

本例利用 DriveInfo 类的 GetDrives() 方法获取计算机上的所有逻辑驱动器，然后利用 DriveInfo 类的属性显示各个驱动器的信息。

6.4 文件的读写

除了对文件进行管理外，在程序中还要经常进行文件的读写，读写文件时需要流类的支持。对于不同的文件类型，.NET Framework 提供了多种类来支持对文件的读写操作。

6.4.1 文件编码

由于文件是以某种形式保存在磁盘、光盘或磁带上的一系列数据，因此，每个文件都有其逻辑上的保存格式，将文件的内容按某种格式保存称为对文件进行编码。

常见的文件编码方式有 ASCII 编码、Unicode 编码、UTF-8 编码和 ANSI 编码。

在 C#中，保存在文件中的字符默认都是 Unicode 编码，即一个英文字符占两个字节，一个汉字也是两个字节。这种编码虽然能够表示大部分国家的文字，但由于它比 ASCII 占用大一倍的空间，而对能用 ASCII 字符集来表示的字符来说就显得有些浪费。为了解决这个问题，又出现了一些中间格式的字符集，它们被称为通用转换格式，即 UTF(Universal Transformation Format)。目前流行的 UTF 字符编码格式有 UTF-8、UTF-16 以及 UTF-32。

UTF-8 是 Unicode 的一种变长字符编码，一般用 1~4 个字节编码一个 Unicode 字符，即将一个 Unicode 字符编为 1~4 个字节组成的 UTF-8 格式。UTF-8 是字节顺序无关的，它的字节顺序在所有系统中都是一样的，因此，这种编码可以使排序变得很容易。

UTF-16 将每个码位表示为一个由一至两个 16 位整数组成的序列。

UTF-32 将每个码位表示为一个 32 位整数。

我国的国家标准编码常用有 GB2312 编码和 GB18030 编码，其中，GB2312 提供了 6763 个汉字，GB18030 提供了 27 484 个汉字。GB18030 是目前我国计算机系统必须遵循的标准之一。

在 GB2312 编码中，汉字都是采用双字节编码。GB18030 则是对 GB2312 的扩展，每个汉字的编码长度由两个字节变为由 1~4 个字节组成。

由于世界上不同的国家或地区可能有自己的字符编码标准，而且由于字符个数不同，这些编码标准无法相互转换。为了让操作系统根据不同的国家或地域自动选择对应的编码标准，操作系统把使用两个字节来代表一个字符的各种编码方式统称为 ANSI 编码。

在 System.Text 命名空间中，有一个 Encoding 类，用于表示字符编码。对文件进行操作时，常用的编码方式如下。

(1) Encoding.Default：表示操作系统当前的 ANSI 编码。

(2) Encoding.Unicode：Unicode 编码。

(3) Encoding.UTF8：UTF-8 编码。

6.4.2 Stream 类

Stream 类位于 System.IO 命名空间中，它是一个抽象类，支持对字节的读写操作。由于 Stream 类是一个抽象类，因此在使用时，需要对其进行派生，重载其抽象成员。Stream 类及其子类共同构成了一个数据源和数据存储的视图，封装了操作系统和底层存储的细节，简化了程序开发人员的数据操作复杂性。流有如下几种操作。

(1) 读取:从流中读取数据到变量中。
(2) 写入:把变量中的数据写入到流中。
(3) 定位:从流中的当前位置开始搜索,定位到指定的位置,以便随机读写。

抽象类 Stream 定义了许多成员,提供了对存储介质同步和异步访问的支持。Stream 类的主要成员如表 6-5 所示。

表 6-5 Stream 类的主要方法和属性

方法/属性名	说 明
Close 方法	关闭当前流并释放与之关联的所有资源
Flush 方法	当在派生类中重写时,将清除该流的所有缓冲区,并使得所有缓冲数据被写入到基础设备
Read 方法	当在派生类中重写时,从当前流读取字节序列,并将此流中的当前位置向前推进读取的字节数
Seek 方法	当在派生类中重写时,设置当前流中的位置
Write 方法	当在派生类中重写时,向当前流中写入字节序列,并将此流中的当前位置向前推进写入的字节数
CanRead 属性	当在派生类中重写时,获取指示当前流是否支持读取的值
CanWrite 属性	当在派生类中重写时,获取指示当前流是否支持写入功能的值
Length 属性	当在派生类中重写时,获取用字节表示的流长度
Position 属性	当在派生类中重写时,获取或设置当前流中的位置

FileStream 类为抽象 Stream 类提供了一种实现,它也是非常基本的流类,只能写单个字节或字节数组。下面的程序示例演示如何使用 FileStream 类来实现对流的操作。

【例 6-9】 利用 FileStream 类读写文件。

```
01.   namespace Example6_9
02.   {
03.       class Example6_9
04.       {
05.           static void Main(string[] args)
06.           {
07.               string path = @"d:\file1.txt";
08.               int n = 0;
09.               using (FileStream fs = File.Open(path, FileMode.Open, FileAccess.Write,
                  FileShare.None))
10.               {
11.                   string strText = "FileStream 类读写文件示例";
12.                   byte[] byteInfo = new UTF8Encoding(true).GetBytes(strText);
13.                   n = byteInfo.Length;
14.                   fs.Write(byteInfo, 0, byteInfo.Length);
15.               }
16.               using (FileStream fs = File.Open(path, FileMode.Open, FileAccess.Read))
17.               {
18.                   UTF8Encoding utfCode = new UTF8Encoding(true);
19.                   byte[] bytesFile = new byte[n];
```

```
20.                Console.Write("字节数组中的内容为: ");
21.                for (int i = 0; i < n; i++)
22.                {
23.                    bytesFile[i] = (byte)fs.ReadByte();
24.                    Console.Write(bytesFile[i]);
25.                }
26.                Console.Write("\n编码后的内容为: ");
27.                Console.WriteLine(utfCode.GetString(bytesFile));
28.            }
29.            Console.Read();
30.        }
31.    }
32. }
```

【运行结果】

单击工具栏中的"开始"按钮,即可在控制台中输出如图 6-9 所示的结果。

图 6-9 例 6-9 运行结果

【程序说明】

(1) 第 9 行调用 File 类的 Open()方法打开指定的文件,打开成功后返回一个 FileStream 类对象,该方法内共给出了 4 个参数,第一个参数给出了要打开文件的路径,第二个参数指明打开现有文件,第三个参数指明对该文件进行写操作,第四个参数指明谢绝共享此文件,关闭文件前打开该文件的任何请求都将失败。

(2) 第 12 行利用 UTF-8 格式,将字符串 strText 中的所有字符编码为一个字节序列。UTF8Encoding 类位于 System.Text 命名空间下,写程序时要加入对该空间的引用。

(3) 第 14 行利用 FileStream 类的 Write()方法,将上面得到的字节序列写入到指定的文件中。

(4) 第 21~25 行利用 FileStream 类的 ReadByte()方法,读取文件中每一字节的内容存放到字节数组 bytesFile 中。

(5) 第 27 行再次利用 UTF-8 格式,将字节数组 bytesFile 中的内容转换为字符串,然后输出。

6.4.3 StreamReader 和 StreamWriter 类

StreamReader 和 StreamWriter 类为我们提供了按照文本方式读写数据的方法。如果不指定编码,它们的默认编码格式为 UTF-8,而不是当前系统的 ANSI 编码格式。由于 UTF-8 可以正确处理 Unicode 字符并在操作系统的本地化版本上提供一致的结果,因此如果文本文件是通过应用程序创建的,直接用默认的 UTF-8 编码格式即可。下面的程序演示了如何使用 StreamReader 和 StreamWriter 类读写文本文件。

【例 6-10】 使用 StreamReader 和 StreamWriter 类读写文本文件示例。

```
01.  namespace Example6_10
02.  {
03.      class Example6_10
04.      {
05.          static void Main(string[] args)
06.          {
07.              Console.WriteLine("正在创建文件...");
08.              using (StreamWriter sw = File.CreateText(@"d:\RWTest.txt"))
09.              {
10.                  sw.WriteLine("中国加油!中国加油!");
11.                  sw.WriteLine("Come on China!Come on China!");
12.                  sw.WriteLine("Chi-na!Chi-na!");
13.                  sw.WriteLine("写入日期是:{0}",DateTime.Now);
14.                  sw.Close();
15.              }
16.              Console.WriteLine("读取文件的内容如下:");
17.              using (StreamReader sr = File.OpenText(@"d:\RWTest.txt"))
18.              {
19.                  string line;
20.                  while ((line = sr.ReadLine())!= null)
21.                      Console.WriteLine(line);
22.                  sr.Close();
23.              }
24.              Console.Read();
25.          }
26.      }
27.  }
```

【运行结果】

单击工具栏中的"开始"按钮,即可在控制台中输出如图 6-10 所示的结果。

图 6-10 例 6-10 运行结果

【程序说明】

(1) 第 8 行调用 File 类的 CreateText()方法创建一个新的文本文件,该方法返回一个 StreamWriter 类对象,然后调用该对象的 WriteLine()方法向文本文件中写入 4 行内容。

(2) 第 17 行调用 File 类的 OpenText()方法打开文本文件,该方法返回一个 StreamReader 类对象,利用该对象的 ReadLine()方法读取文本文件中的每一行。

说明:在使用 StreamReader 和 StreamWriter 读写完文件之后,需要关闭它们的实例, 释放文件的控制权。如果没有这样做,就会致使文件一直被锁定,无法被其他进程使用。

6.4.4 BinaryReader 和 BinaryWriter 类

对于二进制文件的读写，System.IO 提供了 BinaryReader 和 BinaryWriter 类。如果需要读写二进制文件，通常需要 FileStream 类的支持。针对不同的数据结构，BinaryReader 类提供了不同的读取方法，如下面示例。

【例 6-11】 使用 BinaryReader 和 BinaryWriter 类按二进制模式读写文件示例。

```
01.    namespace Example6_11
02.    {
03.        class Example6_11
04.        {
05.            static void Main(string[] args)
06.            {
07.                using (FileStream fs = new FileStream(@"d:\BinTest.bin", FileMode.
                   OpenOrCreate, FileAccess.Write, FileShare.None))
08.                {
09.                    BinaryWriter bw = new BinaryWriter(fs);
10.                    int i = 1024;
11.                    decimal d = 12.345m;
12.                    string str = "binary write";
13.                    bw.Write(i);
14.                    bw.Write(d);
15.                    bw.Write(str);
16.                    bw.Close();
17.                }
18.                Console.WriteLine("向二进制文件中写数据已完成.");
19.                Console.WriteLine("从二进制文件中读取的数据如下：");
20.                using (FileStream fs = new FileStream(@"d:\BinTest.bin", FileMode.Open,
                   FileAccess.Read, FileShare.Read))
21.                {
22.                    BinaryReader br = new BinaryReader(fs);
23.                    Console.WriteLine(br.ReadInt32());
24.                    Console.WriteLine(br.ReadDecimal());
25.                    Console.WriteLine(br.ReadString());
26.                    br.Close();
27.                }
28.                Console.Read();
29.            }
30.        }
31.    }
```

【运行结果】

单击工具栏中的"开始"按钮，即可在控制台中输出如图 6-11 所示的结果。

图 6-11 例 6-11 运行结果

【程序说明】

（1）第 7 行首先创建了一个 FileStream 类实例 fs，创建该实例时提供的 4 个参数的含义请参照例 6-9 中的解释。

（2）第 9 行利用 fs 对象创建了 BinaryWriter 类的实例 bw，然后利用 BinaryWriter 类的 Write() 方法向指定文件中写入了三个不同类型的数据。

（3）第 22 行同样利用 FileStream 类实例 fs 创建了 BinaryReader 类的实例 br，然后分别调用 ReadInt32()、ReadDecimal()、ReadString() 方法去读取相应类型的数据。

6.5 问题解决

通过对 C# 文件存取技术的学习，可以利用文件来保存顾客的消费信息了。采取下面的步骤来加以解决。

（1）声明一个保存信息的类 SaveInfo，完成顾客消费信息的保存和读取。

（2）将顾客的会员卡号、购买的商品名称和商品价格等信息保存到字符串 strInfo。

（3）调用 SaveInfo 类中的 WriteInfo() 方法将 strInfo 中的信息写入到文件中。

（4）调用 SaveInfo 类中的 ReadInfo() 方法读取文件中的顾客消费信息进行查看。

根据以上思路，解决问题的完整代码如下。

【例 6-12】 解决导入问题。

```
01.    using System;
02.    using System.IO;
03.    using System.Text;
04.    namespace Example6_12
05.    {
06.        class SaveInfo
07.        {
08.            public void WriteInfo(string info)
09.            {
10.                StreamWriter wr = new StreamWriter("SaveInfo.txt", true);
11.                wr.WriteLine(info);
12.                wr.Close();
13.            }
14.            public void ReadInfo()
15.            {
16.                StreamReader sr = new StreamReader("SaveInfo.txt");
17.                string sline = null;
18.                while ((sline = sr.ReadLine()) != null)
19.                {
20.                    Console.WriteLine(sline);
21.                }
22.                sr.Close();
23.            }
24.        }
25.        class Example6_12
```

```csharp
26.     {
27.         static void Main(string[] args)
28.         {
29.             string comName;                              //商品名称
30.             decimal comPrice;                            //商品价格
31.             decimal totalPrice = 0.0m;                   //商品总价
32.             decimal discountPrice;                       //商品折后总价
33.             int comNUm = 0;                              //商品总数
34.             string customerId = null;                    //顾客会员卡号
35.             int customerPoints = 0;                      //顾客消费积分
36.             StringBuilder strInfo = new StringBuilder(); //顾客消费信息
37.             Console.WriteLine("请输入顾客的会员卡号：");
38.             customerId = Console.ReadLine();
39.             strInfo.AppendLine("卡号为\"" + customerId + "\"的会员消费情况如下：");
40.             Console.WriteLine("请输入商品的名称和价格,商品名称为#时结束输入！");
41.             while (true)
42.             {
43.                 Console.Write("请输入商品{0}名称：", comNUm + 1);
44.                 comName = Console.ReadLine();
45.                 if (comName.Equals("#"))
46.                     break;
47.                 Console.Write("请输入商品{0}价格：", comNUm + 1);
48.                 comPrice = Convert.ToDecimal(Console.ReadLine());
49.                 totalPrice += comPrice;
50.                 comNUm++;
51.                 strInfo.AppendLine(comName + "：" + comPrice.ToString(".00") + "元");
52.             }
53.             if (totalPrice > 1000)
54.                 discountPrice = totalPrice * 0.8m;
55.             else if (totalPrice > 700)
56.                 discountPrice = totalPrice * 0.85m;
57.             else if (totalPrice > 500)
58.                 discountPrice = totalPrice * 0.9m;
59.             else
60.                 discountPrice = totalPrice * 0.95m;
61.             customerPoints += (int)discountPrice;
62.             strInfo.AppendLine("总价为:" + totalPrice.ToString() + ",折后总价:" + discountPrice.ToString() + ",消费积分为:" + customerPoints.ToString());
63.             SaveInfo saveCusInfo = new SaveInfo();
64.             saveCusInfo.WriteInfo(strInfo.ToString());
65.             Console.WriteLine("读取顾客消费信息：");
66.             saveCusInfo.ReadInfo();
67.             Console.Read();
68.         }
69.     }
70. }
```

【运行结果】

单击工具栏中的"开始"按钮,即可在控制台中输出如图 6-12 所示的结果。

图 6-12　例 6-12 运行结果

【程序说明】

（1）第 10 行 new StreamWriter("SaveInfo.txt", true)中第二个参数为 true 时,表示当文件 SaveInfo.txt 已存在时在文件末尾进行追加写操作,当文件 SaveInfo.txt 不存在时创建新文件。

（2）第 36 行创建了一个 StringBuilder 类型的变量 strInfo 来将顾客的信息和所购买的商品信息连接起来构成一个字符串。由于商品的信息有多个,strInfo 的信息将不断变化,所以此处将其定义为 StringBuilder 类型而非 String 类型,以减少垃圾字符串的产生。

小　　结

.NET 平台上的 IO 操作以流为基本处理对象,将每个文件看作顺序字节流。当一个文件被打开时,C♯生成一个对象,然后将一个流和该对象关联起来。利用 .NET 提供的类,还可以从文件系统的角度进行文件和目录的管理。

为了在 C♯中执行文件处理,必须引用命名空间 System.IO,它包含许多读写文件的类和方法。本章介绍的内容中,最常用的就是以文本方式和二进制方式进行文件和流的操作,这是必须掌握的一个基本内容。

课 后 练 习

一、选择题

1. 在 .NET Framework 中,(　　)类主要用于支持目录管理。
   A. Directory 和 DirectoryInfo　　　　B. File 和 FileInfo
   C. StreamReader 和 StreamWriter　　D. BinaryReader 和 BinaryWriter
2. 在 .NET Framework 中,(　　)类主要用于支持文件管理。
   A. Directory 和 DirectoryInfo　　　　B. File 和 FileInfo
3. 在使用 FileStream 打开一个文件时,通过使用 FileMode 枚举类型的(　　)成员,来指定操作系统打开一个现有文件并把文件读写指针定位在文件尾部。

A. Append   B. Create   C. CreateNew   D. Truncate

4. 在向流中写入数据时，StreamWriter 对象的默认字符编码格式为（　　）。

A. ASCII   B. UTF-7   C. UTF-8   D. Unicode

5. 读取图形文件时，应使用（　　）类的对象。

A. TextReader   B. XmlTextReader   C. StreamReader   D. BinaryReader

6. 执行下列代码后，输出结果是（　　）。

```
class xt6
{   static void Main(string[] args)
    {   string Filename = "ACCP.DAT";
        FileStream F = new FileStream(Filename, FileMode.OpenOrCreate);
        BinaryWriter B = new BinaryWriter(F, System.Text.Encoding.ASCII);
        for (int i = 0; i < 10; i++)
            B.Write(i.ToString());
        Console.Write(F.Length);
        B.Close();
        F.Close(); }
}
```

A. 10   B. 20   C. 30   D. 40

二、简答题

1. 下面代码要将 123 保存在指定的文件中，找出其中的错误并进行修改。

```
static void Main(string[] args)
{
    Console.WriteLine("请为文件输入一个名称：");
    string fileName = Console.ReadLine();
    FileStream filestr = new FileStream(fileName, FileMode.OpenOrCreate);
    StreamWriter sw = new StreamWriter(filestr);
    sw.WriteLine(123);
    filestr.Close();
}
```

2. 分析如下程序示例，给出执行结果。

```
using System
using System.IO;
class Program
{
    static void Main(string[] args)
    {
        using(FileStream fStream = File.Open(@"d:\myData.dat", FileMode.Create))
        {
            string data = "a1b2c3";
            byte[] byteArray = Encoding.Default.GetBytes(data);
            fStream.Write(byteArray, 0, byteArray.Length);
            fStream.Position = 0;
            byte[] bytesFromFile = new byte[byteArray.Length];
            for(int i = 0; i < byteArray.Length; i++)
            {
```

```
                bytesFromFile[i] = (byte) fStream.ReadByte();
                Console.Write(bytesFromFile[i]);
            }
            Console.WriteLine(Encoding.Default.GetString(bytesFromFile));
        }
        Console.Read();
    }
}
```

三、编程题

1. 创建一个程序,实现创建、移动、复制和删除文件操作。

2. 建立一个二进制文件,用来存放自然数 1~20 及其平方根。输入 1~20 之内的任意一个自然数,查找出其平方根,并输出显示。

第 7 章　数据库与 ADO.NET

数据库作为数据存储的仓库使用极其广泛,几乎在所有的信息管理软件中都离不开对数据库的操作。ADO.NET 是一组数据访问服务的类,在 ADO.NET 3.5 以上的版本中,SQL 数据提供程序使用统一的 SQL 数据访问模型,实现对各种使用 SQL 语句的数据库访问支持。

7.0　问题导入

【导入问题】　在第 6 章中利用文件可以实现顾客消费信息的存取,但是,该解决方案存在以下不足之处。

(1) 采用文件来处理数据,需要涉及大量的字符串操作,实现起来比较复杂,而且效率低,容易出错。

(2) 如果需要对销售信息进行统计分析操作十分复杂。

(3) 多个用户无法同时对相同的文件进行写操作。

上述这些问题该如何解决呢?

【初步分析】　在实际的应用系统中,对于大量的数据处理都是利用数据库系统来实现的。可以将顾客的信息和销售信息存储到数据库中,这对以后进行销售情况的统计分析是十分有利的。为了有效进行结构化数据处理,本章将学习如何利用 ADO.NET 技术来操纵数据库。

7.1　ADO.NET 简介

ADO.NET 的名称起源于 ADO(ActiveX Data Objects),这是一个广泛的类组,用于在以往的 Microsoft 技术中访问数据。之所以使用 ADO.NET 名称,是因为 Microsoft 希望表明这是在 .NET 编程环境中优先使用的数据访问接口。

1998 年起,因为 Web 应用模式的兴起,大大改变了许多应用模式的设计方式,传统的数据库连线保存设计法无法适用于此类应用模式,这让 ADO 应用模式遇到了很大的瓶颈,也让微软开始思考让资料集(ResultSet,在 ADO 中称为 RecordSet)能够离线化的能力,以及能在用户端创建一个小型数据库的概念,这个概念就是 ADO.NET 中离线型资料模型的基础。而在 ADO 的使用情形来看,数据库连线以及资源耗用的情形较严重(像是 RecordSet.Open 会保持连线状态),在 ADO.NET 中也改良了这些物件,构成了能够减少数据库连线和资源使用量的功能。XML 的使用也是这个版本的重要发展之一。2000 年,微软的 Microsoft.NET 计划开始成形，许多微软的产品都冠上 .NET 的标签，ADO+也不例外，改名为 ADO.NET，并包装到 .NET Framework 类别库中。

ADD.NET 提供了平台互用性和可伸缩的数据访问，增强了对非连接编程模式的支持，并支持 RICH XML。由于传送的数据都是 XML 格式的，因此任何能够读取 XML 格式的应用程序都可以进行数据处理。事实上，接收数据的组件不一定要是 ADO.NET 组件，它可以是基于一个 Microsoft Visual Studio 的解决方案，也可以是任何运行在其他平台上的任何应用程序。如图 7-1 所示为 ADO.NET 的结构，其中，DataReader 适用于与数据源在保持连接方式下的顺序读取，在断开连接方式下一般使用 DataSet。

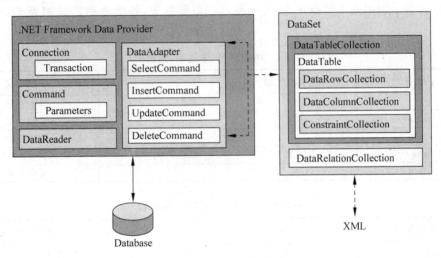

图 7-1　ADO.NET 架构

ADO.NET 是一组用于和数据源进行交互的面向对象类库。通常情况下，数据源是数据库，但它同样也能够是文本文件、Excel 表格或者 XML 文件。

ADO.NET 允许和不同类型的数据源以及数据库进行交互。ADO.NET 提供与数据源进行交互的相关的公共方法，但是对于不同的数据源采用一组不同的类库。这些类库称为 Data Providers，并且通常是以与之交互的协议和数据源的类型来命名的。数据提供程序有下面几种。

(1) SQL Server.NET Framework 数据提供程序：使用 System.Data.SqlClient 命名空间，用于访问 SQL Server 数据库。

(2) Oracle.NET Framework 数据提供程序：使用 System.Data.OracleClient 命名空间，用于访问 Oracle 数据库。

(3) OLE DB.NET Framework 数据提供程序：使用 System.Data.OleDb 命名空间，用于访问 OLE DB 公开的数据源，如 Access 数据库等。

(4) ODBC.NET Framework 数据提供程序：使用 System.Data.Odbc 命名空间，用于访问 ODBC 公开的数据源，如 Visual FoxPro 数据库等。

然而无论使用什么样的 Data Provider，都将使用相似的对象与数据源进行交互。以 ADO.NET 提供的 SQL Server 数据库操作对象为例，比较典型的有 SqlConnection 对象、SqlCommand 对象、SqlDataReader 对象、SqlParameter 对象以及 SqlTransaction 对象。这些对象提供了对 SQL Server 数据源的各种访问功能,全部归类在 System.Data.SqlClient 命名空间下。作为一个软件开发人员,可能会和不同类型的数据库打交道,如 SQL Server、Oracle 和 Access 等,本章中介绍的数据库操作均以 SQL Server 数据库为例。

7.2 数据源连接

连接到数据源,是执行同数据库相关操作的第一步。通过本节读者可以学到连接数据库的方式和连接字符串的常用属性。

本章所有示例用到的数据库为 Stu,包含三个数据表,各个表的定义如表 7-1~表 7-3 所示。

表 7-1 student 表(学生表)的结构

字段名	数据类型	说明	字段含义
sno	nchar(6)	主键	学生学号
sname	nchar(4)		学生姓名
sage	smallint		学生年龄
ssex	nchar(1)	默认值为"男"	学生性别
sdept	nvarchar(20)		所在院系

表 7-2 course 表(课程表)的结构

字段名	数据类型	说明	字段含义
cno	nchar(3)	主键	课程号
cname	nvarchar(20)		课程名
cpno	nchar(3)		先行课课程号
ccredit	smallint	默认值为 4	学分

表 7-3 sc 表(选课表)的结构

字段名	数据类型	说明	字段含义
sno	nchar(6)	与 cno 联合作主键	学生学号
cno	nchar(3)	与 sno 联合作主键	课程号
grade	smallint		成绩

7.2.1 操作数据库的简单示例

首先以一个小的示例演示一下对数据库的操作,使读者对数据库编程有个了解,后面的小节会详细介绍每个知识点。

【例 7-1】 利用 DataGridView 控件访问数据库中学生表的信息。

操作步骤如下。

(1) 启动 Visual Studio 2012 应用程序,新建一个 Windows 窗体应用程序,起名为 Example7_1。

(2) 在 Form1 上拖入一个 DataGridView 控件,单击 DataGridView1 右上角的小三角,出现"DataGridView 任务"对话框,然后单击"选择数据源"下拉列表,效果如图 7-2 所示。

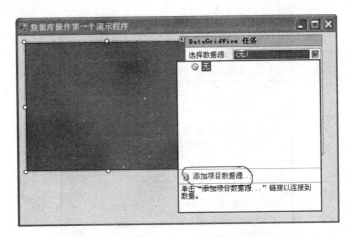

图 7-2 DataGridView 任务中选择数据源

（3）单击"添加项目数据源"，进入"数据源配置向导"。在"选择数据源类型"列表框中选中"数据库"选项，单击"下一步"按钮。在"选择数据库模型"列表框中选中"数据集"选项，再单击"下一步"按钮，出现如图 7-3 所示的"选择您的数据连接"对话框。

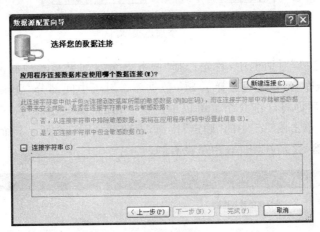

图 7-3 "选择您的数据连接"对话框

（4）单击"新建连接"按钮，出现如图 7-4 所示的"选择数据源"对话框，在其中选择 Microsoft SQL Server 选项，然后单击"继续"按钮，将弹出如图 7-5 所示的"添加连接"对话框。

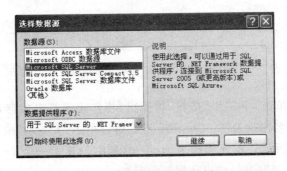

图 7-4 "选择数据源"对话框

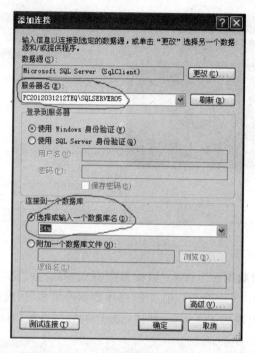

图 7-5 "添加连接"对话框

(5) 在"添加连接"对话框中,首先选择"服务器名"(如果是本地服务器可以直接输入"."）。再选择数据库名,在这里选择了 Stu 数据库。对于中间部分"登录到服务器"方式的选择有两个选项,后面将详细介绍。可以单击左下角的"测试连接"按钮,测试连接是否成功。如果连接成功单击图 7-5 中的"确定"按钮,返回到如图 7-6 所示界面。此时"连接字符串"列表中有了内容,之前在图 7-3 中是没有的。

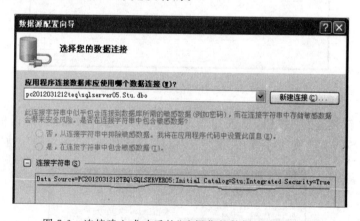

图 7-6 连接建立成功后的"选择您的数据连接"对话框

(6) 在图 7-6 中单击"下一步"按钮,将弹出"将连接字符串保存到应用程序配置文件中"的对话框,保存的名称改为"StuConString"。继续单击"下一步"按钮,进入"选择数据库对象"界面,如图 7-7 所示。在此选择表 student,同时创建了一个 DataSet,默认的名称为 StuDataSet。单击"完成"按钮,结束数据源的配置。

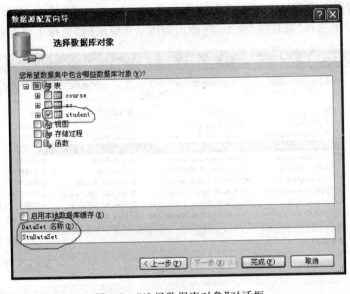

图 7-7 "选择数据库对象"对话框

【运行结果】

单击工具栏中的"开始"按钮,即可看到窗体的运行结果如图 7-8 所示。

图 7-8 例 7-1 运行结果

【程序说明】

(1) 在本例中,我们没有编写一行代码,即实现了对学生表的访问。实际上,通过为 DataGridView 控件配置数据源实现了将选择的数据与 DataGridView 控件进行绑定。

(2) 在为 DataGridView 控件配置数据源的过程中,首先是创建与数据库之间的连接,本例中连接的建立是通过向导来帮助我们建立的,所以会感觉非常简单。

(3) 在第(6)步操作成功后,VS2012 在项目 Example7_1 中自动建立了一个名为 app.config 的配置文件,在该文件中保存了如图 7-6 所示的连接字符串。

7.2.2 通过向导的方式建立数据库连接

要连接到数据源,首先必须创建一个 Connection 对象,该对象用来与特定的数据源进行连接。为了连接 SQL Server 数据库,就需要创建一个 SqlConnection 对象。如何通过 VS2012 开发环境中的可视化工具来创建 SqlConnection 呢?具体步骤如下:

（1）默认情况下，VS2012 的工具箱中不包含 SqlConnection 对象，需要右击工具箱，在弹出的快捷菜单中选择"选择项"命令，将弹出如图 7-9 所示的"选择工具箱项"对话框。

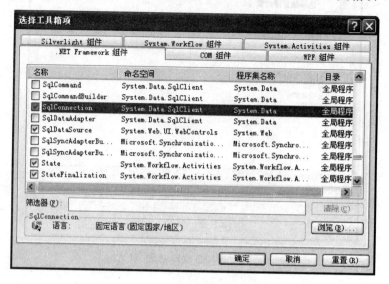

图 7-9 "选择工具箱项"对话框

（2）在"选择工具箱项"对话框中，找到 SqlConnection 对象，选中后单击"确定"按钮，工具箱中将出现 SqlConnection 控件。

（3）拖曳工具箱上的 SqlConnection 控件到窗体上，在窗体的底部托盘中将会出现生成的对象 SqlConnection1。

（4）选中 SqlConnection1，在"属性"窗口中选择 ConnectionString 属性，在其下拉列表中选择"新建连接"项，将弹出"添加连接"对话框，如图 7-5 所示。

7.2.3 通过编程的方式建立数据库连接

虽然通过 VS2012 可视化的方式创建 SqlConnection 对象易于实现，但用代码的方式创建 SqlConnection 对象更灵活、更常用。

SqlConnection 的构造方法常用的有以下两种形式。

（1）public SqlConnection();

（2）public SqlConnection(string);

第二个重载方式的参数是连接字符串，该字符串中指定服务器、数据库和连接方式。下面的示例演示了通过编程的方式实现数据库连接。

【例 7-2】 使用连接对象，实现连接本地服务器中的学生数据库示例。

操作步骤如下。

（1）新建一个控制台应用程序 Example7_2，在项目 Example7_2 上单击右键，在弹出的快捷菜单中选择"添加"→"新建项"，打开"添加新项"对话框，选择"应用程序配置文件"模板，保持默认命名，如图 7-10 所示。

（2）打开添加的配置文件 App.config，在其中加入 <connectionStrings></connectionStrings>部分的代码，如下所示。在该配置文件中写入了连接字符串。

图 7-10　添加应用程序配置文件

```
<?xml version = "1.0" encoding = "utf-8" ?>
<configuration>
  <connectionStrings>
    < add name = "StudentCon" connectionString = "Data Source = (local); Database = Stu;
Integrated Security = True" providerName = "System.Data.SqlClient" />
  </connectionStrings>
</configuration>
```

（3）右键单击项目 Example7_2，在弹出的菜单中选择"添加引用"命令，打开"添加引用"对话框，在.NET 选项卡的"组件名称"列表中选择 System.Configuration 组件，单击"确定"按钮，添加对该命名空间的引用。

（4）在类 Example7_2 中，编写程序，代码如下。

```
01.  using System;
02.  using System.Data.SqlClient;
03.  using System.Configuration;
04.  namespace Example7_2
05.  {
06.      class Example7_2
07.      {
08.          static void Main(string[] args)
09.          {
10.              string conString = ConfigurationManager.ConnectionStrings["StudentCon"].ConnectionString;
11.              SqlConnection sqlCon = new SqlConnection();
12.              sqlCon.ConnectionString = conString;
13.              sqlCon.Open();
14.              Console.WriteLine("当前连接学生数据库的状态为：{0}", sqlCon.State);
15.              sqlCon.Close();
16.              Console.WriteLine("当前连接学生数据库的状态为：{0}", sqlCon.State);
17.              Console.Read();
```

18.   }
19.   }
20.   }

【运行结果】

单击工具栏中的"开始"按钮,即可在控制台中输出如图 7-11 所示的结果。

图 7-11　例 7-2 运行结果

【程序说明】

(1) 在代码中首先引用命名空间 System.Data.SqlClient 和 System.Configuration。

(2) 第 10 行利用命名空间中的 ConfigurationManager 的 ConnectionStrings 属性,根据名称提取连接字符串信息。

(3) 第 11 行创建一个 SqlConnection 类的对象 sqlCon,第 12 行设置连接对象的 ConnectionString 属性。这两行可以合并为一行,代码为 SqlConnection sqlCon = new SqlConnection(conString),即用带参数的方式构造 SqlConnection 对象。

(4) 设置好连接字符串后,调用 Open()方法打开连接才能与数据源进行交互,使用后调用 Close()方法关闭连接,以释放占用的资源。通过 State 属性可以查看连接的状态。

说明:本例中可以不建立应用程序配置文件,直接在程序中编写连接字符串,但如果程序中多处用到同一个连接,将来需要修改的话很麻烦。为了提高应用程序的可维护性,一般将连接字符串信息存放在配置文件中比较好。应用配置文件是一个基于 XML 的文本文件,用于存储应用相关的设置。使用配置文件存放连接字符串,提取时在应用程序中应引用 System.Configuration 命名空间。

7.2.4　连接字符串

无论通过什么方式连接数据库,都需要对连接对象的连接字符串属性进行设置。该属性包含建立数据库连接所需要的信息,并以字符串的形式提供。根据所使用的 .NET 数据提供程序的不同,连接字符串包含的信息也不同。连接字符串的常用参数如下所示。

(1) Data Source 或 Server 或 Address:服务器名。

(2) Database 或 Initial Catalog:数据库的名称。

(3) Integrated Security 或 Trusted_Connection:此参数值如果为 True 或 SSPI,表示数据源使用当前的 Windows 账户凭据进行身份验证。如果此参数值为 False,则必须在连接中指定用户 ID 和密码。此参数的默认值为 False。

(4) User ID 或 UID:数据源登录账户。

(5) Password 或 PWD:数据源登录账户的密码。

(6) Connection Timeout:在终止尝试并产生错误之前,等待与服务器的连接的时间长度(以 s 为单位)。

(7) Pooling:连接池。当此密钥的值设置为 true 时,在通过应用程序进行关闭时任何新创建的连接都被将添加到池。在下一次尝试打开相同的连接时,该连接将会从池中被绘制。此参数的默认值为 true。

对于 7.2.3 节中使用的连接字符串如下:

connectionString = "Data Source = (local); Database = Stu; Integrated Security = True";

通过本节的讲解,其中每一项的含义读者就很清楚了。如果此连接使用 SQL Server 身份验证方式,则连接字符串如下:

connectionString = "Data Source = (local); Database = Stu; UID = sa; PWD = sasa";

7.2.5 连接池的使用

每次建立到数据源的连接时,都需要占用一定的时间和内存。因为多用户应用程序往往需要多个连接,所以连接数据源可能会耗费大量资源。为了最大程度降低打开连接的成本,ADO.NET 使用一种称为连接池的优化技术。该技术将同一连接字符串所建立的连接一起放入连接池中,从而可以在不重建连接的情况下,再次使用该连接,这样可以有效地降低重复打开和关闭连接数据库所占用的资源。

连接池的使用非常简单,在连接字符串中设置 Pooling 为 True 即可。默认情况下该值为 True,所以默认情况下是使用连接池的。下面的例子演示了使用连接池能够提高应用程序的性能。

【例 7-3】 模拟 200 个客户端同时访问数据库,比较使用连接池与不使用连接池的性能差别。

```
01.    namespace Example7_3
02.    {
03.        class Example7_3
04.        {
05.            static void Main(string[] args)
06.            {
07.                string conString = "Data Source = (local); Database = Stu; Integrated Security = True; Pooling = false";
08.                SqlConnection sqlCon = new SqlConnection(conString);
09.                long startTick = DateTime.Now.Ticks;
10.                Console.WriteLine("连接测试开始: ");
11.                for (int i = 1; i <= 200; i++)
12.                {
13.                    sqlCon.Open();
14.                    sqlCon.Close();
15.                    if (i % 10 == 0)
16.                        Console.Write("第{0}次连接", i);
17.                }
18.                long endTick = DateTime.Now.Ticks;
19.                sqlCon.Dispose();
20.                Console.WriteLine("\n打开 200 次连接用时: " + (endTick - startTick) + "ticks.");
21.                Console.Read();
22.            }
```

```
23.     }
24. }
```

【运行结果】

单击工具栏中的"开始"按钮,即可在控制台中输出如图 7-12 和图 7-13 所示的结果。

图 7-12　使用连接池时的运行结果

图 7-13　不使用连接池时的运行结果

【程序说明】

(1) 第一种情况下,默认连接池是打开的;第二种情况下,在连接字符串中设置 Pooling 属性为 false,关闭连接池的使用。

(2) 通过对比发现,不使用连接池打开和关闭数据库连接 200 次用时是使用连接池所用时间的 16 倍之多。可见,使用连接池对于应用程序性能的提升还是很有好处的。

7.3　Command 对象与 DataReader 对象

建立数据连接后,应用程序与数据源之间要通过数据命令对象 DataCommand 来进行信息交换。从本质上讲,ADO.NET 中的数据命令就是对 SQL 语句或存储过程的引用。除了检索和更新数据外,数据命令还可用来对数据源执行一些不返回结果集的查询,以及改变数据源结构的数据定义命令。

7.3.1　Command 对象与 DataReader 对象简介

Command 与 DataReader 对象是操作数据库数据最直接的方法。Command 对象根据程序员所设置的 SQL 语句对数据库进行操作。对需要返回结果集的 SQL 语句,Command 对象的 ExecuteReader 方法生成 DataReader 对象,后者提供一个只读、单向的游标,从而使程序员能够以行为单位获取结果集中的数据。

与 Connection 对象类似,创建 Command 对象同样有编程和非编程两种方式。非编程方式就是通过 Visual Studio 2012 的工具创建。

作为数据提供程序的一部分，Command 对象和 DataReader 对象对应着特定的数据源，例如：

（1）System.Data.SqlClient 命名空间中的 SqlCommand 和 SqlDataReader；

（2）System.Data.OracleClient 命名空间中的 OracleCommand 和 OracleDataReader；

（3）System.Data.Odbc 命名空间中的 OdbcCommand 和 OdbcDataReader；

（4）System.Data.OleDb 命名空间中的 OleDbCommand 和 OleDbDataReader。

7.3.2 建立 SqlCommand 对象

1. 建立 SqlCommand 对象

如果要通过代码在运行时创建 SqlCommand 对象，可以使用 4 个版本的构造函数，如表 7-4 所示。

表 7-4　SqlCommand 对象的构造函数

名　称	说　明
SqlCommand()	初始化 SqlCommand 类的新实例
SqlCommand(String)	用查询文本初始化 SqlCommand 类的新实例
SqlCommand(String, SqlConnection)	初始化具有查询文本和 SqlConnection 的 SqlCommand 类的新实例
SqlCommand(String, SqlConnection, SqlTransaction)	使用查询文本、SqlConnection 以及 SqlTransaction 初始化 SqlCommand 类的新实例

2. SqlCommand 对象的属性

可以看出，不同构造函数的区别在于对 SqlCommand 对象不同属性的默认设置，这些属性也是 SqlCommand 对象较为重要的几个属性。SqlCommand 对象的一些常用属性如表 7-5 所示。

表 7-5　SqlCommand 对象的一些常用属性

属　性　名	说　明
CommandText	获取或设置要对数据源执行的 SQL 语句或存储过程
CommandTimeout	获取或设置在终止执行命令的尝试并生成错误之前的等待时间
CommandType	获取或设置一个值，该值指示如何解释 CommandText 属性，默认值是 Text
Connection	获取或设置 SqlCommand 实例使用的 SqlConnection
Parameters	获取 SqlParameterCollection
Transaction	获取或设置命令所处的事务
UpdatedRowSource	获取或设置命令结果在由 DbDataAdapter 的 Update 方法使用时，结果如何应用于 DataRow

执行 SQL 语句前要对 SqlCommand 对象的属性进行设置，各个属性的具体使用将通过后面的实例进行演示和说明。

7.3.3 使用 SqlCommand 执行 SQL 语句

创建了 SqlCommand 对象并设置了相应的属性之后，就可以对数据库执行相关的命令。SqlCommand 类提供了一些方法来执行命令，一些常用的方法如表 7-6 所示。

表 7-6 SqlCommand 对象的一些常用方法

方 法 名	说 明
Cancel	尝试取消 SqlCommand 的执行
CreateParameter	创建 SqlParameter 对象的新实例
ExecuteNonQuery	对连接执行 SQL 语句并返回受影响的行数
ExecuteReader	执行命令并生成一个 SqlDataReader
ExecuteXmlReader	执行命令并生成一个 XmlReader 对象
ExecuteScalar	执行查询，并返回查询结果集中第一行的第一列。忽略其他列或行

SqlCommand 对象提供了多种完成对数据库操作的方法，常用的方法有 ExecuteNonQuery()、ExecuteReader() 和 ExecuteScalar()，下面进行详细介绍。

1. ExecuteNonQuery() 方法

ExecuteNonQuery 方法执行指定的 SQL 语句，但不返回命令执行的表数据，仅返回操作所影响的行数。如果返回结果大于 0 说明执行操作成功，如果返回结果为 0 说明没有执行操作。用于执行对数据库的添加、删除或更新操作。

【例 7-4】 修改学生表中指定学生的专业。

```
01.   namespace Example7_4
02.   {
03.       class Example7_4
04.       {
05.           static void Main(string[] args)
06.           {
07.               string conString = "Data Source = (local);Database = Stu;Integrated Security = True";
08.               UpdateStuDept("100101", "电子技术", conString);
09.               Console.Read();
10.           }
11.           private static void UpdateStuDept(string sno, string sdept, string conStr)
12.           {
13.               SqlConnection sqlCon = new SqlConnection(conStr);
14.               string sqlString = "update student set sdept = @dept where sno = @id";
15.               SqlCommand command = new SqlCommand();
16.               command.Connection = sqlCon;
17.               command.CommandText = sqlString;
18.               command.Parameters.Add("@id", SqlDbType.NChar, 6);
19.               command.Parameters["@id"].Value = sno;
20.               command.Parameters.AddWithValue("@dept", sdept);
21.               sqlCon.Open();
22.               int rowsAffected = command.ExecuteNonQuery();
23.               sqlCon.Close();
24.               Console.WriteLine("影响的行数为：{0}", rowsAffected);
25.           }
26.       }
27.   }
```

【运行结果】

单击工具栏中的"开始"按钮,即可在控制台中输出如图 7-14 所示的结果。

图 7-14　例 7-4 的运行结果

【程序说明】

(1) 第 15 行创建了 SqlCommand 对象之后,对命令对象的 Connection 和 CommandText 属性进行赋值,CommandText 的内容是要执行的命令语句。第 15、16 和 17 这三行也可以合并为一行,直接在构造函数中完成设置。

(2) 在本例中使用了命令参数,第 18 行通过 SqlCommand 对象的 Parameters 属性的 Add()方法来添加第一个参数,在 Add 方法中指定了参数的名称、参数的数据类型、参数数据类型的长度。第 19 行通过 Value 属性为该参数赋值。

(3) 第 20 行利用 Parameters 属性的 AddWithValue()方法添加第二个参数,AddWithValue 方法中指定了参数的名称和参数的值。

(4) 命令对象的属性和参数都设置好之后,在执行命令之前一定要先打开连接,执行完毕之后要关闭连接。

(5) 第 22 行调用 SqlCommand 对象的 ExecuteNonQuery()方法执行命令语句,最后返回本次修改所影响的行数。

说明：通过本例的学习,我们了解到使用 SqlCommand 对象操作数据的一般步骤如下。

(1) 创建 SqlConnection 对象并完成属性设置；

(2) 创建 SqlCommand 对象并完成属性设置；

(3) 调用 Open 方法打开连接；

(4) 调用 SqlCommand 对象的方法执行命令；

(5) 调用 Close 方法关闭连接。

2. DataReader 对象和 ExecuteReader()方法

SqlCommand 对象的 ExecuteReader()方法提供了向前的、顺序读取数据库中数据的方法。该方法根据提供的 Select 语句,返回一个 SqlDataReader 对象,程序员可以使用该对象的 Read 方法依次读取每个记录中各字段的内容。使用 DataReader 对象时,内存中每次仅有一行数据,这样需要的系统开销很少,效率很高。因此,DataReader 对象非常适用于无须访问缓存中数据的情况。

【例 7-5】　查询学生表中学生的信息。

```
01.   namespace Example7_5
02.   {
03.       class Example7_5
04.       {
05.           static void Main(string[] args)
06.           {
07.               string conString = "Data Source = (local); Database = Stu; Integrated Security = True";
```

```
08.         string sqlString = "select * from student";
09.         QueryStuInfo(sqlString, conString);
10.         Console.Read();
11.     }
12.     private static void QueryStuInfo(string queryStr,string conStr)
13.     {
14.         using (SqlConnection connection = new SqlConnection(conStr))
15.         {
16.             connection.Open();
17.             SqlCommand command = new SqlCommand(queryStr, connection);
18.             SqlDataReader reader = command.ExecuteReader();
19.             while (reader.Read())
20.             {
21.                 Console.WriteLine("{0}\t{1}\t{2}",reader["sno"],
                        reader["sname"], reader["sdept"] );
22.             }
23.             reader.Close();
24.             connection.Close();
25.         }
26.     }
27. }
28. }
```

【运行结果】

单击工具栏中的"开始"按钮，即可在控制台中输出如图 7-15 所示的结果。

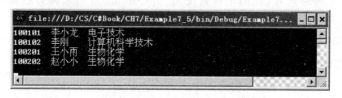

图 7-15　例 7-5 的运行结果

【程序说明】

（1）第 17 行创建了 SqlCommand 对象之后，第 18 行调用了 ExecuteReader()方法,该方法返回一个 SqlDataReader 对象。

（2）第 19 行利用 SqlDataReader 对象的 Read()方法依次读取查询结果集中的每一行,直到读取空值为止。

（3）第 21 行输出每一行指定列的值,在这里使用了列名来指定列,也可以使用列的索引号,如 reader["sno"]可以改为 reader[0], reader["sdept"]可以改为 reader[4]。

（4）使用之后要关闭或释放 DataReader 对象和 Connection 对象。

3. ExecuteScalar()方法

ExecuteScalar 方法用于查询结果为一个值的情况,如使用 count 函数求表中记录个数或使用 max 函数求最大值等。该方法返回结果集中第一行第一列的值,如果 SQL 语句或存储过程返回一个完整的结果集,多余的行和列就会被忽略。

【例 7-6】 查询学生表中生物化学专业的学生总数。

```
01.   namespace Example7_6
02.   {
03.       class Example7_6
04.       {
05.           static void Main(string[] args)
06.           {
07.               string conString = " Data Source = (local); Database = Stu; Integrated Security = True";
08.               string sqlString = "select count(*) from student where sdept = '生物化学' ";
09.               QueryStuInfo(sqlString, conString);
10.               Console.Read();
11.           }
12.           private static void QueryStuInfo(string queryStr, string conStr)
13.           {
14.               using (SqlConnection connection = new SqlConnection(conStr))
15.               {
16.                   connection.Open();
17.                   SqlCommand command = new SqlCommand(queryStr, connection);
18.                   int num = (int)command.ExecuteScalar();
19.                   Console.WriteLine("生物化学专业的学生总数为: {0}", num);
20.                   connection.Close();
21.               }
22.           }
23.       }
24.   }
```

【运行结果】

单击工具栏中的"开始"按钮,即可在控制台中输出如图 7-16 所示的结果。

图 7-16 例 7-6 的运行结果

【程序说明】

(1) 第 8 行利用 SQL 语句的 count 函数统计生物化学专业的学生总数,该查询语句最终将只返回一个数值,所以第 18 行调用 SqlCommand 对象的 ExecuteScalar() 方法来执行。

(2) ExecuteScalar() 方法的返回值类型为 object,通常需要将返回值转换为相应的数据类型。

7.4 DataAdapter 对象与 DataSet 对象

在数据处理所用时间比较长的场合,最好利用 DataAdapter 对象通过断开连接方式完成数据库和本机 DataSet 之间的交互。在 ADO.NET 中,DataSet 是数据在内存中的表现形式，并提供了独立于数据源的关系编程模型。正因为如此，DataSet 可以包含一个或多个数据源的数据，但 DataSet 不提供任何直接加载数据源中数据的功能。然而 ADO.NET 引入了 DataAdapter，可以使用 DataAdapter 对象控制与现有数据源的交互。

7.4.1 SqlDataAdapter 对象

DataSet 对象不直接和数据库进行交互，而是通过使用 DataAdapter 与数据库进行交互。DataAdapter 对象通过 Fill 方法将数据库数据填充到本机内存的 DataSet 或者 DataTable 中，填充完成后与数据库的连接自动断开。当用户对 DataSet 中的表处理完成后，如果需要更新数据库，再利用 DataAdapter 的 Update 方法把 DataSet 或 DataTable 中的处理结果更新到数据库中。

1. 建立 SqlDataAdapter 对象

如果要通过代码在运行时创建 SqlDataAdapter 对象，可以使用 4 个版本的构造函数，如表 7-7 所示。

表 7-7 SqlCommand 对象的构造函数

名 称	说 明
SqlDataAdapter()	初始化 SqlDataAdapter 类的新实例
SqlDataAdapter(SqlCommand)	初始化 SqlDataAdapter 类的新实例，用指定的 SqlCommand 对象作为 SelectCommand 的属性
SqlDataAdapter(QueryString, SqlConnection)	初始化 SqlDataAdapter 类的新实例，第一个参数指定 SelectCommand 属性的命令字符串，第二个参数指定要使用的连接对象
SqlDataAdapter(QueryString, ConnectionString)	初始化 SqlDataAdapter 类的新实例，第一个参数指定 SelectCommand 属性的命令字符串，第二个参数为一个连接字符串

2. SqlDataAdapter 对象的属性

SqlDataAdapter 对象的常用属性如表 7-8 所示。

表 7-8 SqlDataAdapter 对象的一些常用属性

属 性 名	说 明
SelectCommand	获取或设置用于在数据源中选择数据的数据命令
InsertCommand	获取或设置用于在数据源中插入数据的数据命令
UpdateCommand	获取或设置用于在数据源中更新数据的数据命令
DeleteCommand	获取或设置用于在数据源中删除数据的数据命令
UpdateBatchSize	获取或设置每次到服务器的往返过程中处理的行数

【例 7-7】 根据选择的表名打开数据表，并将表中数据通过 DataGridView 显示出来。

（1）创建一个 Windows 窗体应用程序并命名为 Example7-7，设计如图 7-17 所示的界面。

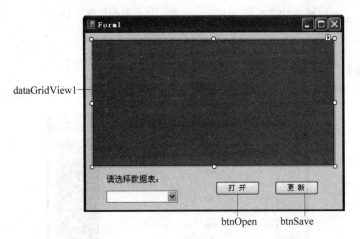

图 7-17　例 7-7 的界面设计

（2）进入到代码编写区，首先在 Form1 的构造函数的上方添加字段声明，如下所示。

```
SqlDataAdapter stuAdapter;
DataTable stuTable;
```

（3）双击 btnOpen 按钮，为该按钮添加 Click 事件代码，如下。

```
01.   private void btnOpen_Click(object sender, EventArgs e)
02.   {
03.       string conString = "Data Source = (local);Database = Stu;Integrated Security = True";
04.       SqlConnection connection = new SqlConnection(conString);
05.       string tableName = comboBox1.SelectedItem.ToString();
06.       string queryString = "select * from " + tableName;
07.       stuAdapter = new SqlDataAdapter(queryString, connection);
08.       SqlCommandBuilder comBuilder = new SqlCommandBuilder (stuAdapter);
09.       stuAdapter.InsertCommand = comBuilder.GetInsertCommand(true);
10.       stuAdapter.UpdateCommand = comBuilder.GetUpdateCommand(true);
11.       stuAdapter.DeleteCommand = comBuilder.GetDeleteCommand(true);
12.       stuTable = new DataTable();
13.       stuAdapter.Fill(stuTable);
14.       dataGridView1.DataSource = stuTable;
15.   }
```

（4）双击 btnSave 按钮，为该按钮添加 Click 事件代码，如下。

```
16.   private void btnSave_Click(object sender, EventArgs e)
17.   {
18.       dataGridView1.EndEdit();
19.       try
20.       {
21.           stuAdapter.Update(stuTable);
22.           MessageBox.Show("保存数据成功!");
23.       }
24.       catch (Exception ex)
25.       {
```

```
26.             MessageBox.Show(ex.Message, "保存数据失败!");
27.         }
28.     }
```

【运行结果】

单击工具栏中的"开始"按钮,即可看到窗体的运行结果如图 7-18 所示。

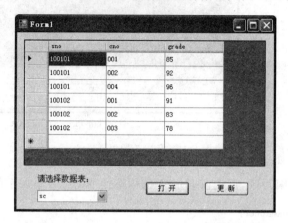

图 7-18　例 7-7 的运行结果

【程序说明】

(1) 第 8 行创建了一个 SqlCommandBuilder 对象并与 stuAdapter 对象关联起来,第 9~11 行利用 SqlCommandBuilder 对象自动为 stuAdapter 对象生成 InsertCommand、UpdateCommand 和 DeleteCommand。

(2) 利用 SqlCommandBuilder 对象自动生成的插入、更新和删除命令比较简单,不能满足特定的需要,如果有特定的需要则要自己设置插入、更新和删除命令。例如,如果在 dataGridView1 中将第一条记录的成绩改为 90,单击"更新"按钮可实现更改,但是如果要自动实现将所有学生的成绩加 10 分,则需自己设置 UpdateCommand 的命令语句。读者可以自己利用相应命令的 CommandText 属性查看自动生成的命令语句。

(3) 第 12 行实例化了一个 DataTable 对象,第 13 行利用 SqlDataAdapter 对象的 Fill 方法将 SelectCommand 的检索结果填充到 stuTable 中,第 14 行通过设置 dataGridView1 的 DataSource 属性将 stuTable 中的内容显示出来。

(4) 第 21 行利用 Update 方法实现数据更新,当调用 SqlDataAdapter 对象的 Update 方法时将会为指定的 DataTable 中每个已插入、已更新或已删除的行调用相应的 insert、update 或 delete 语句。

7.4.2　DataTable 对象

ADO.NET 一个重要的特点是可以在与数据库断开连接的状态下通过 DataSet 或 DataTable 进行数据处理,当需要更新数据时才重新与数据源进行连接,并更新数据源。

DataTable 对象表示保存在本机内存中的表,它提供了对表中数据进行各种操作的属性和方法。与关系数据库中的表结构类似,DataTable 对象也包括行、列以及约束等属性,每一行都是一个 DataRow 对象,每一列都是一个 DataColumn 对象。

1. 创建 DataTable 对象

一般情况下，通过下列两种方式之一创建 DataTable 对象。

(1) 使用 DataTable 类的构造函数创建 DataTable 对象，例如：

```
DataTable table = new DataTable();
```

(2) 调用 DataSet 的 Tables 对象的 Add 方法创建 DataTable 对象，例如：

```
DataSet dataset = new DataSet();
DataTable table = dataset.Tables.Add("tableName");
```

2. 在 DataTable 对象中添加列

在 DataTable 对象中添加列最常用的方法就是调用 DataTable 对象的 Columns 属性的 Add 方法。添加后的每一列都是一个 DataColumn 对象。例如：

```
DataTable table = new DataTable( "StuTable");
table.Columns.Add("姓名", typeof(System.Data.SqlTypes.SqlString));
table.Columns.Add("年龄", typeof(System.Data.SqlTypes.SqlInt32));
```

由于 SQL Server 数据库中的有些数据类型（如 SqlDateTime、SqlDecimal 和 SqlString 等）和公共语言运行库（CLR）不同，要将创建的表保存到 SQL Server 数据库中，则需要使用 System.Data.SqlTypes 命名空间中提供的 SQL Server 数据类型。

3. 设置 DataTable 对象的主键

关系数据库中的表一般都有一个主键，用来唯一标识表中的每一行记录。对于 DataTable 对象可以通过 PrimaryKey 属性设置主键。主键可以是一个或多个 DataColumn 对象组成的数组。例如：

```
DataColumn[] priKey = new DataColumn[1];
priKey[0] = table.Columns[0];
table.PrimaryKey = priKey;
```

4. 在 DataTable 对象中添加行

由于 DataTable 对象的每一行都是一个 DataRow 对象，所以创建行时可以先利用 DataTable 对象的 NewRow 方法创建一个 DataRow 对象，并设置新行中各列的数据，然后利用 Add 方法将 DataRow 对象添加到表中。例如：

```
DataRow row = table.NewRow();
row["姓名"] = "王小";
row["年龄"] = 20;
table.Rows.Add(row);
```

5. 将检索结果填充到 DataTable 中

除了可以直接创建 DataTable 对象的行列信息外，也可以通过 DataAdapter 对象的 Fill 方法将检索结果填充到 DataTable 对象中。

```
SqlDataAdapter adapter = new SqlDataAdapter("select * from student", connectionString);
DataTable table = new DataTable();
adapter.Fill(table);
```

7.4.3 DataSet 对象

与关系数据库中的数据库结构类似,DataSet 也是由表、关系和约束的集合组成。与一个数据库可以管理多个表一样,也可以将多个表保存到一个 DataSet 中进行管理,此时 DataSet 中的每个表都是一个 DataTable 对象。当多个表之间具有约束关系或者需要同时对多个表进行处理时,DataSet 对象就显得特别重要了。DataSet 是从数据库中检索的数据在内存中的缓存。

1. 创建 DataSet 对象

创建 DataSet 对象的一种方式是可以使用工具控件向导来完成,另一种方式是可以通过调用 DataSet()构造方法来创建。使用代码创建 DataSet 对象如下所示。

```
DataSet myds = new DataSet();
```

2. DataSet 对象的属性

DataSet 对象的常用属性如表 7-9 所示。

表 7-9 DataSet 对象的一些常用属性

属 性 名	说 明
CaseSensitive	获取或设置一个值,该值指示 DataTable 对象中的字符串比较是否区分大小写
DataSetName	获取或设置当前 DataSet 的名称
HasErrors	获取一个值,指示在此 DataSet 中的任何 DataTable 对象中是否存在错误
Namespace	获取或设置 DataSet 的命名空间
Tables	获取包含在 DataSet 中表的集合

3. DataSet 对象的方法

DataSet 对象的一些常用方法如表 7-10 所示。

表 7-10 DataSet 对象的一些常用方法

方 法 名	说 明
AcceptChanges	提交自加载此 DataSet 或上次调用 AcceptChanges 以来对其进行的所有更改
Clear	清除 DataSet 对象中的所有数据,释放 DataSet 对象
Dispose	释放占用的资源
GetChanges	获取 DataSet 的副本,该副本包含自加载以来或自上次调用 AcceptChanges 以来对该数据集进行的所有更改
HasChanges	获取一个值,该值指示 DataSet 是否有更改,包括新增行、已删除的行或已修改的行

【例 7-8】 DataSet 使用示例。

```
01.    namespace Example7_8
02.    {
03.        class Example7_8
04.        {
05.            static void Main(string[] args)
06.            {
```

```
07.             string conString = "Data Source = (local);Database = Stu; Integrated
                    Security = True";
08.             OperateDataSet(conString);
09.             Console.Read();
10.         }
11.         private static void OperateDataSet(string conString)
12.         {
13.             SqlConnection connection = new SqlConnection(conString);
14.             connection.Open();
15.             DataSet stuDataSet = new DataSet();
16.             stuDataSet.CaseSensitive = true;
17.             SqlCommand stuCommand = new SqlCommand("select sno, sname, sdept from student",
                    connection);
18.             SqlDataAdapter stuAdapter = new SqlDataAdapter(stuCommand);
19.             stuAdapter.TableMappings.Add("Table", "student");
20.             stuAdapter.Fill(stuDataSet);
21.             SqlCommand scCommand = new SqlCommand("select * from sc", connection);
22.             SqlDataAdapter scAdapter = new SqlDataAdapter(scCommand);
23.             scAdapter.TableMappings.Add("Table", "sc");
24.             scAdapter.Fill(stuDataSet);
25.             connection.Close();
26.             DataColumn parentColumn = stuDataSet.Tables["student"].Columns["sno"];
27.             DataColumn childColumn = stuDataSet.Tables["sc"].Columns["sno"];
28.             DataRelation stuRelation = new DataRelation("StuToSc", parentColumn,
                    childColumn);
29.             stuDataSet.Relations.Add(stuRelation);
30.             DataRow[] arrRows;
31.             foreach (DataRow stuRow in stuDataSet.Tables["student"].Rows)
32.             {
33.                 arrRows = stuRow.GetChildRows(stuRelation);
34.                 Console.WriteLine(stuRow["sname"]);
35.                 for (int i = 0; i < arrRows.Length; i++)
36.                 {
37.                     foreach (DataColumn stuColumn in stuDataSet.Tables["sc"].Columns)
38.                     {
39.                         Console.Write(arrRows[i][stuColumn] + "\t");
40.                     }
41.                     Console.WriteLine();
42.                 }
43.             }
44.         }
45.     }
46. }
```

【运行结果】

单击工具栏中的"开始"按钮,即可在控制台中输出如图 7-19 所示的结果。

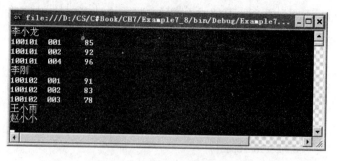

图 7-19 例 7-8 运行结果

【程序说明】

(1) 第 11~44 行自定义了一个方法 OperateDataSet，在该方法内实现数据集的填充，建立两个表的关系，读取子表中的数据等。

(2) 第 15 行创建了一个 DataSet 对象 stuDataSet，第 16 行设置该对象的 CaseSensitive 属性为 true，表示在 DataTable 对象中的字符串比较区分大小写。

(3) 第 17~24 行，分别对 student 和 sc 表设置了查询命令，然后利用 SqlDataAdapter 对象将查询结果填充到 stuDataSet 中。

(4) 第 28 行实例化了一个 DataRelation 对象 stuRelation，在构造函数中给了三个参数，第一个参数是 DataRelation 对象在 DataSet 中的名称，第二个参数是父表中的列，第三个参数是子表中的列。在本例中对 DataSet 中的 student 和 sc 表通过 sno 属性列建立了关联。第 29 行利用 DataSet 中的 Relations 属性的 Add() 方法将建立的关系添加到 stuDataSet 中。

(5) 第 31~43 行利用前面建立的关系，获取选了课的学生的选课信息和成绩。对于 student 表中指定的一行通过 GetChildRows() 方法，获取子表 sc 中与之关联的行。使用 DataRow 的 GetChildRows() 方法时需指明要利用的 DataRelation 对象。

说明：ADO.NET 中 DataRelation 的一项主要功能就是在 DataSet 中从一个 DataTable 浏览到另一个。它使用户能够在给定相关 DataTable 中的单个 DataRow 的情况下检索另一个 DataTable 中的所有相关 DataRow 对象。

7.5 存储过程

存储过程是指将常用的或复杂的数据库操作，预先用 SQL 语句写好并用一个指定的名称存储在数据库中，以后在调用存储过程时，只需要指定存储过程的名称和参数即可。

存储过程具有以下优点。

(1) 存储过程编辑器事先对存储过程进行了语法检查，避免了因 SQL 语句语法不正确引起运行时出现异常的问题。

(2) 使用存储过程可提高数据库执行的效率。这是因为在保存存储过程时，数据库服务器就已经对其进行了编译，以后每次执行存储过程都不需要再重新编译，而一般的 SQL 语句每执行一次就需要数据库引擎重新编译一次。

(3) 在定义或编辑存储过程时，可以直接检查运行结果是否正确，提高了开发效率。

（4）一个项目中可能会多处用到相同的 SQL 语句，使用存储过程便于重用。

（5）修改灵活方便，当需要修改完成的功能时，只需要修改定义的存储过程即可，而不必单独修改每一个引用。

1. 存储过程的参数说明

存储过程可以带参数，也可以不带参数。利用 SqlCommand 对象的 Parameters 属性提供的功能，可以传递执行存储过程所用的参数。SQL Server 的存储过程如果带参数，参数名必须以"@"为前缀，例如：

```
CREATE PROCEDURE QuerySC
    @sno nchar(6),
    @recCount int output,
    @avgGrade float output
AS
BEGIN
    select @recCount = count( * ) from sc where sno = @sno;
    select @avgGrade = avg(grade) from sc where sno = @sno;
END
```

在这个存储过程中，@sno 是输入参数，@recCount 和 @avgGrade 是输出参数。

有以下 4 种参数方向。

（1）Input：输入参数，可省略。

（2）Output：输出参数。

（3）InputOutput：参数既能输入也能输出。

（4）ReturnValue：参数表示存储过程的返回值。

除了输入参数可以省略之外，其他均不能省略。

2. 利用 SqlDataAdapter 或者 SqlCommand 调用存储过程

在程序中利用 SqlDataAdapter 或者 SqlCommand 调用存储过程时，和定义存储过程中参数的定义一样，程序中也必须指明参数名、参数类型和参数方向。如果参数方向是输入参数，可以省略参数方向，其他情况均不能省略。参数名不区分大小写，参数类型用 SqlDbType 枚举表示。

下面的代码演示了如何利用 SqlCommand 调用存储过程并给存储过程传递参数。

```
Using(SqlConnection connection = new SqlConnection(conString))
{
    SqlCommand cmd = new SqlCommand("QuerySC", connection);
    cmd.CommandType = CommandType.StoredProcedure;
    SqlParameter pname = new SqlParameter("@sno",SqlDbType.NvarChar,6);
    pname.Value = "100101";
    cmd.Parameters.Add(pname);
    SqlParameter precCount = new SqlParameter("@recCount",SqlDbType.Int);
    precCount.Value = 0;
    precCount.Direction = ParameterDirection.Output;
    cmd.Parameters.Add(precCount);
    SqlParameter pavgGrade = new SqlParameter("@avgGrade",SqlDbType.Float);
    pavgGrade.Value = 0;
    pavgGrade.Direction = ParameterDirection.Output;
```

```
            cmd.Parameters.Add(pavgGrade);
            try
            {
                Connection.Open();
                cmd.ExecuteNonQuery();
                Console.WriteLine("{0}号学生共选修了{1}门课程,平均成绩为{2}", pname.Value,
            precCount.Value, pavgGrade.Value);
            }
            catch(Excepion ex)
            {
                Console.WriteLine(ex.Message);
            }
        }
```

【例 7-9】 根据选择的学生学号,利用存储过程显示出其选课的总数和课程的平均成绩。

(1) 创建一个 Windows 窗体应用程序并命名为 Example7-9,设计如图 7-20 所示的界面。

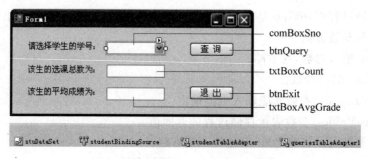

图 7-20　例 7-9 的界面设计

(2) 单击 comBoxSno 右上角的小箭头,选中"使用数据绑定项",然后进行数据源配置,具体配置过程参见例 7-1,其中在"选择数据库对象"步骤中选中表 student 和 sc 及存储过程 QuerySC。

(3) 配置好数据源后,生成解决方案,以便在工具箱中自动生成对应的组件。单击 comBoxSno 右上角的小箭头,再单击"数据源"右侧的小箭头,依次展开"其他数据源"→"项目数据源"→StuDataSet,然后单击 student,comBoxSno 的数据源变为 studentBindingSource,将显示成员和值成员均设置为 sno。在窗体的下面会自动添加 stuDataSet、studentBindingSource、studentTableAdapter 组件。

(4) 从工具箱自动添加的 5 个组件中,拖曳 QueriesTableAdapter 组件到窗体上会自动添加一个 queriesTableAdapter1 对象。

(5) 程序后台代码如下。

```
01.    namespace Example7_9
02.    {
03.        public partial class Form1 : Form
04.        {
05.            public Form1()
```

```
06.         {
07.             InitializeComponent();
08.         }
09.         private void Form1_Load(object sender, EventArgs e)
10.         {
11.             this.studentTableAdapter.Fill(this.stuDataSet.student);
12.         }
13.         private void btnQuery_Click(object sender, EventArgs e)
14.         {
15.             string sno = comBoxSno.SelectedValue.ToString();
16.             int? recCount = 0;
17.             double? avgGrade = 0.0;
18.             queriesTableAdapter1.QuerySC(sno, ref recCount, ref avgGrade);
19.             txtBoxCount.Text = recCount.ToString();
20.             txtBoxAvgGrade.Text = avgGrade.ToString();
21.         }
22.         private void btnExit_Click(object sender, EventArgs e)
23.         {
24.             Application.Exit();
25.         }
26.     }
27. }
```

【运行结果】

单击工具栏中的"开始"按钮,即可看到窗体的运行结果如图 7-21 所示。

图 7-21 例 7-9 的运行结果

【程序说明】

（1）第 11 行代码为配置好数据源后系统自动添加的,完成 student 表数据的获取。

（2）第 18 行代码通过 queriesTableAdapter1 对象调用存储过程 QuerySC,完成对给定学生的选课总数和课程平均成绩的计算。

（3）在本例中主要利用配置数据源过程中自动生成的相应组件来实现程序的功能,避免了很多不可预期的错误,同时简化了程序的编写。

7.6 综合实例

【例 7-10】 利用 DataGridView 完成对学生基本信息的数据编辑操作,包括添加、删除和保存操作,同时对选中的学生显示其选修的课程及成绩。

（1）在 Stu 数据库中新建视图 VWCourseSC,该视图的内容如下。

```
SELECT dbo.sc.sno AS 学号, dbo.course.cname AS 课程名, dbo.course.ccredit AS 学分, dbo.sc.
grade AS 成绩
FROM dbo.course INNER JOIN dbo.sc ON dbo.course.cno = dbo.sc.cno
```

(2) 创建一个 Windows 窗体应用程序并命名为 Example7_10。

(3) 在菜单栏中选择"数据"→"添加新数据源",具体配置过程参见例 7-1,其中在"选择数据库对象"步骤中选中表 student 和视图 VWCourseSC。

(4) 完成数据源配置后双击项目 Example7_10 中的 StuDataSet.xsd 文件,打开数据集设计器,选中 student 表的 sno 字段将其拖到视图 VWCourseSC 中的"学号"字段,释放鼠标将弹出"关系"对话框,默认关系的名称为 student_VWCourseSC,父表为 student,子表为 VWCourseSC,键列为 student 表的 sno,外键列为视图 VWCourseSC 的"学号",要创建的内容为"仅关系",然后单击"确定"按钮,到此 student 和 VWCourseSC 按"学号"建立了关联。

(5) 生成解决方案,以便在工具箱中自动生成对应的组件。

(6) 在菜单栏中选择"数据"→"显示数据源",在"数据源"窗口中,单击 student 右边的小箭头,选择 DadaGridView 选项,然后将 student 拖放到 Form1.cs 的设计窗体内。这时,系统会自动生成 DadaGridView 控件和导航条。

(7) 将自动生成的 DadaGridView 控件的 Dock 属性设置为 Top,再单击该控件右上角三角符号,去掉勾选的"启用添加""启用编辑"和"启用删除"选项。

(8) 右击自动生成的导航条,在弹出的快捷菜单中选择"置于顶层"命令,导航条即移到 DadaGridView 控件的下方。

(9) 将导航条的 DeleteItem 属性改为"无",目的是为了自定义删除功能。

(10) 在导航条下方添加一个 GroupBox 控件,然后重新选择"数据源"窗口,单击 student 右边的小箭头,选择"详细信息"选项,将 student 拖放到 GroupBox 控件内。这时,设计窗体上就自动生成绑定后的 student 中各个字段的控件。

(11) 在导航条下方再添加一个 GroupBox 控件,选择"数据源"窗口展开 student 左边的"+"号,可以看到在 student 下面有一个 VWCourseSC,这是两个表建立关联后系统自动添加的。将这个 VWCourseSC 拖放到 GroupBox 控件内,系统又自动生成一个 DadaGridView 控件。注意,拖放的是 student 下面的 VWCourseSC,不要错选成无关联的 VWCourseSC。

(12) 程序后台代码如下。

```
01.    namespace Example7_10
02.    {
03.        public partial class Form1 : Form
04.        {
05.            public Form1()
06.            {
07.                InitializeComponent();
08.                this.StartPosition = FormStartPosition.CenterScreen;
09.                studentDataGridView.SelectionMode = DataGridViewSelectionMode.FullRowSelect;
10.            }
11.            private void Form1_Load(object sender, EventArgs e)
```

```csharp
12.        {
13.            this.vWCourseSCTableAdapter.Fill(this.stuDataSet.VWCourseSC);
14.            this.studentTableAdapter.Fill(this.stuDataSet.student);
15.        }
16.        private void bindingNavigatorAddNewItem_Click(object sender, EventArgs e)
17.        {
18.            bindingNavigatorAddNewItem.Enabled = false;
19.        }
20.        private void bindingNavigatorDeleteItem_Click(object sender, EventArgs e)
21.        {
22.            if (studentDataGridView.SelectedRows.Count == 0)
23.            {
24.                MessageBox.Show("请选择要删除的行!");
25.            }
26.            else
27.            {
28.                if (MessageBox.Show("确定要删除选定的行吗?", "警告", MessageBoxButtons.YesNo, MessageBoxIcon.Warning) == DialogResult.Yes)
29.                    for (int i = studentDataGridView.SelectedRows.Count - 1; i >= 0; i--)
30.                        studentDataGridView.Rows.Remove(studentDataGridView.SelectedRows[i]);
31.            }
32.        }
33.        private void studentBindingNavigatorSaveItem_Click(object sender, EventArgs e)
34.        {
35.            this.Validate();
36.            try
37.            {
38.                this.studentBindingSource.EndEdit();
39.                this.tableAdapterManager.UpdateAll(this.stuDataSet);
40.                bindingNavigatorAddNewItem.Enabled = true;
41.                MessageBox.Show("保存成功!");
42.            }
43.            catch (Exception ex)
44.            {
45.                MessageBox.Show(ex.Message, "错误");
46.            }
47.        }
48.    }
49. }
```

【运行结果】

单击工具栏中的"开始"按钮,即可看到窗体的运行结果如图 7-22 所示。

【程序说明】

(1) 第 13 行和 14 行 Form1_Load 事件中的代码是在完成数据源的配置后系统自动生成的。

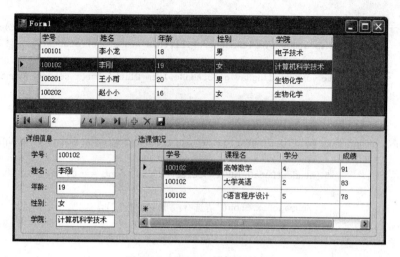

图 7-22　例 7-10 的运行结果

（2）对 bindingNavigatorDeleteItem 的 Click 事件进行了自定义，首先确定 studentDataGridView 中是否有选中的记录，如果有在删除之前还要进行确认，确定删除后调用 DataGridView 的 Rows 属性的 Remove 方法删除选中的记录。

（3）当添加一条新记录之后要进行保存，对于保存操作，在第 39 行通过调用 tableAdapterManager 对象的 UpdateAll 方法实现对所有修改的保存。当保存之后，BindingNavigator 控件上的"添加"按钮重新变为可用。

7.7　问题解决

通过对本章知识的学习，可以利用数据库来进行顾客消费信息的存取了。采取下面的步骤来加以解决。

（1）利用 SQL Server 2005 创建一个数据库，保存系统的相关数据。
（2）声明一个顾客类，来管理顾客的信息，顾客信息保存在数据库中。
（3）声明一个商品类，来管理商品的信息，商品信息保存在数据库中。
（3）声明一个销售类，来执行销售操作，销售信息保存在数据库中。

根据以上思路，具体解决过程如下。

（1）创建一个 SQL Server 2005 的数据库，命名为 SaleDB，其包含的各个表的定义如表 7-11～表 7-13 所示。

表 7-11　customer 表（顾客表）的结构

字　段　名	数 据 类 型	说　　明	字 段 含 义
custId	nchar(10)	主键	顾客会员卡号
custName	nchar(4)		顾客姓名
custSex	nchar(1)		顾客性别
custAge	Smallint		顾客年龄
custPoints	Int	默认值为 0	顾客消费积分

表 7-12 commodity 表（商品表）的结构

字 段 名	数 据 类 型	说 明	字 段 含 义
commId	nchar(10)	主键	商品编号
commName	nvarchar(20)		商品名称
commType	nchar(10)		商品类型
commPrice	decimal(10,2)		商品单价

表 7-13 saleInfo 表（销售表）的结构

字 段 名	数 据 类 型	说　明	字 段 含 义
saleId	Int	主键，自动编号	销售记录流水号
custId	nchar(10)		顾客会员卡号
commId	nchar(10)		商品编号
saleAmount	decimal(6,2)		购买数量
saleDate	Datetime	getdate()自动获取	销售日期
saleState	Bit	默认值为 0	结账标识

（2）创建一个控制台应用程序命名为 Example7_11，向其中添加 4 个类，分别为：DataAcess 类、Customer 类、Commodity 类和 SaleInfo 类。

① DataAcess 类用于进行数据库操作，完成数据的存取和获取，代码如下。

```
01.   using System;
02.   using System.Data;
03.   using System.Data.SqlClient;
04.   namespace Example7_11
05.   {
06.       class DataAcess
07.       {
08.           static string conString = "Data Source = (local); Database = SaleDB; Integrated Security = True";
09.           public static SqlParameter GetParameter(string paramName, SqlDbType paramType, int paramSize, string colName, object paramValue)
10.           {
11.               SqlParameter param = new SqlParameter(paramName, paramType, paramSize, colName);
12.               param.Value = paramValue;
13.               return param;
14.           }
15.           public static int ExecuteSql(string sqlStr, SqlParameter[] param)
16.           {
17.               SqlConnection sqlCon = new SqlConnection(conString);
18.               SqlCommand sqlCmd = new SqlCommand(sqlStr, sqlCon);
19.               sqlCmd.Parameters.AddRange(param);
20.               sqlCon.Open();
21.               int rows = sqlCmd.ExecuteNonQuery();
22.               sqlCon.Close();
23.               return rows;
24.           }
25.           public static DataTable ExecuteDt(string sqlStr)
```

```
26.         {
27.             SqlConnection sqlCon = new SqlConnection(conString);
28.             SqlDataAdapter sqlDa = new SqlDataAdapter(sqlStr, sqlCon);
29.             DataTable dt = new DataTable();
30.             sqlCon.Open();
31.             sqlDa.Fill(dt);
32.             sqlCon.Close();
33.             return dt;
34.         }
35.         public static DataTable ExecuteDt(string sqlStr, SqlParameter[] param)
36.         {
37.             SqlConnection sqlCon = new SqlConnection(conString);
38.             SqlDataAdapter sqlDa = new SqlDataAdapter();
39.             SqlCommand sqlCmd = new SqlCommand(sqlStr, sqlCon);
40.             sqlCmd.Parameters.AddRange(param);
41.             sqlDa.SelectCommand = sqlCmd;
42.             DataTable dt = new DataTable();
43.             sqlCon.Open();
44.             sqlDa.Fill(dt);
45.             sqlCon.Close();
46.             return dt;
47.         }
48.     }
49. }
```

【程序说明】

- 第9~14行定义了一个 GetParameter()方法,该方法利用 SqlParameter 类的构造函数返回一个参数对象,主要为需要使用参数的 SQL 语句提供参数。
- 第15~24行定义了一个 ExecuteSql()方法,该方法有两个参数,第一个参数为要执行的 SQL 语句,第二个参数为 SQL 语句中使用的各个参数组成的参数数组,利用 Parameters.AddRange()方法将各个参数添加到 SqlCommand 对象中。调用 SqlCommand 对象的 ExecuteNonQuery()方法执行语句,该方法执行非查询操作。
- 第25~34行定义了一个 ExecuteDt()方法,该方法的参数为要执行的查询语句,返回一个 DataTable 对象。方法内声明了一个 SqlDataAdapter 对象,利用该对象的 Fill()方法将查询结果填充到 DataTable 对象中,该方法执行查询操作。
- 第35~47行重载了 ExecuteDt()方法,增加了一个参数数组类型的参数。

② Customer 类用于顾客信息的管理,代码如下。

```
01. using System;
02. using System.Data;
03. using System.Data.SqlClient;
04. namespace Example7_11
05. {
06.     class Customer
07.     {
08.         string custId;
09.         string custName;
10.         string custSex;
```

```
11.            int custAge;
12.            int custPoints;
13.            public Customer(string custid, string custname, string custsex, int custage, int
               custpoints)
14.            {
15.                custId = custid;
16.                custName = custname;
17.                custSex = custsex;
18.                custAge = custage;
19.                custPoints = custpoints;
20.            }
21.            public int CustPoints
22.            {
23.                get { return custPoints; }
24.                set { custPoints = value; }
25.            }
26.            public int InsertCust()
27.            {
28.                string sqlStr = " insert into customer values (@custid, @custname,
                   @custsex,@custage,@custpoints)";
29.                SqlParameter[] param =
30.                {
31.                    DataAcess.GetParameter ("@custid", SqlDbType.NChar, 10, "custId",custId),
32.                    DataAcess.GetParameter ("@custname", SqlDbType.NChar, 10, "custName",
                       custName),
33.                    DataAcess.GetParameter ("@custsex", SqlDbType.NChar, 1, "custSex",
                       custSex),
34.                    DataAcess.GetParameter ("@custage", SqlDbType.SmallInt, 2, "custAge",
                       custAge),
35.                    DataAcess.GetParameter ("@custpoints", SqlDbType.Int, 4, "custPoints",
                       custPoints)
36.                };
37.                return DataAcess.ExecuteSql(sqlStr, param);
38.            }
39.            public static int DeleteCust(string cust_id)
40.            {
41.                string sqlStr = "delete from customer where custId = @custid";
42.                SqlParameter[] param =
43.                {
44.                    DataAcess.GetParameter ("@custid", SqlDbType.NChar, 10, "custId",cust_id)
45.                };
46.                return DataAcess.ExecuteSql(sqlStr, param);
47.            }
48.            public int UpdateCustPoints()
49.            {
50.                string sqlStr = "update customer set custPoints = @custpoints where custId
                    = @custid";
51.                SqlParameter[] param =
52.                {
53.                    DataAcess.GetParameter ("@custid", SqlDbType.NChar, 10, "custId",custId),
```

```
54.            DataAcess.GetParameter("@custpoints", SqlDbType.Int, 4, "custPoints",
                   custPoints)
55.        };
56.        return DataAcess.ExecuteSql(sqlStr, param);
57.    }
58.    public static Customer GetCust(string cust_id)
59.    {
60.        string sqlStr = "select * from customer where custId = @custid";
61.        SqlParameter[] param =
62.        {
63.            DataAcess.GetParameter("@custid", SqlDbType.NChar, 10, "custId", cust_id)
64.        };
65.        DataTable dt = DataAcess.ExecuteDt(sqlStr, param);
66.        DataRow row = dt.Rows[0];
67.        return new Customer(row["custId"].ToString(), row["custName"].ToString(),
                   row["custSex"].ToString(), Convert.ToInt32(row["custAge"]), Convert.
                   ToInt32(row["custPoints"]));
68.    }
69.    public void PrintCustInfo()
70.    {
71.        Console.WriteLine("卡号为{0}的顾客信息：姓名：{1},性别：{2},年龄：{3},
                   积分：{4}", custId, custName, custSex, custAge, custPoints);
72.    }
73.    }
74. }
```

【程序说明】

- 第 26~38 行定义了一个 InsertCust() 方法，第 28 行的插入语句包含 5 个参数，利用 DataAcess 类中的 GetParameter() 方法生成各个参数。第 37 行调用 DataAcess 类的 ExecuteSql(sqlStr, param) 方法将顾客信息添加到数据库中。

- 第 39~47 行定义了一个静态 DeleteCust() 方法，根据给定的用户会员卡号将顾客信息从数据库中删除。

- 第 48~57 行定义了一个方法 UpdateCustPoints()，将顾客的消费积分更改为当前积分。

- 第 58~68 行定义了一个静态方法 GetCust()，该方法根据顾客的会员卡号从数据库中获取顾客的信息，然后利用 Customer 类的构造函数生成一个 Customer 对象并返回。

③ Commodity 类用于商品信息的管理，结构如下。

```
01. namespace Example7_11
02. {
03.    class Commodity
04.    {
05.        string commId;
06.        string commName;
07.        string commType;
08.        decimal commPrice;
```

```
09.         public Commodity(string commid, string commname, string commtype, decimal commprice)
10.         {          //构造函数
11.         }
12.         public int InsertComm()
13.         {          //将商品信息添加到数据库中
14.         }
15.         public static int DeleteComm(string comm_id)
16.         {          //根据商品编号从数据库中删除指定的商品信息
17.         }
18.         public static Commodity GetComm(string comm_id)
19.         {          //根据商品编号从数据库中获取商品信息,并生成一个商品对象
20.         }
21.         public void PrintCommInfo()
22.         {          //输出商品详细信息
23.         }
24.     }
25. }
```

详细代码参见程序 Example7_11。

④ SaleInfo 类用于销售信息的管理,代码如下。

```
01. using System;
02. using System.Text;
03. using System.Data;
04. using System.Data.SqlClient;
05. namespace Example7_11
06. {
07.     class SaleInfo
08.     {
09.         string custId;
10.         string commId;
11.         decimal saleAmount;
12.         public void Saling()
13.         {
14.             Console.WriteLine("请输入顾客的会员卡号: ");
15.             custId = Console.ReadLine();
16.             Console.WriteLine("请输入商品编号和商品数量,商品编号为#时结束输入!");
17.             while (true)
18.             {
19.                 Console.Write("商品编号: ");
20.                 commId = Console.ReadLine();
21.                 if (commId.Equals("#"))
22.                     break;
23.                 Console.Write("商品数量: ");
24.                 saleAmount = Convert.ToDecimal(Console.ReadLine());
25.                 InsertSaleInfo();
26.             }
27.             CheckOut();
28.         }
29.         public int InsertSaleInfo()
30.         {
```

```csharp
31.         string sqlStr = "insert into saleInfo(custId, commId, saleAmount) values
            (@custid,@commid,@saleamount)";
32.         SqlParameter[] param =
33.         {
34.             DataAcess.GetParameter("@custid", SqlDbType.NChar, 10, "custId",
                custId),
35.             DataAcess.GetParameter("@commid", SqlDbType.NChar, 10, "commId",
                commId),
36.             DataAcess.GetParameter("@saleamount", SqlDbType.Decimal, 6,
                "saleAmount", saleAmount)
37.         };
38.         return DataAcess.ExecuteSql(sqlStr, param);
39.     }
40.     public int UpdateSaleState()
41.     {
42.         string sqlStr = "update saleInfo set saleState = 1 where custId = @custid
            and saleState = 0";
43.         SqlParameter[] param =
44.         {
45.             DataAcess.GetParameter("@custid",SqlDbType.Int, 4,"custId", custId)
46.         };
47.         return DataAcess.ExecuteSql(sqlStr, param);
48.     }
49.     public void CheckOut()
50.     {
51.         string sqlStr = " select commName, saleAmount, commPrice from saleInfo,
            commodity where saleInfo.commId = commodity.commId and custId = @custid
            and saleState = 0";
52.         SqlParameter[] param =
53.         {
54.             DataAcess.GetParameter("@custid", SqlDbType.NChar, 10, "custId", custId)
55.         };
56.         DataTable saleinfoDt = DataAcess.ExecuteDt(sqlStr, param);
57.         decimal totalPrice = 0;
58.         decimal discountPrice = 0;
59.         int consumePoints = 0;
60.         StringBuilder strInfo = new StringBuilder();
61.         strInfo.AppendLine("卡号为\"" + custId + "\"的会员本次消费情况如下：");
62.         strInfo.AppendFormat("{0,-20}\t{1,-10}\t{2,-8}\n", "商品名称", "单
            价", "数 量");
63.         foreach (DataRow row in saleinfoDt.Rows)
64.         {
65.             strInfo.AppendFormat("{0,-20}\t{1,-10:0.00}\t{2,-8:0.00}\n", row
                ["commName"], Convert.ToDecimal(row["commPrice"]), Convert.ToDecimal
                (row["saleAmount"]));
66.             totalPrice += Convert.ToDecimal(row["commPrice"]) * Convert.
                ToDecimal(row["saleAmount"]);
67.         }
68.         if (totalPrice > 1000)
```

```
69.            discountPrice = totalPrice * 0.8m;
70.        else if (totalPrice > 700)
71.            discountPrice = totalPrice * 0.85m;
72.        else if (totalPrice > 500)
73.            discountPrice = totalPrice * 0.9m;
74.        else
75.            discountPrice = totalPrice * 0.95m;
76.        consumePoints = (int)discountPrice;
77.        UpdateSaleState();
78.        Customer cust = Customer.GetCust(custId);
79.        cust.CustPoints += consumePoints;
80.        cust.UpdateCustPoints();
81.        strInfo.AppendLine("总价:" + totalPrice.ToString("0.00") + ",折后总价:" + discountPrice.ToString("0.00") + ",本次积分:" + consumePoints.ToString() + ",累计积分:" + cust.CustPoints.ToString());
82.        Console.Write(strInfo.ToString());
83.    }
84. }
85. }
```

【程序说明】

(1) 第29～39行定义了一个InsertSaleInfo()方法,该方法将顾客的消费信息添加到数据库中,由于销售流水号是自动编号,销售日期是自动获取系统当前日期,销售状态的初始值默认为0,所以执行插入操作的SQL语句中只有三个参数。

(2) 第40～48行定义了一个UpdateSaleState()方法,该方法的功能是完成销售状态的更改。当进行结账操作时,将销售状态由初始值0该为1,表示顾客已结账。

(3) 第49～83行定义了一个CheckOut()方法,用于结账操作。首先根据顾客购买的商品编号从commodity表中获取商品的单价,再根据购买数量计算出每一商品的价格,最后算出总价。然后调用UpdateSaleState()方法更改销售记录的销售状态,通过Customer类的CustPoints属性更改顾客的消费积分,利用Customer类的UpdateCustPoints()方法将更改后的积分保存到数据库中。

(4) 第12～28行定义了一个Saling()方法,执行销售操作,每输入一件顾客购买的商品时调用一次InsertSaleInfo()方法,将购买信息保存到数据库中,最后调用CheckOut()方法结账。

④ 测试程序代码如下。

```
01. class Example7_11
02. {
03.     static void Main(string[] args)
04.     {
05.         SaleInfo si = new SaleInfo();
06.         si.Saling();
07.         Console.Read();
08.     }
09. }
```

【运行结果】

单击工具栏中的"开始"按钮,即可在控制台中输出如图7-23所示的结果。

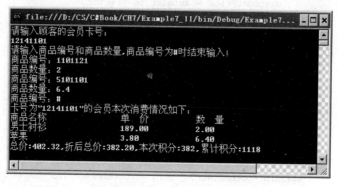

图 7-23 例 7-11 运行结果

【程序说明】

(1) 本测试程序只对商品销售进行了测试,顾客和商品信息的添加、显示请读者自行测试。

(2) 通过本例可以看到,使用数据库进行信息的存取要比文件方便得多,对数据的操纵更为灵活。

小　　结

.NET 包括以下 4 种数据提供程序:SQL Server 数据提供程序,提供了对 SQL Server 数据库的高效访问能力;OLE DB 提供程序,提供了对具有 OLE DB 驱动程序的任何数据源的访问能力;Oracle 数据提供程序,提供了对 Oracle 数据库的高效访问能力;ODBC 数据提供程序,提供了对具有 ODBC 驱动程序的任何数据源的访问能力。

Connection 对象用来和数据库建立连接。Command 对象完成对数据库的操纵。DataReader 对象提供了用顺序的、只读的方式读取用 Command 对象获得的数据结果集。Transaction 对象提供对数据库操作的事务支持。Parameter 对象提供对 SQL 语句中包含的参数提供支持。DataAdapter 对象主要用于封装上述这些对象。

在使用 ADO.NET 之前,一定要在程序中添加对特定 ADO.NET 数据提供程序命名空间的引用。在每次操作执行完成后,都需要关闭连接,释放连接所占用的资源。

课 后 练 习

一、选择题

1. 应用 ADO.NET 访问数据时,Connection 对象的连接字符串中 Initial Catalog 子串的含义是(　　)。

　　A. Connection 对象连接到的数据库名称　　B. Connection 对象的身份验证信息
　　C. Connection 对象的最大连接时间　　　　D. Connection 对象使用的缓存大小

2. 下列哪个类型的对象是 ADO.NET 在非连接模式下处理数据内容的主要对象?( )

   A. Command　　　　B. Connection　　　C. DataAdapter　　　D. DataSet

3. 在 Visual Studio 中,新建 DataAdapter 对象后,可使用( )来配置其属性。

   A. 数据窗体向导　　　　　　　　　　B. 数据适配器配置向导
   C. 服务器资源管理器　　　　　　　　D. 对象浏览器

4. 在 ADO.NET 中,创建数据库连接使用的对象是( )。

   A. Connection 对象　　　　　　　　B. Command 对象
   C. DataAdapter 对象　　　　　　　D. DataSet 对象

5. 在 ADO.NET 中,执行数据库的某个存储过程,至少需要创建( )并设置它们的属性,调用合适的方法。

   A. 一个 Command 对象和一个 DataAdapter 对象
   B. 一个 Command 对象和一个 DataSet 对象
   C. 一个 Connection 对象和一个 Command 对象
   D. 一个 Connection 对象和一个 DataSet 对象

6. dataTable 是数据集 myDataSet 中的数据表对象,有 10 条记录,调用下列代码后,dataTable 中还有几条记录?( )(假设 dataTable 打开后未进行其他操作)

   dataTable.Row[9].Delete(); myDataSet.AcceptChanges();

   A. 1　　　　　　　B. 9　　　　　　　C. 0　　　　　　　D. 10

7. 在 ADO.NET 中,可以在 DataSet 中维护( )对象的集合来管理表间的导航关系。

   A. DataTable　　　B. DataRow　　　C. DataColumn　　　D. DataRelation

8. 在 ADO.NET 中,使用 DataAdapter 将数据源填充到 DataSet,应使用下列( )方法。

   A. DataSet 对象的 Fill　　　　　　　B. DataSet 对象的 Update
   C. DataAdapter 对象的 Fill　　　　　D. DataAdapter 对象的 Update

9. 在 ADO.NET 中,通过执行 Command 对象的 ExecuteReader 方法返回的 DataReader 对象是一种( )。

   A. 可向前向后的只读结果集　　　　　B. 只向前的可读可写的结果集
   C. 可向前向后的可读可写的结果集　　D. 只向前的只读结果集

10. 在使用 ADO.NET 连接到 SQL Server 2005 时,若希望使用 Windows 当前登录用户的账户信息连接到数据库,则在设计程序时,应将 Connection 对象的 ConnectionString 属性的 Integrated Security 子属性设为( )。

    A. SSPI　　　　　B. OK　　　　　C. FALSE　　　　　D. YES

二、编程题

1. 试编写程序,实现对数据库数据的插入、更新和删除操作。
2. 试编写程序,使用 SqlDataAdapter 和 DataSet 获取数据库中的数据。
3. 试编写程序,从 Excel 文件中读取数据。

第8章 LINQ 语言集成查询

数据查询和处理是应用程序开发的基础之一。LINQ 语言集成查询是微软在 .NET Framework 3.5 以上版本中提供的一种一致的数据查询工具,使用相同的基本编码模式来查询和转换内存对象(LINQ to Objects)、数据库(LINQ to SQL)、XML 文档(LINQ to XML)、文件系统等多种数据源的数据。LINQ 定义了一组通用标准查询运算符,使用这些标准查询运算符可以投影、筛选和遍历内存中的集合或数据库中的表。

8.0 问题导入

【导入问题】 传统的编程理念针对不同的数据源采用不同的编程模型,这使开发人员需要在 SQL、XML 或 XPath 等各种不同语言之间切换,并掌握 ADO.NET 和 System.Xml 等应用程序接口,技术复杂。而在第 7 章中利用 ADO.NET 技术对数据库中学生表信息进行查询、修改等操作也存在以下问题。

(1) 简单的任务却需要若干步骤及冗长的代码。

(2) 操作以字符串形式给出 SQL 语句,无法使用编译时检查,错误只能在运行时发现。

上述问题如何解决呢?

【初步分析】 可使用语言集成查询(LINQ),它在 C#语言中集成了查询语法,可以用相同的语法访问不同的数据源。LINQ 查询不但使代码精简,且具有完全类型检查和智能提示(IntelliSense)支持,可以大大提高程序的数据处理能力和开发效率。因此,本章将学习如何利用 LINQ 技术查询和处理数据。

8.1 LINQ 概述

LINQ(Language Integrated Query)为语言集成查询,在 C#和 VB 等编程语言中集成了查询语法,可以用相同的语法访问不同的数据源,查询代码精简。查询操作可以通过编程语言自身来传达,而不是以字符串形式嵌入到应用程序代码中,这使 LINQ 具有完全类型检查和智能提示(IntelliSense)支持,而大大提高程序的数据处理能力和开发效率。

LINQ 主要对内存对象(LINQ to Objects)、数据库(LINQ to SQL)、XML 文档(LINQ to XML)、ADO.NET 数据集合等多种数据源的数据进行查询操作,并可以对其技术进行扩展以支持几乎任何类型的数据存储。而 LINQ 程序集提供了访问各种类型数据源所需要的所有功能。LINQ 的核心程序集如表 8-1 所示。

表 8-1 LINQ 核心程序集

程序集名	描述
System.LINQ	提供支持 LINQ 查询的类和接口
System.Collections.Generic	允许用户创建强类型集合,提供比非通用强类型更好的类型安全和性能(LINQ to Objects)
System.Data.LINQ	提供使用 LINQ 访问关系数据库的功能(LINQ to SQL)
System.Data.Linq.Mapping	指定与数据库相关的实体类
System.XML.LINQ	提供使用 LINQ 访问 XML 文档的功能(LINQ to XML)

8.2 LINQ 预备知识

C#不但建立于泛型、匿名方法及迭代器等组件之上,还为 LINQ 技术提供了以下语言特性支持。

(1) 隐式类型局部变量——允许通过分析初始化表达式来推断出局部变量的类型。

(2) 匿名类型——指那些由对象初始化器推断得到并被自动创建的类型。

(3) 对象和集合初始化器——简化了对象和集合的创建及初始化过程。

(4) Lambda 表达式——对匿名方法的增强,提供了更好的类型推断能力,并支持将类型转化为委托类型或表达式树。

(5) 扩展方法——允许为现有类型添加额外的方法,扩展方法实际上并没有修改类型本身,但却让使用者感到类型已经被修改并扩展了。

8.2.1 对象和集合初始化器

使用对象初始化器可以看作是创建对象的"快捷方式",可用一条语句在创建对象时,向对象的任何可访问的字段或属性分配值,而无须显式地调用构造函数。例如:

```
class Student
{
    public string Name{ get; set;}            //自动实现的属性
    public int Age{ get; set;}
}
class Test
{
    public static void Main()
    {
        Student stu1 = new Student();         //传统对象初始化
        stu1.Name = "王小雨";
        stu1.Age = 19;
        var stu2 = new Student{ Name = "赵龙",Age = 20};   //使用对象初始化器
    }
}
```

可以看到,使用对象初始化器具有如下优势。

(1) 只需一条语句即可完成对象的初始化工作。

（2）无须为简单对象提供构造函数。
（3）无须为了初始化不同字段或属性在类中提供多个构造函数。

使用集合初始化器可以初始化实现了 System.Collections.IEnumerable 接口的集合，指定集合元素的初始值，而无须多次使用 Add 方法。例如：

```
var digits = new List<int>{ 1, 2, 3, 4, 5, 6, 7, 8};
var students = new List<Student>
{
    new Student{ Name = "王小雨",Age = 19},
    new Student{ Name = "赵龙",Age = 20}
}
```

若不使用对象和集合初始化器，代码将较为冗长。例如：

```
List<Student> students = new List<Student>();
Student stu1 = new Student();
stu1.Name = "王小雨";
stu1.Age = 19;
students.Add(stu1);
Student stu2 = new Student();
stu2.Name = "赵龙";
stu2.Age = 20;
students.Add(stu2);
```

对象和集合初始化器特别适用于 LINQ 查询表达式，其原因如下。
（1）查询表达式经常使用匿名类型，而这样的类型只能使用初始化器进行初始化。
（2）原始对象序列的对象中可能包含很多字段和方法，查询表达式可通过初始化器创建只包含所需字段的新对象。

例如，学生对象包含学号、姓名、年龄、性别和所在院系等字段和一些方法，通过下列代码可以创建包含姓名和年龄的对象序列。

```
var studentQuery = from stu in students
                   select new{stu.Name, stu.Age};
foreach (var s in studentQuery)
{
    Console.WriteLine("Name = {0}, Age = {1}", s.Name, s.Age);
}
```

8.2.2 Lambda 表达式

Lambda 表达式是一种可用于创建委托或表达式目录树类型的匿名函数。Lambda 表达式使用 Lambda 运算符"=>(读 goes to)"。运算符左侧是输入参数（可能没有），右侧是表达式或语句块。其基本语法如下：

（参数列表）=>{方法体}

使用 Lambda 表达式时，需要注意以下几点。
（1）参数列表中可以没有参数；如果只有一个参数，可不加括号；参数如果有多个，要用逗号隔开。

（2）参数列表中的参数类型可以是明确类型或者是推断类型。如果是推断类型，则不写出参数的数据类型，而将由编译器根据上下文自动推断出来。

（3）方法体中可以是一条语句，也可以是多条语句。方法体为一条语句时可以不加大括号。

例如：

```
x => x * x                          //指定名为 x 的推断类型参数并返回 x 的平方值
() => SomeMethod()                  //使用空括号指定零个输入参数
(int i, string s) => s.Length > i;  //多个输入用逗号隔开，编译器无法推断输入类型时显示
                                    //指定类型
a => Console.WriteLine(a)           //表达式是一条输出语句
(x, y) => {                         //多参数，推断类型参数列表，多语句方法体
            Console.WriteLine( x );
            Console.WriteLine( y );
          }
```

由于 Lambda 表达式实际是匿名函数，它可以赋值到一个委托，而在 IEnumerable＜T＞的方法中很多都是通过函数委托来实现自定义的运算、条件等操作，所以 Lambda 表达式在 LINQ 中被广泛使用。例如：

```
int [ ] numbers = {1,4,3,7,6,8,0,9};
int evenNumbers = numbers.Count(n => n%3 ==0);       //返回是 3 的倍数的元素个数
```

8.2.3 扩展方法

扩展方法用来在类型定义完成后再继续为其添加新的方法，而无须修改原类型的代码或创建新的派生类型。LINQ 向现有的接口 System.Collections.IEnumerable 和 System.Collections.IEnumerable＜T＞添加了各种扩展方法，以便用户在实现了该接口的任意集合上使用 LINQ 查询。

扩展方法在静态类中声明，定义为静态方法，其第一个参数指定了它所扩展的类型，并在该参数前面用 this 关键字修饰。使用扩展方法时，只需用 using 指令导入包含该扩展方法的命名空间，就可以通过实例调用指定的扩展方法。

【例 8-1】 扩展方法的使用。

```
01.   using System;
02.   namespace Example8_1
03.   {
04.       class Example8_1
05.       {
06.           public static void Main()
07.           {
08.               var a = "aaa";
09.               a.PrintString();
10.               Console.Read();
11.           }
12.       }
```

```
13.     public static class StringExtension
14.     {
15.         public static void PrintString(this String val)
16.         {
17.             Console.WriteLine(val);
18.         }
19.     }
20. }
```

【运行结果】

单击工具栏中的"开始"按钮,即可在控制台中输出如图 8-1 所示的结果。

图 8-1 例 8-1 运行结果

【程序说明】

(1) 第 9 行使用自定义的扩展方法 PrintString 输出字符串。

(2) 第 15 行为类型 String 定义了一个扩展方法 PrintString。

定义 LINQ 扩展方法的类型 IEnumerable 在 System.Linq 命名空间中,这些扩展方法均操作于 IEnumerable<T>接口之上。因此,只需要导入 System.Linq 命名空间,任何实现了 IEnumerable<T>接口的类型就都具有 Where、OrderBy 和 Select 等一系列定义好的扩展方法,从而实现对数据的查询处理,也可以根据需要自定义新的扩展方法。例如,Where()扩展方法的实现如下。

```
publc static IEnumerable<TSource> Where<TSource>(
    this IEnumerable<TSource> source, Func<TSource, bool> predicate)
{
        Foreach (TSource element in source)
        {
            If (predicate (element))
                yield return element;
        }
}
```

其中,TSource 是元素的类型,source 参数是要被查询的数据序列。参数 predicate 是 Func<TSource,bool>类型的委托,它将序列中的元素(TSource 类型)作为参数,并返回一个 bool 值,若元素通过了判断将返回 true,则该元素被选择作为结果,否则不被选择。

8.3 LINQ 查询

8.3.1 查询步骤

LINQ 查询操作分为三个步骤:获取数据源、定义查询和执行查询。

1. 获取数据源

由于 Enumerable 类为 IEnumerable 和 IEnumerable<T>接口提供了包括过滤、导航、排序、查询、连接、求和、求最大最小值等一系列用于 LINQ 查询的扩展方法,因此所有实现了 IEnumerable 或 IEnumerable<T>接口的类型(包括：字符串、数组、泛型列表、泛型字典等)都可以作为数据源使用 LINQ 进行查询操作。

对于其他类型的数据(例如关系数据库中的表和 XML 文档),则需要通过相应的 LINQ 提供程序把数据表示为内存中实现了 IEnumerable 或 IEnumerable<T>接口的类型后才能够作为 LINQ 查询的数据源。

2. 定义查询

定义查询的目的是指定如何从数据源中筛选信息、排序分组信息以及获取信息。定义查询的步骤如下。

(1) 声明一个匿名类型的查询变量。

(2) 使用查询语句对查询变量进行初始化。其中,查询语句分为以下两种。

① 查询方法方式：主要利用 System.Linq.Enumerable 类中定义的扩展方法和 Lambda 表达式方式进行查询。

② 查询表达式方式：这种方式更接近 SQL 语法的查询方式,可读性更好。

注意：LINQ 查询语句通常被存储在 var 查询变量中,而这个查询变量存储的并不是最终的查询结果,它只是存储查询命令。定义查询时一般不执行任何操作,也不返回任何数据。

3. 执行查询

LINQ 的查询操作一般采用延迟执行的方式,即在运行期间定义查询表达式时,查询不会被执行,直到迭代数据项时查询才被执行。迭代数据通常使用 foreach 语句循环访问查询变量,并返回 IEnumerable<T>序列。

LINQ 的查询操作也可以在定义查询时强制立即执行。

① 对于数据源中的元素,若使用聚合函数(如 Count、Max、Average、First 等函数)查询时,会立即循环访问数据源中的元素,并返回查询结果。使用这些函数的查询返回单个值,而不是 IEnumerable<T>序列。

② 调用扩展方法 ToArray() 或 ToList() 等,可强制立即执行任意查询并缓存其结果。

8.3.2 查询方法定义查询

.NET 类库中,IEnumerable<T>接口提供了大量与查询相关的扩展方法,LINQ 查询可以通过对象调用方法的形式对数据源进行查询并使用查询结果数据。只要是实现了 IEnumerable<T>接口的类型数据,就可以使用这些扩展方法对其进行处理。IEnumerable<T>接口的主要成员及功能如表 8-2 所示。

表 8-2　IEnumerable<T>主要成员

类型	成员	功能
过滤	Where	根据指定条件对集合中元素进行筛选,返回满足条件的元素集合
	OfType<TResult>	根据类型筛选元素,只返回 TResult 类型的元素

续表

类型	成员	功能
投影	Select	获取数据,把对象转换为另一个类型的新对象
	SelectMany	将序列的每个元素投影到 IEnumerable<T>并将结果序列合并为一个序列
分区	Skip	跳过序列中指定数量的元素,然后返回剩余的元素
	SkipWhile	跳过序列中满足指定条件的元素,然后返回剩余的元素
	Take	从序列的开头返回指定数量的连续元素
	TakeWhile	返回从序列开始的满足指定条件的连续元素
连接	Join	基于匹配键对两个序列的元素关联
	GroupJoin	基于键相等对两个序列的元素进行关联,并对结果进行分组
串联	Concat	连接两个序列,直接首尾相连。返回结果可能存在重复数据
排序	OrderBy	根据某个键按升序对序列的元素进行排序
	OrderByDescending	根据某个键按降序对序列的元素进行排序
	Reverse	反转序列中元素的顺序
分组	GroupBy	对共享公共属性的元素进行分组
集合	Distinct	返回序列中不重复的元素集合
	Except	获取两个元素集合的差集
	Intersect	获取两个元素集合的交集
	Union	获取两个元素集合的并集
转换	AsEnumerable	返回类型化为 IEnumerable<T>
	AsQueryable	将泛型 IEnumerable<T>转换为泛型 IQueryable<T>
	Cast<TResult>	将集合的元素强制转换为指定类型
	ToArray	将集合转换为数组
	ToDictionary	将集合转换为 Dictionary<TKey,TValue>类型
	ToList	将集合转换为 List<T>
等同	SequenceEqual	通过成对地比较元素确定两个序列是否相等
元素	ElementAt	返回集合中指定索引处的元素
	ElementAtOrDefault	返回集合中指定索引处的元素,若索引超出范围则返回默认值
	First	返回集合中第一个元素或满足条件的第一个元素
	FirstOrDefault	返回集合中第一个元素或满足条件的第一个元素,若不存在则返回默认值
	Last	返回集合中最后一个元素或满足条件的最后一个元素
	LastOrDefault	返回集合中最后一个元素或满足条件的最后一个元素,若不存在则返回默认值
生成	DefaultIfEmpty	将空集合替换为具有默认值的单一实例集合
	Empty	返回空集合
	Range	生成包含数字序列的集合
	Repeat	生成包含一个重复值的集合
	Single	返回序列中满足指定条件的唯一元素,如果不止一个元素满足条件会引发异常
	SingleOrDefault	返回序列中满足指定条件的唯一元素,若不存在则返回默认值,如果不止一个元素满足条件会引发异常

续表

类型	成员	功能
数量	All	确定是否序列中的所有元素都满足条件
	Any	确定序列中是否有元素满足条件
	Contains	确定序列中是否包含指定元素
聚合	Aggregate	对一个序列应用累加器函数（由 Enumerable 定义）
	Average	计算序列中所有元素的平均值
	Count	返回序列中满足指定条件的元素数量
	LongCount	返回 Int64 类型的数据，表示序列中满足指定条件的元素数量
	Max	计算序列中所有元素的最大值
	Min	计算序列中所有元素的最小值
	Sum	计算序列中所有元素的和

【例 8-2】 使用查询方法查询内存中的数据。

```
01.  using System;
02.  using Collections.Generic;
03.  using System.Linq;
04.  using System.Text;
05.  namespace Example8_2
06.  {
07.      class Example8_2
08.      {
09.          static void Main(string[] args)
10.          {
11.              List<string> names = new List<string>
12.              { "赵小飞","李刚","赵伟","李小龙" };
13.              var helloName = names.Where(name => name.Length = 3)
14.                              .Select(name => "你好!" + name);
15.              foreach (var item in helloName)
16.              {
17.               Console.WriteLine(item);
18.              }
19.              var groupByFirstName = names.Select(name => name)
20.                              .GroupBy(name => name.Substring(0, 1));
21.              names.Add("王雨");
22.              foreach (var group in groupByFirstName)
23.              {
24.                  Console.Write (group.Key + ":");
25.                  foreach (var item in group)
26.                  {
27.                      Console.Write (item + " ");
28.                  }
29.                  Console.WriteLine();
30.              }
31.              var query1 = names.Skip(3)
32.                              .OrderBy(name => name.Substring(0, 1))
33.                              .ToArray();
34.              names.Add("马莉");
```

```
35.            foreach (var item in query1)
36.            {
37.             Console.Write (item + " ");
38.            }
39.            Console.Read ();
40.        }
41.    }
42. }
```

【运行结果】

单击工具栏中的"开始"按钮,即可在控制台中输出如图 8-2 所示的结果。

图 8-2 例 8-2 运行结果

【程序说明】

(1) 第 3 行引入 System.Linq 命名空间,才能使用定义在该命名空间下的类中的扩展方法。

(2) 第 11、12 行定义数据源为一个 string 类型列表。

(3) 第 13、14 行使用了扩展方法定义查询,匿名变量 helloName 用来存储查询命令,此时并不执行任何操作,也不返回任何数据(延迟执行方式)。这里使用了 Lambda 表达式传递给 Where 方法,获取长度是 3 的元素。Select 方法获取数据。

(4) 第 15~18 行执行查询,并返回结果。

(5) 第 19、20 行使用了扩展方法定义查询:获取结果并使用扩展方法 GroupBy 按照姓氏分组。此时并不执行任何操作,也不返回任何数据(延迟执行方式)。

(6) 第 21 行在列表结尾添加新元素"王雨"。

(7) 第 22~30 行执行查询。由于是延迟执行,用 foreach 迭代数据时才执行查询操作,因此被查询的列表中有新加入的元素"王雨"。

(8) 第 31~33 行定义查询,使用 Skip 方法跳过 names 的前三个元素,将后面的元素使用 OrderBy 方法按姓氏排序。ToArray 方法将类型转换为数组,此方法将强制立即执行查询。

(9) 第 34 行在列表结尾添加新元素"马莉"。

(10) 第 35~38 行迭代输出查询结果。由于查询操作在定义查询时被立即执行,因此查询数据源中不包含后添加的元素"马莉",所以输出查询结果中不包含"马莉"。

8.3.3 查询表达式定义查询

使用查询操作符表示的扩展方法来操作集合已经比传统方法方便很多,为了进一步增强代码的可读性并简化代码,LINQ 提供了另一种查询语法——查询表达式。通过使用查询表达式,可以使用最少的代码对数据源执行复杂的筛选、排序和分组操作。C#中的查询表达式完整语法如下。

```
from [type] id in source
[join [type] id in source on expr equals expr [into id] ]
[from [type] id in source | let id = expr | where condition]
[orderby ordering, ordering, …]
select expr | group expr by key
[into id query]
```

其中,中括号中的内容可以省略,id 代表集合中的一项,source 是集合,expr 为表达式,粗体字为查询表达式关键字。查询表达式必须以 from 子句开头,以 select 或 group 子句结束。在这两个子句之前,可以使用 where、orderby、join、let 和其他 from 子句。最后的 into 子句的作用是将前面语句的结果作为后面语句操作的数据源。

使用查询表达式定义查询有如下特点。

(1) LINQ 查询表达式与关系数据库 SQL 查询语言相似,但查询子句的顺序却相反。

(2) CLR 不能理解查询表达式,只能理解查询方法。编译器在编译时会将查询表达式编译为各个扩展方法的调用。

(3) 但并不是每个查询方法都有与之对应的查询表达式关键字,例如 Max 等方法,需要这样的操作时则使用查询方法定义查询,或采用查询方法和查询表达式混合方式定义查询。C#中提供的查询表达式关键字如表 8-3 所示。

表 8-3 查询方法与查询表达式关键字间的对应关系

查询方法	查询表达式关键字	功能
Where	where	条件过滤
Select	select	指定映射元素
SelectMany	多个 from 子句	从多个 from 子句进行查询
OrderBy	orderby	按升序排序
OrderByDescending	orderby… descending	按降序排序
ThenBy	orderby…,…	按升序执行次要排序
ThenByDescending	orderby…,…descending	按降序执行次要排序
GroupBy	group… by 或 group … by …into	对查询结果进行分组
Join	join… in …on …equals	内部连接
GroupJoin	join…in … on…equals … into	分组连接
Cast	from 子句指定元素类型	使用显示类型的范围变量,例如: from int i in numbers

【例 8-3】 使用查询表达式查询内存中的数据。

```
01.  using System;
02.  using Collections.Generic;
03.  using System.Linq;
04.  using System.Text;
05.  namespace Example8_3
06.  {
07.      class Example8_3
```

```
08.     {
09.         static void Main(string[] args)
10.         {
11.             int [] array1 = {1,2,5,60,33,21,12,16,53,41};
12.             int[] array2 = {5,20,12,30,53,65,70};
13.             var query1 = from val1 in array1
14.                          where (val1 > 10)&&(val1 < 30)
15.                          orderby val1 descending
16.                          select val1;
17.             foreach (var item in query1 )
18.             {
19.                 Console.Write (item + " ");
20.             }
21.             Console.WriteLine();
22.             var query2 = from val1 in array1
23.                          join val2 in array2 on val1 % 5 equals val2 % 10
24.                          select new{VAL1 = val1, VAL2 = val2};
25.             foreach (var item in query2)
26.             {
27.                 Console.WriteLine (item);
28.             }
29.             Console.Read();
30.         }
31.     }
32. }
```

【运行结果】

单击工具栏中的"开始"按钮,即可在控制台中输出如图 8-3 所示的结果。

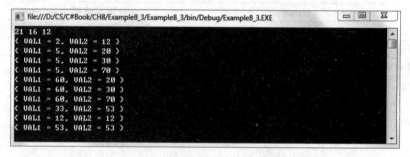

图 8-3 例 8-3 运行结果

【程序说明】

(1) 第 11、12 行定义数据源,声明并初始化了两个整型数组。

(2) 第 13~16 行用查询表达式定义查询。查询表达式中 from 子句指定查询将采用的数据源 array1,并定义一个本地变量 val1 表示数据源中的单个元素。where 子句指定筛选条件,筛选出 array1 中大于 10 并小于 30 的元素。orderby…descending 子句将元素降序排列。select 子句指定返回元素的类型。因为是延迟查询,因此只定义查询,不执行任何查询操作。

(3) 第 17~20 行执行查询,输出结果。

(4) 第 22～24 行定义查询。用 join 子句进行内部连接,查询 query2 将两个数据集 array1 和 array2 连接。其中,from 子句表明连接的第一个集合为 array1,join 子句表明连接的第二个集合为 array2,on…equals 表示在 val1 和 val2 上进行连接,当 val1％5 和 val2％10 的值相同时,select 子句将 val1 和 val2 选择为查询结果。此语句只定义查询,执行方式仍然是延迟查询。

(5) 第 25～28 行执行查询,输出结果。

8.4 LINQ to SQL

对关系数据库的查询也可以使用 LINQ 技术,只需稍加修改即可让原有的 LINQ 数据访问语句与 SQL Server 数据库配合使用。

LINQ to SQL 是 LINQ 的一部分,提供一种将关系数据库映射到编程语言表示的对象模型,使开发人员可以通过编程语言直接操作数据库,就像访问内存中的集合一样,这使数据库的访问变得更加快捷高效。LINQ to SQL 模型如图 8-4 所示。

图 8-4 LINQ to SQL 模型

使用 LINQ to SQL 的步骤如下。

(1) 创建对象映射模型。根据关系数据库的数据表创建相应的对象模型。

(2) 设定 DataContext。建立程序与数据库的连接,并维护对象与数据表之间的映射。

(3) LINQ 查询和操作数据。当执行查询操作或对已操作的数据调用 SubmitChange() 时,LINQ to SQL 会用数据库的语言与数据库通信。

8.4.1 创建对象映射模型

Visual Studio 2012 提供了以下几种定义映射的方法。

(1) 手工编码定义类并在类中添加属性。

(2) 通过外部 XML 文件。

(3) 使用 SqlMetal 命令行工具。

(4) 使用图形化的对象关系设计器(O/R 设计器)。

一般推荐使用后两种方法,以避免错误,提高效率。为了清晰地阐述原理,这里以手工编码的方式讲述对象映射模型的创建。

建立对象映射模型,需要建立类和数据表,以及该类中的属性与数据表中字段的映射关系。最基本的建立方法如下。

```
[Table[(Name = 数据表名)]]
public class 类名
```

```
{
[Column[(Name = 列名)[,IsPrimaryKey = bool值)]]
public 字段类型 字段名{get; set; };
}
```

例如,对 stu 数据库中的 student 表创建对象模型:

```
[Table(Name = "student")]
public class Student
{
    [Column(Name = "sno", IsPrimaryKey = true)]
    public string Sno { get; set; }
    [Column(Name = "sname")]
    public string Sname { get; set; }
}
```

8.4.2 设定 DataContext

DataContext 定义了对象到数据库的映射,它提供的功能包括:连接管理、查询语句的翻译及执行、对象识别和跟踪对象变化。

其中,使用 DataContext 连接对象与数据库的步骤如下。

(1) 创建类 DataContext 的实例,并将数据库连接字符串传递进去。

(2) 使用 DataContext 的实例从数据库中获取数据并填充到集合对象中。

例如:

```
DataContext db = new DataContext(@"C:\C#\stu.mdf");
Table<Student> Students = db.GetTable<Student>();
```

8.4.3 LINQ to SQL 查询和操作

创建对象映射和建立对象与数据库连接后,就可以像访问内存中的集合一样对数据库进行查询和操作了,这些操作会被翻译成 SQL 命令作用于关系数据库。

LINQ to SQL 不但可以获取数据,还可以使用 Table 对象提供的各种方法来实现添加 (InsertOnSubmit 方法)、修改以及删除(DeleteOnSubmit 方法)的操作。DataContext 会记住对查询结果的所有修改并通过调用 SubmitChanges 方法将这些修改提交回数据库保存。

【例 8-4】 以值传递的方式传递值类型数据。

```
01.   using System;
02.   using Collections.Generic;
03.   using System.Linq;
04.   using System.Data.Linq;
05.   using System.Data.Linq.Mapping;
06.   namespace Example8_4
07.   {
08.       [Table(Name = "student")]
09.       public class Student
10.       {
11.           [Column(Name = "sno", IsPrimaryKey = true)]
```

```csharp
12.            public string Sno { get; set; }
13.            [Column(Name = "sname")]
14.            public string Sname { get; set; }
15.            [Column(Name = "sage")]
16.            public short Sage { get; set; }
17.            [Column(Name = "ssex")]
18.            public string Ssex { get; set; }
19.            [Column(Name = "sdept")]
20.            public string Sdept { get; set; }
21.        }
22.        class Example8_4
23.        {
24.            static void Main(string[] args)
25.            {
26.                DataContext db = new DataContext(@"D:\CS\C#Book\CH8\stu.mdf");
27.                Table<Student> Students = db.GetTable<Student>();
28.                Console.WriteLine("查询所有学生的信息：");
29.                var stuQuery = from stu in Students
30.                               select stu;
31.                foreach (var s in stuQuery)
32.                {
33.                    Console.WriteLine("{0,10}{1,10}{2,10}{3,10}{4,10}",
34.                        s.Sno, s.Sname, s.Sage, s.Ssex, s.Sdept);
35.                }
36.                Student newStudent1 = new Student();
37.                newStudent1.Sno = "100203";
38.                newStudent1.Sname = "马莉";
39.                newStudent1.Sage = 19;
40.                newStudent1.Ssex = "女";
41.                newStudent1.Sdept = "生物化学";
42.                Students.InsertOnSubmit(newStudent1);
43.                db.SubmitChanges();
44.                var stuQuery2 = (from stu in Students
45.                                 where stu.Sdept == "计算机科学技术"
46.                                 select stu).First();
47.                stuQuery2.Sdept = "软件工程";
48.                db.SubmitChanges();
49.                var stuQuery3 = (from stu in Students
50.                                 where stu.Sno == "100202"
51.                                 select stu).First();
52.                Students.DeleteOnSubmit(stuQuery3);
53.                db.SubmitChanges();
54.                Console.WriteLine("修改后的学生信息：");
55.                var stuQuery4 = from stu in Students
56.                                select stu;
57.                foreach (var s in stuQuery4)
58.                {
59.                    Console.WriteLine("{0,10}{1,10}{2,10}{3,10}{4,10}",
60.                        s.Sno, s.Sname, s.Sage, s.Ssex, s.Sdept);
61.                }
62.                Console.Read();
63.            }
```

64.   }
65. }

【运行结果】

单击工具栏中的"开始"按钮,即可在控制台中输出如图 8-5 所示的结果。

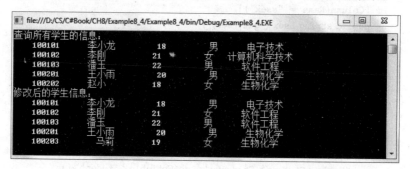

图 8-5 例 8-4 运行结果

【程序说明】

(1) 第 4、5 行为要使用 LINQ to SQL 而首先要引入的命名空间。其中,System. Data. Linq. Mapping 命名空间中的各种属性允许我们以声明的方式创建数据库与对象间的映射。

(2) 第 8~20 行建立要查询数据对应的对象。数据表中的表被映射到 C♯类(class),数据表中的列被映射到 C♯类的成员(属性)。

(3) 第 26 行创建 DataContext 的实例,建立与数据库的连接。

(4) 第 27 行使用 GetTable 方法将数据表中的信息放至类型为 Table< Student >的对象中。

小　　结

LINQ(语言集成查询)是 .NET Framework 的一个重要特性,它与 C♯良好集成,通过 IEnumerable < T >接口提供的对数据集合的提取、查询、数值运算、连接等操作对集合进行查询。由于迭代使用枚举器,这些操作都是只读的,原集合本身不会发生变化。

LINQ to SQL 是 LINQ to ADO.NET 的一部分,为关系数据库的查询和修改提供了更加高效灵活的接口。它通过对象关系模型,将关系数据库直接映射到编程语言表示的对象模型。开发人员只需通过操作 DataContext 类对象就可以获取数据库记录,并可修改和提交数据库记录,实现简单直接,操作方便。

课 后 练 习

一、选择题

1. 以下关于 LINQ 的说法不正确的是(　　)。
    A. 编写更少代码即可创建完整应用　　B. 无须特别的编程技巧就可合并数据源
    C. 让新开发者开发效率更高　　D. 无法处理 XML 文档

2. 为了避免数据库更改丢失,LINQ 中使用什么方法?( )
   A. Submit　　　　B. RecChange　　　C. SubmitChanges　　D. ChangeData

二、简答题

1. 为什么 LINQ 查询语法以 from 关键字开头,而不是采用 SQL 的写法以 select 关键字开头?

2. 写出下面程序的运行结果。

```
static void Main( )
{
    int[ ] numbers = {6, 3, 7, 11, 5, 8, 9, 12,4, 2};
    var bigNums = from num in numbers
                  where num > 6
                  select num;
    string s = null;
    foreach(int i in bigNums)
        s += i + ",";
    Console.WriteLine(s);
    Console.Read();
}
```

3. 写出下面程序的运行结果。

```
static void Main( )
{
    int[ ] numbers = {6, 3, 7, 11, 5, 8, 9, 12,4, 2};
    var nums = from num in numbers
               orderby num
               select num;
    string s = null;
    foreach(int i in nums)
        s += i + ",";
    Console.WriteLine(s);
    Console.Read();
}
```

4. 写出下面程序的运行结果。

```
static void Main( )
{
    int[ ] numbers = {6, 3, 7, 11, 5, 8, 9, 12,4, 2};
    var smallNums = (from num in numbers
                     where num < 8
                     select num).ToList();
    string s = null;
    foreach(int i in smallNums)
        s += i + ",";
    Console.WriteLine(s);
    Console.Read();
}
```

第 9 章　异 常 处 理

在应用程序运行过程中,可能遇到各种严重程度不同的错误,比如用户错误的输入、内存不足、磁盘出错、网络资源不可用、数据库无法使用等。在程序中经常采用异常处理方法来解决这类现实问题。C♯中的异常机制为我们提供了一种处理错误的结构化的、统一的、类型安全的方法。

9.0　问 题 导 入

【导入问题】　在第 8 章编写数据库的应用程序时,如果数据库没有启动或是发生数据输入错误等,则程序执行到发生错误的位置就会中断执行,使得用户无法操作,但是实际应用中需要程序做出反应,告诉用户发生了什么错误,并使程序可以正常操作,如何解决呢？

【初步分析】　在程序运行的过程中出现意想不到的错误是很正常的,可以在程序中捕获这些意外的出现,然后进行相应的处理,本章将学习 C♯提供的异常处理机制。

9.1　错误和异常

程序中的错误有很多种,最典型也是初学者最容易犯的就是代码中的语法错误。语法错误能够被编译器检查到,不改正程序就不能通过编译。除了语法错误以外,还有一种错误是代码中的逻辑错误,即代码本身没有语法错误,但是程序并没有实现它"应该实现的功能",或者实现了"不应该实现的功能"。这种逻辑错误既可能在程序运行过程中出现,也可能一直隐蔽在程序中,不确定何时会突然发生。目前还没有哪一种软件测试技术能够保证检查出程序中的所有错误。

异常(Exception)也是错误的一种,它的结果是导致程序不能正确运行,如系统崩溃、程序非正常退出、死循环等。异常发生的原因可能是代码本身的问题,也可能是外部环境的问题,比如用户的误操作、操作系统错误、内存资源不足、硬件故障、无法连接网络或数据库等。有经验的开发人员则应该尽可能地将这些情况都考虑在内。

【例 9-1】　简单的异常处理示例,下面的程序用于计算表达式 $\dfrac{30}{(x-2)(5-y)}$ 的值。

```
01.    class Example9_1
02.    {
03.        static void Main(string[] args)
04.        {
```

```
05.        Console.Write("请输入整数 x: ");
06.        int x = int.Parse(Console.ReadLine());
07.        Console.Write("请输入整数 y: ");
08.        int y = int.Parse(Console.ReadLine());
09.        int result = 30 / (x - 2) / (5 - y);
10.        Console.WriteLine("30/(x-2)/(5-y) = {0}", result);
11.        Console.Read();
12.    }
13. }
```

【运行结果】

单击工具栏中的"开始"按钮,即可在控制台中输出如图 9-1 所示的结果。

图 9-1 例 9-1 运行结果

在大多数情况下该程序能够正常运行,但如果 x 的值为 2 或者 y 的值为 5,将使分母为 0,那么将导致程序中止运行,抛出一个异常,如图 9-2 所示。

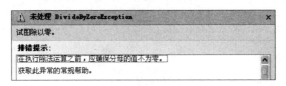

图 9-2 例 9-1 抛出运行异常

处理这种异常的方式有许多种,最容易想到的一种处理方法是在异常发生的位置立即处理,即在代码中增加检查语句,如将上述程序改为:

```
01. static void Main(string[] args)
02. {
03.     Console.Write("请输入整数 x: ");
04.     int x = int.Parse(Console.ReadLine());
05.     if (x == 2)
06.         Console.WriteLine("x 的值不能为 2!");
07.     else
08.     {
09.         Console.Write("请输入整数 y: ");
10.         int y = int.Parse(Console.ReadLine());
11.         if (y == 5)
12.             Console.WriteLine("y 的值不能为 5!");
13.         else
14.         {
15.             int result = 30 / (x - 2) / (5 - y);
16.             Console.WriteLine("30/(x-2)/(5-y) = {0}", result);
17.         }
18.     }
```

```
19.        Console.Read();
20.    }
```

这样做虽然能够避免分母为 0 的情况出现,但是如果这样做的话,异常处理的程序代码就会散布在整个程序当中,这对于程序的维护就会造成困难。另外,如果在要求输入整数 x 时用户输入了一个小数或者一个字母的话,程序同样会报错。如果再增加检查字符串格式的代码,程序将变得更加冗长。

另外一种解决这类问题的方法叫做"异常处理",就是将异常处理的程序代码集中在一起,与正常的程序代码隔开,这样做的好处在于程序除了易于维护之外,代码看起来也简洁了很多。如将上面的程序改为:

```
01.  class Example9_1
02.  {
03.      static void Main(string[] args)
04.      {
05.          try
06.          {
07.              Console.Write("请输入整数 x: ");
08.              int x = int.Parse(Console.ReadLine());
09.              Console.Write("请输入整数 y: ");
10.              int y = int.Parse(Console.ReadLine());
11.              int result = 30 / (x - 2) / (5 - y);
12.              Console.WriteLine("30/(x-2)/(5-y) = {0}", result);
13.          }
14.          catch
15.          {
16.              Console.WriteLine("程序发生异常,请检查您的输入是否有误");
17.          }
18.          Console.Read();
19.      }
20.  }
```

【运行结果】

再次运行程序,故意输入 x 的值为 2,效果如图 9-3 所示。

图 9-3 例 9-1 加入异常处理后的运行结果

【程序说明】

(1) 上面代码中 try 关键字后的一对大括号中的代码是假定程序能够正常运行的代码,而 catch 关键字则表示捕获了异常,其后的大括号中的代码表示对异常的处理。

(2) 像上面加入了异常处理后的程序,无论用户进行了怎样的错误输入,程序都不会意外中止,而是给出指定的提示信息"程序发生异常,请检查您的输入是否有误"。

9.2 C#中的异常处理结构

C#应用程序在运行过程中,当满足一定条件时,.NET运行引擎就会产生一个异常。异常是代码中产生的错误(注意,并非错误的代码),或者在运行期间由代码调用的函数产生的错误。利用C#和.NET提供的异常处理机制,可以以合理的方式来对付异常,阻止程序继续执行,并将代码分成两个单独的部分,实现期望功能的程序部分及处理异常的程序部分,使代码结构更加规整、易懂。

在C#程序中提供了4种形式的异常结构处理语句。常用的异常处理语句有:try-catch语句、try-catch-finally语句、throw语句和try-finally语句。通过这4种异常处理语句,可以对可能产生异常的程序代码进行监控。下面将对前三种异常处理语句进行详细讲解。

9.2.1 使用try-catch语句捕捉异常

try-catch语句允许在try后面的大括号{}中放置可能发生异常情况的程序代码,并对这些程序代码进行监控,而catch后面的大括号{}中则放置处理错误的程序代码,以处理程序发生的异常。try-catch语句的基本格式如下。

```
try
{
    被监控的代码
}
catch
{
    异常处理
}
```

说明:

(1) 在catch语句中,异常类名必须为System.Exception或从System.Exception派生的类型。

(2) 当catch语句指定了异常类名和异常变量名后,就相当于声明了一个具有给定名称和类型的异常变量,此异常变量表示当前正在处理的异常。

【例9-2】 使用try-catch语句捕捉异常示例。

```
01.    class Example9_2
02.    {
03.        staic void main(string[ ]args)
04.        {
05.            try
06.            {
07.                Console.Write("请输入整数x: ");
08.                int x = int.Parse(Console.ReadLine());
09.                Console.Write("请输入整数y: ");
10.                int y = int.Parse(Console.ReadLine());
11.                int result = 30 / (x - 2) / (5 - y);
```

```
12.            Console.WriteLine("30/(x - 2)/(5 - y) = {0}", result);
13.        }
14.        catch (FormatException)
15.        {
16.            Console.WriteLine("输入数据的格式不正确!");
17.        }
18.        catch (DivideByZeroException)
19.        {
20.            Console.WriteLine("分母不能为零!");
21.        }
22.        catch (Exception)
23.        {
24.            Console.WriteLine("程序发生异常,请检查输入是否有误!");
25.        }
26.        Console.Read();
27.    }
28. }
```

【运行结果】

单击工具栏中的"开始"按钮,输入 x 的值为 3.6,将输出如图 9-4 所示的结果。

图 9-4 例 9-2 运行结果

【程序说明】

(1) 本例中 try 后面跟了三个 catch 语句,当输入 x 的值为 3.6 时,无法将其转换为整数,所以此时产生一个 FormatException 类型的异常,被第一个 catch 捕获,后面两个 catch 将不再产生作用。如果输入 x 的值为 2,y 的值输入一个有效的整数,表达式的除数为 0,将引发 DivideByZeroException 类型的异常,此时被第二个 catch 捕获,其他两个 catch 不会产生作用。

(2) 最后一个 catch 语句中的 Exception 是其他所有异常类的基类,因此适用于任何情况导致的异常,也就是说,catch (Exception)和 catch 的作用是一样的。

(3) 同时使用多个 catch 语句时,如果其中两个 catch 语句所捕获的异常类存在继承关系,那么要保证捕获派生类的 catch 语句在前,而捕获基类的 catch 语句在后,否则,捕获派生异常类的 catch 语句不会起任何作用。

9.2.2 使用 try-catch-finally 语句捕捉异常

将 finally 语句与 try-catch 语句结合,可以形成 try-catch-finally 语句。finally 语句同样以区块的方式存在,它被放在所有 try-catch 语句的最后面,程序执行完毕,最后都会跳到 finally 语句区块,执行其中的代码。其基本格式如下。

```
try
{
```

```
    被监控的代码
}
catch(异常类名 异常变量名)
{
    异常处理
}
…
finally
{
    程序代码
}
```

说明：无论程序是否产生异常,最后都会执行 finally 语句区块中的程序代码。

【例 9-3】 try-catch-finally 语句使用示例。

```
01.  class Example9_3
02.  {
03.      public static void ReadFile(int index)
04.      {
05.          string path = @"d:\file1.txt";
06.          System.IO.StreamReader file = new System.IO.StreamReader(path);
07.          char[] buffer = new char[10];
08.          try
09.          {
10.              file.ReadBlock(buffer, index, buffer.Length);
11.          }
12.          catch (System.IO.IOException e)
13.          {
14.              Console.WriteLine(e.Message);
15.          }
16.          catch (ArgumentException e)
17.          {
18.              Console.WriteLine(e.Message);
19.          }
20.          finally
21.          {
22.              if (file != null)
23.              {
24.                  file.Close();
25.                  Console.WriteLine("文件已被关闭!");
26.              }
27.          }
28.      }
29.      static void Main(string[] args)
30.      {
31.          ReadFile(10);
32.          Console.Read();
33.      }
34.  }
```

【运行结果】

单击工具栏中的"开始"按钮,即可在控制台中输出如图 9-5 所示的结果。

图 9-5　例 9-3 运行结果

【程序说明】

(1) 本例中 d:\file1.txt 为空文件,所以在 Main 方法中调用 ReadFile(10)时,将引发参数错误异常,被第二个 catch 语句捕获。

(2) Exception 类的 Message 属性是用来描述异常对象的字符串。

(3) 无论是否发生异常,在 finally 语句中文件都会被关闭,以释放资源。finally 语句通常用来处理一些收尾工作。

9.2.3　使用 throw 语句抛出异常

throw 语句用于主动引发一个异常,即在特定的情形下自动抛出异常。throw 语句的基本格式如下。

```
throw ExObject
```

说明:ExObject 是所要抛出的异常对象,这个异常对象是派生自 System.Exception 类的类对象。

【例 9-4】　使用 throw 语句抛出异常示例。

```
01.    class Example9_4
02.    {
03.        public static string InputGrade()
04.        {
05.            Console.WriteLine("请输入成绩(A、B、C): ");
06.            string grade = Console.ReadLine();
07.            grade = grade.ToUpper();
08.            if (grade == "A" || grade == "B" || grade == "C")
09.                return grade;
10.            else
11.                throw new Exception("成绩无效!");
12.        }
13.        static void Main(string[] args)
14.        {
15.            try
16.            {
17.                string grade = InputGrade();
18.                Console.WriteLine("成绩为: {0}", grade);
19.            }
20.            catch (Exception ex)
21.            {
```

```
22.                    Console.WriteLine("异常信息: " + ex.Message);
23.               }
24.               Console.Read();
25.          }
26.     }
```

【运行结果】

单击工具栏中的"开始"按钮,即可在控制台中输出如图 9-6 所示的结果。

图 9-6 例 9-4 运行结果

【程序说明】

(1) 本例中自定义的方法 InputGrade()用来输入成绩,规定成绩只能输入 A、B、C,如果输入其他值将抛出一个自定义异常。

(2) 第 11 行抛出自定义异常时首先要实例化一个异常对象,实例化时给定了一个字符串参数,这个字符串将作为 Message 属性的信息。

(3) InputGrade()方法中如果输入的成绩不在指定范围内,可以直接给出一个提示信息,但是本例中是抛出一个异常,在其他地方调用这个方法时,程序员可以根据需要处理输入错误的情况,要比前面的方法灵活得多。

说明: try-finally 异常处理语句,由于没有 catch 语句,所以它不能处理异常,如果在 try 代码段执行的过程中发生异常,该异常将在执行完 finally 代码段之后被抛出,它只是能利用 finally 代码段进行一些收尾工作,而不能保证程序在异常发生之后继续正常运行。

9.3 C♯中异常的层次结构

C♯的异常结构中允许使用多层 catch 语句,并允许异常在这些语句中进行传播。

9.3.1 异常传播

当异常在 try 代码段中被引发时,程序控制权将在异常处理结构中转移,直至找到一个能够处理该异常的 catch 语句,否则中止程序,这个过程称为"异常传播"。异常传播的步骤如下。

(1) 如果当前的异常处理结构中包含能够处理该异常的 catch 语句,那么程序控制权就转移给第一个这样的 catch 语句,异常传播结束。

(2) 如果没有找到能够处理该异常的 catch 语句,则程序通过当前的异常处理结构。

(3) 如果程序到达更外层的一个异常处理结构,则转到第(1)步。

(4) 如果异常在当前的成员方法中没有得到处理,则当前方法的执行代码被中止;若当前方法是程序所在进程或线程的主方法,则整个程序结束运行;否则,程序控制权转移给调用当前方法的代码,重复第(1)步。

【例 9-5】 异常传播示例程序。

```
01.   class Example9_5
02.   {
03.       static void Main(string[] args)
04.       {
05.           try
06.           {
07.               OutterMethod(0);
08.               OutterMethod(1);
09.               OutterMethod(2);
10.           }
11.           catch (Exception)
12.           {
13.               Console.WriteLine("发生一般异常");
14.           }
15.           Console.Read();
16.       }
17.       public static void OutterMethod(int x)
18.       {
19.           if (x == 2)
20.               throw new Exception();
21.           try
22.           {
23.               MiddleMethod(x);
24.           }
25.           catch (ArithmeticException)
26.           {
27.               Console.WriteLine("发生算术异常");
28.           }
29.       }
30.       public static void MiddleMethod(int x)
31.       {
32.           if (x == 1)
33.               throw new ArithmeticException();
34.           try
35.           {
36.               InnerMethod(x);
37.           }
38.           catch (DivideByZeroException)
39.           {
40.               Console.WriteLine("发生除法异常");
41.           }
42.       }
43.       public static void InnerMethod(int x)
44.       {
45.           if (x == 0)
46.               throw new DivideByZeroException();
47.       }
48.   }
```

【运行结果】

单击工具栏中的"开始"按钮,即可在控制台中输出如图 9-7 所示的结果。

图 9-7 例 9-5 运行结果

【程序说明】

(1) 第 7 行,程序在执行代码 OutterMethod(0)时,首先调用了方法 MiddleMethod(0)(第 23 行),并由其继续调用方法 InnerMethod(0)(第 36 行),这时将引发 DivideByZeroException 异常(第 46 行)。该异常导致 InnerMethod 方法中止,并传播到 MiddleMethod 方法(第 30 行)中,被 MiddleMethod 方法中的 catch 语句(第 38 行)捕获处理。

(2) 类似地,代码 OutterMethod(1)(第 8 行)调用方法 MiddleMethod(1)(第 23 行),该方法引发 ArithmeticException 异常(第 33 行)并传播给 OutterMethod 方法(第 17 行),然后被捕获(第 25 行)并处理。

(3) 代码 OutterMethod(2)(第 9 行)引发 Exception 异常(第 20 行),在程序主方法中被捕获(第 11 行)后处理。

9.3.2 Exception 类和常见异常类型

C#中的异常处理机制是一种面向对象的技术。异常本身就是一个对象,当程序在运行的过程中遇到异常条件时,就创建一个异常对象并被抛出。任何一个异常对象或者属于类 System.Exception,或者属于 System.Exception 的子类。Exception 类是 .NET 类库中所有其他异常类的基类,是对所有异常的抽象。其构造函数可以不带参数,也可以指定一个字符串类型的参数作为描述异常的信息。还可以指定另一个异常对象作为参数来构造 Exception 对象,这表示作为参数的异常对象引发了正在构造的异常对象。

图 9-8 是微软提供的与异常对象有关的常见异常类型图。

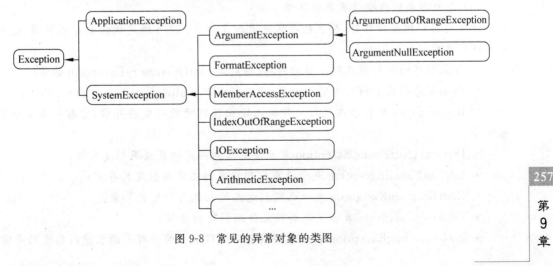

图 9-8 常见的异常对象的类图

说明：

（1）Exception是所有异常类的根类，在C#中，它直接派生于Object类。

（2）SystemException和ApplicationException异常是Exception的直接派生类。其中，ApplicationException类表示应用程序自身引发的异常，对于公共语言运行时引发的异常通常使用SystemException。

（3）与参数有关的异常类，ArgumentException类和FormatException类都表示由于传递方法成员的参数发生错误引发的异常，都是SystemException的直接派生类。

① FormatException类表示参数格式错误；

② ArgumentException类则表示参数无效，ArgumentException还有几个常用的派生类，其中：

- ArgumentNullException表示将空值null作为参数传递给了方法；
- ArgumentOutOfRangeException则表示传递方法的参数值超出了可接受的范围。

如一段程序要求由用户输入年月日来构造一个DateTime对象。如果输入的年月日不是整数，则捕获FormatException异常；

如果输入的数据超出可接受的范围（例如输入月份为13，日期大于31等），则捕获ArgumentOutOfRangeException异常。

（4）与成员访问有关的异常类。

当访问的成员失败时，程序将引发MemberAccessException异常。失败的原因可能是没有足够的访问权限，也可能是要访问的成员根本不存在等。MemberAccessException类的直接派生类有：

① FieldAccessException表示访问字段成员失败所引发的异常。

② MethodAccessException表示访问方法成员失败所引发的异常。

③ MissingMemberException表示访问方法成员不存在时所引发的异常。

（5）与数组有关的异常。

① 当访问的下标超过了数组范围时，将引发IndexOutOfRangeException异常；

② 如果试图在数组中存储类型不正确的元素，将引发ArrayTypeMismatchException；

③ 如果使用了维数错误的数组，将引发RankException异常。

（6）与内存和磁盘操作有关的异常。

涉及内存和磁盘操作时，引发的异常就更加复杂了：既可能是软件本身的错误，也可能是系统硬件的问题。例如：

① 如果程序的运行得不到足够的内存，将引发OutOfMemoryException异常；

② 如果程序引用了内存中的空对象，那么将引发NullReferenceException异常；

③ IOException类表示在进行文件输入输出操作时所引发的异常，它有如下5个直接派生类。

- DirectoryNotFoundException表示没有找到指定的目录而引发异常；
- FileNotFoundException表示没有找到指定的文件而引发的异常；
- EndOfStreamException表示已经到达流的末尾而引发的异常；
- FileLoadException表示不能加载文件而引发的异常；
- PathTooLongException表示文件或目录的路径名超出规定的长度而引发的异常。

（7）与算术运算有关的异常。

ArithmeticException 类表示与算术运算有关的所有异常类的基类。其派生类有：

① DivideByZeroException 表示整数或十进制除法中试图除以 0 时所引发的异常；

② NotFiniteNumberException 表示浮点数运算中出现正负无穷大或非数值时所引发的异常；

③ OverflowException 表示运算溢出时所引发的异常。

（8）其他常见异常。

程序中经常遇到的异常类型还有：类型转换失败所引发的 InvalidCastException 异常；对当前对象进行了无效操作所引发的 InvalidOperationException 异常；试图合并两个不匹配的委托对象时所引发的 MulticastNotSupportedException 异常；操作系统堆栈溢出所引发的 StackOverflowException 异常；Win32 应用程序（非托管代码）所引发的 Win32Exception 等。更加详细的说明请参见 MSDN 使用手册中 Exception 的相关内容。

9.4 使用异常的原则和技巧

异常处理在提高程序容错性的同时，也会造成性能下降；而且过多地使用异常会降低代码的可读性和可维护性，这就需要开发人员根据具体的情况进行权衡。以下是进行异常处理的一些基本原则和技巧。

1. 使用"良性"异常

"良性"异常是指处理异常时，不仅是报告或记录出错信息，而且要尽可能地解决问题。有时，异常虽然发生，但经过处理后可以很快排除异常，使程序恢复正常，这期间不需要用户干涉，甚至用户根本没有察觉异常的发生。比如在访问网络的过程中，有时网络连接可能会中断，发生此异常的程序可以尝试重新建立网络连接或者到脱机缓存中寻找所需要的内容，而不是时时报错，处处暂停，这就体现了程序的友好性。

2. 简化异常信息

程序发生异常时，.NET 框架提供的信息是比较丰富的，但通常不需要把这些内容直接显示给用户。特别是对于面向普通用户的应用程序，应尽量使用通俗易懂、简明扼要的文字把信息传达给用户。

3. 限定异常范围

仅对可能发生异常的语句捕获异常，而不是把代码全部放到 try 代码段中，从而最大程度地减少性能损失。例如，常量和变量的定义、赋值语句通常都没有问题。

4. 精确捕获异常

捕获的异常类型越靠近异常层次结构的顶层，对性能的损害就越大。虽然可以使用 Exception 捕获所有异常，但如果能够确定更准确的错误原因，就应该使用更具体的异常类型。

9.5 问题解决

在例 7-4 的执行过程中，可能因为数据库服务器没有启动或者连不上数据库等原因造成数据访问失败，为了使程序可以正常运行，可以采取下面的步骤来加以解决。

(1) 对于数据库连接和数据访问的代码段加上异常处理语句。
(2) 如果发生异常给出提示信息并使程序正常结束。
根据以上思路，解决问题的完整代码如下。

【例 9-6】 对例 7-4 加入异常处理。

```
01.   class Example9_6
02.   {
03.       static void Main(string[] args)
04.       {
05.           string conString = "Data Source = (local);Database = Stu;Integrated Security = True";
06.           UpdateStuDept("100101", "电子技术", conString);
07.           Console.Read();
08.       }
09.       private static void UpdateStuDept(string sno, string sdept, string conStr)
10.       {
11.           SqlConnection sqlCon = new SqlConnection(conStr);
12.           string sqlString = "update student set sdept = @dept where sno = @id";
13.           SqlCommand command = new SqlCommand();
14.           command.Connection = sqlCon;
15.           command.CommandText = sqlString;
16.           command.Parameters.Add("@id", SqlDbType.NChar, 6);
17.           command.Parameters["@id"].Value = sno;
18.           command.Parameters.AddWithValue("@dept", sdept);
19.           try
20.           {
21.               sqlCon.Open();
22.               int rowsAffected = command.ExecuteNonQuery();
23.               Console.WriteLine("影响的行数为：{0}", rowsAffected);
24.           }
25.           catch (SqlException e)
26.           {
27.               Console.WriteLine("访问数据库出错,错误信息如下：\n" + e.Message);
28.           }
29.           finally
30.           {
31.               command.Dispose();
32.               sqlCon.Close();
33.           }
34.       }
35.   }
```

【运行结果】

停止 SQL Server 2005 数据库服务器,运行程序输出如图 9-9 所示的结果。

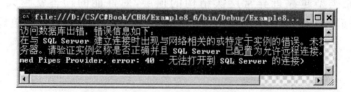

图 9-9　例 9-6 运行结果

【程序说明】

(1) 按照 9.4 节所讲的,并没有把所有语句放到 try 语句块中,只把打开连接和执行命令语句放入其中。catch 语句中捕获的是 SqlException 类型的异常,而没有大范围捕获,以提高效率。

(2) 在 finally 语句块中释放命令对象并关闭数据库连接,以减少资源占用。

小　　结

异常处理是 C♯ 程序设计中一个非常重要的部分,它能够帮助程序设计人员快速定位和处理程序中出现的异常。C♯ 中所有的异常处理都被视为类,所有异常都是由 System.Exception 所派生的。

一方面,C♯ 语言中内置了 4 种结构化的异常处理语句,可以在程序中用统一的方式来处理各类不同的异常;另一方面,.NET 类库定义了丰富的异常类,开发人员还可以从中派生出自己的异常类型。这二者共同组成了 C♯ 程序的异常处理模型,能够对异常进行实时、高效、层次化的管理。

课 后 练 习

一、选择题

1. 下面选项中捕获运算溢出异常最精确的异常类型是(　　)。
   A. Exception　　　　　　　　　　B. SystemException
   C. ArithmeticException　　　　　D. OverflowException

2. 下面的代码最后引发的一个异常是(　　)。

```
try{
    try { throw new FormatException(); }
    catch { throw new ArgumentNullException(); }
}
catch{
    try { throw new OverflowException(); }
    finally {throw new NullReferenceException(); }
}
finally {
    try { throw new ArgumentOutOfRangeException(); }
    catch { throw new ApplicationException(); }
}
```

   A. ArgumentNullException　　　　B. OverflowException
   C. NullReferenceException　　　　D. ApplicationException

3. 通过程序拨打手机时,如果手机号码中含有非数字字符应引发(　　)异常,而如果号码是空号应引发(　　)异常。
   A. ArithmeticException　　　　　B. ArgumentException
   C. FormatException　　　　　　　D. IndexOutOfRangeException

4. 下面的循环一共会被执行（　　）次。

```
int i = 0;
while( i < 10 )
{
    try { throw new OverflowException(); }
    catch ( ArgumentException ) { i += 2; }
    catch ( ArithmeticException ) { i += 4; }
    catch ( Exception) {i += 6;}
    finally { i -- ; }
}
```

    A. 10   B. 5   C. 4   D. 2

5. 给定下面的代码片段：

```
try {
    int t = 3 + 4;
    string s = "hello";
    s.ToUpper( );
}catch (Exception e){...}
```

请问"int t＝3＋4;"是否应该被 try 语句块括住？（　　）

    A. 是   B. 否   C. 都可以   D. 看变量 t 的作用范围

6. 阅读以下的 C＃代码：

```
using System;
namespace ConsoleApplication1
{
    class Program
    {
        public static void ThrowException()
        {   throw new Exception(); }
        public static void Main()
        {
            try
            {   Console.WriteLine("try");
                ThrowException(); }
            catch(Exception e)
            {   Console.WriteLine("catch"); }
            finally
            {   Console.WriteLine("finally"); }
        }
    }
}
```

输出结果是（　　）。

    A. try   B. try   C. try   D. try
       catch   catch   finally
       finally

7. 下列关于异常处理的表述中哪些是正确的？（   ）
   A. 无论异常是否抛出，finally 子句中的内容都会被执行
   B. catch 子句能且只能出现一次
   C. try 子句中所抛出的异常一定能被 catch 子句捕获
   D. try、catch、finally 三个子句必须同时出现，才能正确处理异常
8. 用户自定义异常类需要从以下（   ）类继承。
   A. Exception   B. CustomException
   C. ApplicationException   D. BaseException

二、阅读程序题

1. 阅读以下程序：

```
using System;
namespace Exception1
{
    class Program
    {
        static void Main()
        {
            try
            {
                Console.Write("请输入整数 x: ");
                short x = short.Parse(Console.ReadLine());
                short y = (short)(1 / x);
                Console.WriteLine(y);
            }
            catch (DivideByZeroException)
            {
                Console.WriteLine("发生除零异常");
            }
            catch (ArithmeticException)
            {
                Console.WriteLine("发生算术异常");
            }
            catch(SystemException)
            {
                Console.WriteLine("发生系统异常");
            }
            catch(Exception)
            {
                Console.WriteLine("发生未知异常");
            }
        }
    }
}
```

执行该程序时，如果输入的内容分别是 0、0.1、100 和 100000，输出的内容分别是什么？

2. 给定下列代码：

```csharp
public void test( ) {
    try
    { oneMethod();
      Console.WriteLine ("condition 1");
    } catch (IndexOutOfRangeException) {
      Console.WriteLine("condition 2");
    } catch(Exception) {
      Console.WriteLine("condition 3");
    } finally {
      Console.WriteLine("finally");
    }
}
```

如果方法 oneMethod( ) 运行正常，输出结果是什么？

3. 给定下列代码：

```csharp
namespace UserDefinedException
{
    class TestTemperature
    {
        static void Main(string[ ] args)
        {
            Temperature temp = new Temperature( );
            try
            { temp.showTemp( ); }
            catch(TempIsZeroException e)
            { Console.WriteLine("TempIsZeroException: {0}", e.Message); }
            Console.ReadKey();
        }
    }
}
public class TempIsZeroException: ApplicationException
{
    public TempIsZeroException(string message): base(message)
    { }
}
public class Temperature
{
    int temperature = 0;
    public void showTemp()
    {
        if(temperature == 0)
        { throw (new TempIsZeroException("Zero Temperature found")); }
        else
        { Console.WriteLine("Temperature: {0}", temperature); }
    }
}
```

当上面的代码被编译和执行时，输出结果是什么？

三、编程题

1. 编写一个控制台应用程序，实现如下功能：检查用户输入的是否是一个 0～5 中间的数字。要求使用多重 catch 块，其中引出一个 IndexOutOfRangeException 异常并捕获。

2. 编写一个控制台应用程序，实现如下功能：定义一个 string 数组，各元素为月份的英文，并在命令行上输入数字 0～12，0 为退出，其他数字则输出相应月份的英文单词，若输入数字不正确则引发 FormatException 异常并捕获。

第 10 章　网　络　编　程

随着信息技术和互联网的迅猛发展,计算机网络编程成为程序设计中的重要技术。C#作为一种编程语言,提供了对网络编程的全面支持,包括基于传输层协议的 Socket 类以及基于应用层协议的 TcpClient、TcpListener 和 UdpClient 类,降低了软件开发平台对网络操作的难度,软件开发人员可以使用对用户更友好的接口进行网络编程。本章将对网络编程中的基础知识进行详细讲解。

10.0　问题导入

【导入问题】　在第 6 章和第 7 章编写应用程序时,文件和数据库都是存放在本地计算机,只是对本地磁盘中的数据进行读取或保存,使用文件或者连接数据库即可实现,若所需要的信息分布在不同地理区域的计算机中,如何使众多的计算机之间方便地互相传递信息,共享数据信息等资源呢?

【初步分析】　网络中的计算机为了能够进行彼此间的通信,需要知晓本地主机或远程主机的主机名或是 IP 地址以及端口号来确定具体的主机对象,采用合适的网络通信协议,使用网络访问类来进行数据通信,这些网络访问类通常都在 System.Net.Sockets 和 System.Net 命名空间中。

10.1　网络编程基础

在用 C#进行网络编程之前,要了解网络相关知识,主要包括 IP 地址、端口、TCP 和 UDP 等,这些知识是进行网络编程的重要基础。

1. IP 地址与端口

计算机网络中连接了无数的服务器和计算机,但它们并不是处于无序状态,而是每一个主机都有唯一的地址——IP 地址(Internet Protocol Address)。IP 地址包括 4 段,每段是一个 0~255 之间的整数,每个分段之间用小数点(.)分开,例如:202.168.1.16。

端口(Port)是计算机 I/O 信息的接口。当设备被设定了相应的 IP 地址后,网络中的其他设备即可以通过 IP 地址对其进行访问,但是一般情况下计算机同时运行着多个应用程序,它们可能都需要与同一个远程主机进行信息传递,这样远程主机就需要有一个 ID 来标识它要与本地机器上哪个应用程序传递信息,这个 ID 就是端口。这个端口不是物理端口,而是一个由 16 位数标识的逻辑端口,端口号的范围是 0~65535。

2. TCP 和 UDP

IP 是网络层最主要的协议,它只是将数据流分割成包,依据指定的 IP 地址通过网络传输到目的地,需要配合传输层的协议 TCP(Transmission Control Protocol)或 UDP(User Datagram Protocol),才能进行发送端和接收端两个主机间的连接和信息的传输。

TCP 是一种面向连接的、可靠的、基于字节流的传输层通信协议,两个使用 TCP 的远程主机必须要进行一次握手,确认连接成功后才能传输信息,并且保证从连接的发送端发送的数据能够以正确的顺序到达接收端。端口号用于识别发送端和接收端的应用进程。

UDP 不是基于连接的,而是为应用层提供一种非常简单、高效的传输服务。UDP 从一个应用程序向另一个应用程序发送独立的数据报,但并不保证这些数据报一定能到达另一方,并且这些数据报的传输次序无保障,后发送的数据报可能先到达目的地。虽然 UDP 缺乏可靠性,但是其具有简单、快速、占用资源少的优点。

10.2 主机的定义及管理

网络中的计算机为了彼此间进行通信,需要通过主机名(IP 地址)以及端口号来确定进行连接的主机对象。System.Net 命名空间为当前网络上使用的多种协议提供了简单的编程接口。

10.2.1 IPAddress 类

IPAddress 类提供了对 IP 地址的转换、处理等功能。

IPAddress 类中的常用字段、属性、方法及说明如表 10-1 所示。

表 10-1 IPAddress 类的常用字段、属性、方法及说明

字段、属性及方法	说 明
Any 字段	本地系统可用的任何 IP 地址,此字段为只读
Broadcast 字段	本地网络的 IP 广播地址,此字段为只读
Address 属性	IP 地址
GetAddressBytes 方法	以字节数组形式提供 IPAddress 的副本
IsLoopback 方法	指定的 IP 地址是否是环回地址
Parse 方法	将 IP 地址字符串转换为 IPAddress 实例
TryParse 方法	确定字符串是否为有效的 IP 地址

10.2.2 IPEndPoint 类

IPEndPoint 类包含应用程序连接到主机上的服务所需要的主机和本地或远程端口信息。通过主机 IP 地址和端口号的组合,可以确定具体的主机对象。其构造函数的常用形式如下。

```
public IPEndPoint(IPAddress address, int port);
```

其中，address 为 IP 地址，port 为端口号。通常使用 IPAddress 类的 Parse() 方法创建 IPAddress 实例，然后再得到 IPEndPoint 对象。

IPAddress 类中的常用字段、属性及说明如表 10-2 所示。

表 10-2　IPEndPoint 类的常用字段、属性及说明

字段及属性	说　　明
MaxPort 字段	可以分配给 Port 属性的最大值，MaxPort 值设置为 0x0000FFFF。此字段为只读
MinPort 字段	可以分配给 Port 属性的最小值，此字段为只读
Address 属性	获取或设置终节点的 IP 地址
AddressFamily 属性	获取网际协议(IP)地址族
Port 属性	获取或设置终节点的端口号

【例 10-1】 新建 Windows 应用程序项目 Example10_1，创建窗体 FrmIPEndPoint，在该窗体中添加一个 TextBox 控件、三个 Label 控件和一个 Button 控件，效果如图 10-1 所示。

该实例需要实现的功能是：TextBox 控件用来输入 IP 地址，Label 控件用来显示获得的 IP 地址和端口号。

【运行结果】

运行程序，单击"确定"按钮，效果如图 10-2 所示。

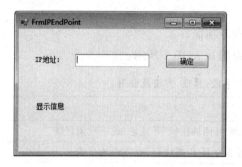

图 10-1　窗体 FrmIPEndPoint 设计视图

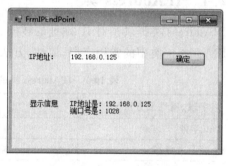

图 10-2　例 10-1 运行效果

FrmIPEndPoint.cs 文件的详细代码如下。

```
01.    Private void button1_Click(object sender, EventArgs e)
02.    {
03.        IPEndPoint IPEPt = new IPEndPoint(IPAddress.Parse(textBox1.Text), 1028);
04.        Label3.Text = "IP 地址是：" + IPEPt.Address.ToString() + "\n 端口号是：" + IPEPt.Port;
05.    }
```

【程序说明】

(1) 使用 IPAddress 类的 Parse() 方法创建 IPAddress 实例，然后再实例化 IPEndPoint 对象。

(2) 使用 IPEndPoint 类的 Address 属性和 Port 属性获取 IP 地址和端口号。

10.2.3 Dns 类

Dns 类提供了一系列静态的方法，用于获取提供本地或远程域名等功能。Dns 类中的常用方法及说明如表 10-3 所示。

表 10-3　Dns 类的常用方法及说明

方　　法	说　　明
GetHostAddresses(String)	获取指定主机的 IP 地址，返回一个 IPAddress 类型的数组
GetHostEntry(IPAddress)	将 IP 地址解析为 IPHostEntry 实例
GetHostEntry(String)	将主机名或 IP 地址解析为 IPHostEntry 实例
GetHostEntryAsync(IPAddress)	将 IP 地址解析为 IPHostEntry 实例以作为异步操作
GetHostEntryAsync(String)	将主机名或 IP 地址解析为 IPHostEntry 实例以作为异步操作
GetHostName()	获取本地计算机的主机名，返回 String 类型

10.3　Socket 网络通信

Socket 最早起源于 BSD UNIX 操作系统，中文为"套接字"，用于描述 IP 地址和端口。Socket 是面向客户/服务器模型而设计的，针对客户和服务器程序提供不同的 Socket 系统调用。Socket 是网络通信的一种底层编程接口。

10.3.1　Socket 连接原理

Socket 同时支持面向连接的 TCP 和无连接的 UDP 两种协议。

在基于 TCP 的 Socket 网络通信时，至少需要一对套接字，一个运行于服务器端，别一个运行于客户机端。套接字的连接过程大致分为三步：服务器监听，客户端请求，连接确认。

（1）服务器监听：服务器端 Socket 处于等待监听状态，实时监控网络状态，并不定位具体的客户端 Socket。

（2）客户端请求：客户端 Socket 发送连接请求，目标是服务器的 Socket。为此，客户端的 Socket 必须知道服务器端 Socket 的地址和端口号，向服务器端 Socket 发出连接请求。

（3）连接确认：当服务器端 Socket 监听到客户端 Socket 的连接请求时，服务器就响应客户端的请求，建立一个新的 Socket，把服务器端 Socket 发送给客户端，一旦客户端确认连接，则连接建立。

说明：在连接确认阶段：服务器端 Socket 即使在和一个客户端 Socket 建立连接后，还在处于监听状态，仍然可以接收到其他客户端的连接请求，这也是一对多产生的原因。

基于 TCP 的 Socket 连接过程如图 10-3 所示。

在基于 UDP 的 Socket 网络通信时，已经无严格意义上的真正的服务器和客户端之分了，端点之间都是平等的关系，不需要监听连接，通信双方建立 Socket 实例后，调用 ReceiveFrom 方法可以接收传入的数据报，使用 SendTo 方法可以将数据报发送到远程主机。基于 UDP 的 Socket 连接过程如图 10-4 所示。

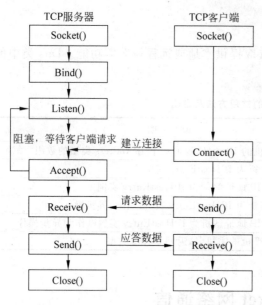
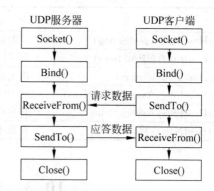

图 10-3 基于 TCP 的 Socket 连接过程　　　图 10-4 基于 UDP 的 Socket 连接过程

10.3.2 Socket 数据处理模式

使用 Socket 进行数据处理有两种基本模式：同步和异步。

同步模式的特点是在通过 Socket 进行连接、接收、发送数据时，客户机和服务器在接收到对方响应前会处于阻塞状态，即一直等到收到对方请求才继续执行下面的语句。可见，同步模式只适用于数据处理不太多的场合。当程序执行的任务很多时，长时间的等待可能会让用户无法忍受。

异步模式的特点是在通过 Socket 进行连接、接收、发送操作时，客户机或服务器不会处于阻塞方式，而是利用 callback 机制进行连接、接收、发送处理，这样就可以在调用发送或接收的方法后直接返回，并继续执行下面的程序。可见，异步套接字特别适用于进行大量数据处理的场合。

使用同步套接字进行编程比较简单，而异步套接字编程则比较复杂。

10.3.3 Socket 类

System.Net.Sockets 命名空间包含一个 Socket 类，该类提供了与低级 WinSock API 的接口，它主要用于管理连接，同时还定义了绑定、连接网络端点及传输数据所需要的各种方法，提供处理端点连接、传输等细节所需要的功能。Sokcet 类的构造函数为：

Socket(AddressFamily addressFamily, SocketType socketType, ProtocolType protocolType);

addressFamily 参数指定 Socket 使用的寻址方案；socketType 参数指定 Socket 的类型；protocolType 参数指定 Socket 使用的协议。参数 socketType 与参数 protocolType 需要配合使用，不允许其他形式的匹配，也不能混淆匹配。表 10-4 列出可用于 IP 通信的套接字组合。

表 10-4　IP 通信的套接字组合

socketType	protocolType	说　明
Dgram	Udp	无连接的通信
Stream	Tcp	面向连接的通信
Raw	Icmp	Internet 控制报文协议
Raw	Raw	简单 IP 包通信

创建一个 Socket 实例，使用 TCP 来连接远程主机。例如：

Socket newSocket = new Socket(AddressFamily.InterNetwork, SocketType.Stream, ProtocolType.Tcp);

Socket 类的常用属性和方法及说明分别如表 10-5 和表 10-6 所示。

表 10-5　Socket 类的常用属性

属　性	说　明
Available	获取已经从网络接收且可供读取的数据量
Blocking	获取或设置一个值，该值指示是否 Socket 处于阻塞模式
Connected	获取一个值，该值指示 Socket 是在上次 Send 还是 Receive 操作时连接到远程主机
LocalEndPoint	获取本地终节点
ProtocolType	获取 Socket 的协议类型
RemoteEndPoint	获取远程终节点
SocketType	获取 Socket 的类型

表 10-6　Socket 类的常用方法

方　法	说　明
Accept	为新建连接创建新的 Socket
Bind	使 Socket 与一个本地终节点相关联
BeginAccept	开始一个异步操作来接收一个传入的连接尝试
BeginConnect	开始一个对远程主机连接的异步请求
BeginReceive	开始从连接的 Socket 中异步接收数据
BeginReceiveFrom	开始从指定网络设备中异步接收数据
BeginSend	将数据异步发送到连接的 Socket
Close	关闭 Socket 连接并释放所有关联的资源
Connect	建立与远程主机的连接
EndReceive	结束挂起的异步读取
EndReceiveFrom	结束挂起的、从特定终节点进行的异步读取
EndSend	结束挂起的异步发送
Listen	使 Socket 置于监听状态
Receive	接收来自绑定的 Socket 的数据
ReceiveFrom	接收数据报并存储源、终节点
Send	将数据发送到连接的 Socket
ShutDown	禁用 Socket 发送和接收

【例 10-2】 编写 Server 端和 Client 端的通信程序,利用基于 TCP 的 Socket 网络通信,实现在 Server 端和 Client 端的连接和即时通信。

1. Server 端程序

```
01.    using System.Net.Sockets;
02.    using System.Net;
03.    namespace Example10_2server
04.    {
05.        public class TCPServer
06.        {
07.            static void Main(string[ ] args)
08.            {
09.                Socket Serversocket = new Socket(AddressFamily.InterNetwork,SocketType.Stream,ProtocolType.Tcp);
10.                IPAddress ip = IPAddress.Parse("127.0.0.1");
11.                IPEndPoint sep = new IPEndPoint(ip,8000);
12.                Serversocket.Bind(sep);
13.                Serversocket.Listen(10);
14.                byte[ ] recdata = new byte[1024];
15.                while(true)
16.                {
17.                    Socket fromClient = Serversocket.Accept( );
18.                    fromClient.Receive(recdata);
19.                    Console.WriteLine("Receive Data:{0}", System.Text.Encoding.UTF8.GetString(recdata));
20.                }
21.            }
22.        }
23.    }
```

【程序说明】

(1) 服务器端先创建一个 Socket 实例对象 Serversocket。

(2) IPAddress 类的 Parse 方法将 IP 地址字符串转换为 IPAddress 实例。

(3) IPEndPoint 类表示由 IP 地址和服务端口组合成的终节点。

(4) Bind()方法将 Serversocket 实例绑定到用于 TCP 通信的服务器终节点。

(5) 服务器的 Serversocket 实例使用 Listen()方法监听客户端的连接请求。

(6) Accept()方法处理任何传入的连接请求,并返回可用于与远程主机进行数据通信的 Socket。

(7) Receive()方法接收从客户端发送过来的信息并显示到屏幕上。

2. Client 端程序

```
01.    using System.Net.Sockets;
02.    using System.Net;
03.    namespace Example10_2client
04.    {
05.        public class TCPClient
06.        {
07.            static void Main(string[ ] args)
```

```
08.            {
09.                Socket Clientsocket = new
    Socket(AddressFamily.InterNetwork,SocketType.Stream,ProtocolType.Tcp);
10.                IPAddress serverip = IPAddress.Parse("127.0.0.1");
11.                EndPoint severep = new IPEndPoint(serverip,8000);
12.                Clientsocket.Connect(severep);
13.                if(Clientsocket.Connected) Console.WriteLine("OK! Connected! ");
14.                Byte[ ] senddata = Encoding.ASCII.GetBytes("Hello! I am client.");
15.                Clientsocket.Send(senddata);
16.                Console.Read( );
17.                Clientsocket.Shutdown(SocketShutdown.Both);
18.                Clientsocket.Close( );
19.            }
20.        }
21. }
```

【程序说明】

(1) 客户端先创建一个 Socket 实例对象 Clientsocket。
(2) 将 Clientsocket 实例连接到一个具体的 EndPoint(服务器)。
(3) 连接成功,即可以与服务器进行通信(接收与发送信息)。
(4) 通信结束后,使用 Shutdown()方法禁用 Socket。
(5) 使用 Close()方法来关闭 Socket。

【运行结果】

运行服务器、客户端两个程序,结果如图 10-5 和图 10-6 所示。

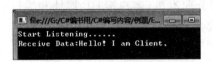
图 10-5 例 10-2 服务器端运行结果

图 10-6 例 10-2 客户端运行结果

说明:例 10-2 实现了客户端连接服务器端成功后显示"OK! Connected!",然后发出"Hello! I am client."。服务器端接收到"Hello! I am client."信息后显示在屏幕上。实际上 Socket 通信服务器端和客户端建立连接后,服务器端和客户端可以相互发送和接收数据。

10.4 TcpClient 类和 TcpListener 类

System.Net.Sockets.Socket 类可以直接对套接字进行编程,但其编程较为复杂,TcpListener 类与 TcpClient 类均封装了底层的套接字,并分别提供了对套接字进一步封装后的同步和异步操作方法,降低了 TCP 应用编程的难度。

TcpListener 类用于侦听和接收传入的连接请求。TcpClient 类用于提供本地主机和远程主机的连接信息。

10.4.1 TcpClient 类

TcpClient 类提供了通过网络连接、接收和发送数据的方法，主要用于编写客户端程序，且需要直接利用构造函数创建 TcpClient 对象。TcpClient 类构造函数有 4 种重载形式来创建 TcpClient 的实例对象。

1. public TcpClient( );

该构造函数创建一个默认的 TcpClient 对象，并自动分配本机（客户端）IP 地址和端口号。

例如：

```
TcpClient tcpClient = new TcpClient( );
tcpClient.Connect("www.synu.edu.cn", 8000);
```

2. public TcpClient(IPEndPoint IPEt);

该构造函数的参数 IPEt 指定本机（客户端）IP 地址与端口号。当客户端有一个以上的 IP 地址，而且程序员希望直接指定使用的 IP 地址和端口号时，可以使用这种方式。

例如：

```
IPAddress[ ] address = Dns.GetHostAddresses(Dns.GetHostName( ));
IPEndPoint iep = new IPEndPoint(address[0], 8000);
TcpClient tcpClient = new TcpClient(IPEt);
tcpClient.Connect("www.synu.edu.cn",8000);
```

此构造函数创建一个新的 TcpClient 类的新实例，并将其绑定到指定的本地终节点。

3. public TcpClient(AddressFamily family);

该构造函数创建的 TcpClient 对象也能自动分配本机（客户端）IP 地址和端口号，但是使用 AddressFamily 枚举指定使用哪种网络协议。

例如：

```
TcpClient tcpClient = new TcpClient(AddressFamily.InterNetwork);
tcpClient.Connect("www.synu.edu.cn", 8000);
```

4. public TcpClient(string hostname, int port);

该构造函数使用方便。参数中的 hostname 表示要连接到的远程主机的 DNS 名，port 表示要连接到的远程主机的端口号。该构造函数会自动分配最合适的本地主机 IP 地址和端口号，并对 DNS 进行解析，然后与远程主机建立连接。例如：

```
TcpClient tcpClient = new TcpClient("www.synu.edu.cn", 8000);
```

它相当于：

```
TcpClient tcpClient = new TcpClient();
tcpClient Connect("www.synu.edu.cn", 8000);
```

前三种构造函数所实现的只是 TcpClient 实例对象与本机 IP 地址和端口的绑定，若要完成连接，需要显式调用 Connect( )方法指定与远程主机的连接。

TcpClient 类的常用属性和方法及说明分别如表 10-7 和表 10-8 所示。

表 10-7 TcpClient 类的常用属性及说明

属 性	说 明
Client	获取或设置基础 Socket
Connected	获取一个值,该值指示 TcpClient 的基础 Socket 是否已连接到远程主机
NoDelay	获取或设置一个值,该值在发送或接收缓冲区未满时禁用延迟(true 禁用延迟,默认为 false)
ReceiveBufferSize	获取或设置接收缓冲区的大小(默认 8192B)
ReceiveTimeout	获取或设置在初始化一个读取操作以后 TcpClient 等待接收数据的超时时间(ms)
SendBufferSize	获取或设置发送缓冲区的大小(默认 8192B)
SendTimeout	获取或设置 TcpClient 等待发送操作成功完成的时间量(ms)

表 10-8 TcpClient 类的常用方法及说明

方 法	说 明
BeginConnect	开始一个对远程主机连接的异步请求
Connect	用指定的主机名和端口号将客户端连接到 TCP 主机
Close	释放 TcpClient 实例,而不关闭基础连接
EndConnect	异步接收传入的连接尝试
GetStream	获取能够发送和接收数据的 NetworkStream 对象

10.4.2 TcpListener 类

TcpListener 类的主要作用是监视 TCP 端口上客户端的请求,通过绑定本机 IP 地址和相应的端口创建 TcpListener 对象实例,常用的构造函数有以下两种。

1. TcpListener(IPEndPoint IPEPt)

例如:

```
IPAddress ip = IPAddress.Parse("192.168.2.125");
IPEndPoint IPEPt = new IPEndPoint(ip, 8000);
TcpListener tcplistener = new TcpListener(IPEPt);
```

2. TcpListener(IPAddress localAddr,int port)

例如:

```
IPAddress ip = new IPAddress(new byte[ ] {192.168.2.125});
TcpListener tcplistener = new TcpListener(ip, 8000);
```

TcpListener 类的常用属性和方法及说明如表 10-9 所示。

表 10-9 TcpListener 类的常用属性和方法及说明

属性及方法	说 明
LocalEndpoint 属性	获取当前 TcpListener 的基础 EndPoint
Server 属性	获取基础网络 Socket
AcceptSocket 方法	接收连接请求,返回一个用来接收和发送数据的 Socket 对象

续表

属性及方法	说　　明
AcceptTcpClient 方法	接收连接请求,返回一个封装了 Socket 的 TcpClient 对象
Pending 方法	确定是否有挂起的连接请求
Start 方法	开始监听传入的连接请求
Stop 方法	关闭监听器

10.4.3　TcpListener 类和 TcpClient 类应用

使用对套接字封装后的类,编写基于 TCP 的服务器端程序的一般步骤如下。

(1) 创建一个 TcpListener 对象,然后调用该对象的 Start 方法在指定的端口进行监听。

(2) 在单独的线程中,循环调用 AcceptTcpClient 方法接收客户端的连接请求,并根据该方法返回的结果得到与该客户端对应的 TcpClient 对象。

(3) 每得到一个新的 TcpClient 对象,就创建一个与该客户端对应的线程,在线程中与对应的客户端进行通信。

(4) 根据传送信息的情况确定是否关闭与客户的连接。

使用对套接字封装后的类,编写基于 TCP 的客户端程序的一般步骤如下。

(1) 利用 TcpClient 的构造函数创建一个 TcpClient 对象。

(2) 使用 Connect 方法与服务器建立连接。

(3) 利用 TcpClient 对象的 GetStream 方法得到网络流,然后利用该网络流与服务器进行数据传输。

(4) 创建一个线程监听指定的端口,循环接收并处理服务器发送过来的信息。

(5) 完成工作后,向服务器发送关闭信息,并关闭与服务器的连接。

【例 10-3】　建立一个时间服务器,包括服务器端程序和客户端程序。服务器端监听客户端的连接请求,建立连接以后向客户端发送当前的系统时间。

1. Server 端程序

```
01.    using System.Net.Sockets;
02.    using System.Net;
03.    using System.Text;
04.    namespace Example10_3_Tcpserver
05.    {
06.        public class TCPServer
07.        {
08.            static void Main(string[ ] args)
09.            {
10.                Console.WriteLine("服务器准备工作……");
11.                bool done = false;
12.                IPAddress ip = IPAddress.Parse("127.0.0.1");
13.                IPEndPoint IPEPt = new IPEndPoint(ip,8000);
14.                TcpListener tcplistener = new TcpListener(IPEPt);
15.                tcplistener.Start( );
16.                while (!done)
```

```
17.          {
18.              Console.WriteLine("服务器开始监听……");
19.              TcpClient tcpclient = listener.AcceptTcpClient( );
20.              Console.WriteLine("客户端已连接!本地终节点：{0},远程终节点：{1}",
                    tcpclient.Client.LocalEndPoint, tcpclient.Client.RemoteEndPoint);
21.              NetworkStream serverns = tcpclient.GetStream( );
22.              byte[ ] byteTime = Encoding.ASCII.GetBytes(DateTime.Now.ToString( ));
23.              try
24.              {
25.                  serverns.Write(byteTime, 0, byteTime.Length);
26.                  serverns.Close( );
27.                  tcpclient.Close( );
28.              }
29.              catch (Exception e)
30.              {
31.                  Console.WriteLine(e.ToString( ));
32.              }
33.          }
34.          tcplistener.Stop( );
35.      }
36.  }
37. }
```

【程序说明】

（1）服务器端程序中是通过 TcpListener 对象的 AcceptTcpClient 方法得到 TcpClient 对象，不需要使用 TcpClient 类的构造函数来创建 TcpClient 对象。AcceptTcpClient()方法将检测端口是否有未处理的连接请求，如果有未处理的连接请求，该方法将使服务器同客户端建立连接，并且返回一个 TcpClient 对象。

（2）NetWorkStream 网络流可以被视为一个数据通道，架设在数据发送端和接收端之间，通过 TcpClient.GetStream()方法，返回用于发送和接收数据的网络流 NetWorkStream，使用标准流读写方法 Read 和 Write 来接收和发送数据。

（3）TcpListener 类提供 Start()方法开始监听，提供 Stop()方法停止监听。

（4）Encoding.ASCII.GetBytes(DateTime.Now.ToString())获取本机时间，并保存在字节数组中，使用 NetworkStream.Write()方法写入数据流，然后客户端就可以通过 Read()方法从数据流中获取这段信息。

2. Client 端程序

```
01. using System.Net.Sockets;
02. using System.Net;
03. using System.Text;
04. namespace Example10_3_Tcpclient
05. {
06.     public class TCPClient
07.     {
08.         static void Main(string[ ] args)
09.         {
10.             Console.WriteLine("客户端准备工作……");
11.             try
```

```
12.             {
13.                 Tcpclient = new TcpClient( );
14.                 client.Connect(IPAddress.Parse("127.0.0.1"),8000);
15.                 Console.WriteLine("服务器已连接!本地终节点:{0},远程终节点:{1}",
                        client.Client.LocalEndPoint, client.Client.RemoteEndPoint);
16.                 NetworkStream clientns = client.GetStream( );
17.                 byte[] bytes = new byte[1024];
18.                 int bytesRead = clientns.Read(bytes, 0, bytes.Length);
19.                 Console.WriteLine(Encoding.ASCII.GetString(bytes,0,bytesRead));
20.                 client.Close( );
21.                 Console.ReadLine( );
22.             }
23.             catch (Exception e)
24.             {
25.                 Console.WriteLine(e.ToString( ));
26.             }
27.         }
28.     }
29. }
```

【程序说明】

(1) 客户端程序 client=new TcpClient(),初始化一个 TcpClient 类的实例。

(2) 使用 TcpClient 类的 GetStream()方法获取数据流,并且用它初始化一个 NetworkStream 类的实例:NetworkStream clientns = client.GetStream();。

(3) 当使用主机名和端口号初始化 TcpClient 类的实例时,直到跟服务器建立了连接,这个实例才算真正建立,程序才能往下执行。如果因为网络不通、服务器不存在、服务器端口未开放等原因不能连接,程序将抛出异常并且中断执行。

(4) 建立数据流之后,读取数据时,首先应该建立一个缓冲区,即建立一个 byte 型的数组用来存放从流中读取的数据。

(5) clientns.Read(bytes, 0, bytes.Length)方法读取字节流后显示到屏幕上。

(6) client.Close()方法关闭客户端。

【运行结果】

运行服务器、客户端两个程序,结果如图 10-7 和图 10-8 所示。

图 10-7　例 10-3 服务器端运行结果

图 10-8　例 10-3 客户端运行结果

10.5 UdpClient 类

UdpClient 类提供了发送和接收无连接的 UDP 数据报的方便方法。封装了底层的套接字,并分别提供了对套接字进一步封装后的同步和异步操作的方法,降低了 UDP 应用编程的难度。与 TCP 有 TcpListener 类和 TcpClient 类不同,UDP 只有 UdpClient 类,这是因为 UDP 是无连接的协议,所以只需要一种 Socket,不需要在发送和接收数据前建立远程主机连接,可以选择使用下面两种方法之一来建立默认远程主机。

(1) 使用远程主机名和端口号作为参数创建 UdpClient 类的实例。
(2) 创建 UdpClient 类的实例,然后调用 Connect 方法。

UdpClient 类的常用属性、方法及说明如表 10-10 所示。

表 10-10 UdpClient 类的常用属性、方法及说明

属性及方法	说　　明
Client 属性	获取或设置基础网络 Socket
BeginReceive 方法	从远程主机异步接收数据报
BeginSend 方法	将数据报异步发送到远程主机
Close 方法	关闭 UDP 连接
Connect 方法	建立默认远程主机
EndReceive 方法	结束挂起的异步接收
EndSend 方法	结束挂起的异步发送
Receive 方法	返回已由远程主机发送的 UDP 数据报
Send 方法	将 UDP 数据报发送到远程主机

【例 10-4】 同一主机不同端口之间的 UDP 通信。

1. Server 端程序

```
01.    using System;
02.    using System.Net.Sockets;
03.    using System.Text;
04.    using System.Net;
05.    using System.Threading;
06.    namespace Example10_4_Udpserver
07.    {
08.        class UdpServer
09.        {
10.            static void Main(string[] args)
11.            {
12.                try
13.                {
14.                    UdpClient udpClient = new UdpClient(8100);
15.                    string returnData = "client_end";
16.                    do
17.                    {
18.                        Console.WriteLine("服务器端准备接收数据:");
19.                        IPEndPoint RemoteIpEndPoint = new IPEndPoint(IPAddress.Any, 0);
```

```
20.                    Byte[] receiveBytes = udpClient.Receive(ref RemoteIpEndPoint);
21.                    returnData = Encoding.UTF8.GetString(receiveBytes);
22.                    Console.WriteLine(" This is the message server received: " +
                       returnData.ToString());
23.                    System.Threading.Thread.Sleep(3000);
24.                    Console.WriteLine("向客户端发送数据：");
25.                    udpClient.Connect(Dns.GetHostName().ToString(), 8000);
26.                    string sendStr = "来自服务器端的时间：" + DateTime.Now.ToString();
27.                    Byte[] sendBytes = Encoding.UTF8.GetBytes(sendStr);
28.                    udpClient.Send(sendBytes, sendBytes.Length);
29.                    Console.WriteLine("This is the message server send: " + sendStr);
30.                } while (returnData != "client_end");
31.            }
32.            catch (Exception e)
33.            {
34.                Console.WriteLine(e.ToString());
35.            }
36.        }
37.    }
38. }
```

【程序说明】

（1）第 20 行通过引用传值，获得客户端的 IP 地址及端口号。

（2）第 21 行获得客户端的信息。

（3）第 22 行若用 ASCII，不能正确处理中文。

（4）第 23 行 Sleep 3000ms 后，再向客户端发送信息。

2. Client 端程序

```
01. using System;
02. using System.Net.Sockets;
03. using System.Text;
04. using System.Net;
05. namespace Example10_4 Udpcliet
06. {
07.     class Program
08.     {
09.         static void Main(string[] args)
10.         {
11.             try
12.             {
13.                 UdpClient udpClient = new UdpClient(8000);
14.                 udpClient.Connect(Dns.GetHostName().ToString(), 8100);
15.                 string sendStr = "来自客户端的时间：" + DateTime.Now.ToString();
16.                 Byte[] sendBytes = Encoding.UTF8.GetBytes(sendStr);
17.                 udpClient.Send(sendBytes, sendBytes.Length);
18.                 Console.WriteLine("This is the message client send: " + sendStr);
19.                 IPEndPoint RemoteIpEndPoint = new IPEndPoint(IPAddress.Any, 0);
20.                 Byte[] receiveBytes = udpClient.Receive(ref RemoteIpEndPoint);
21.                 string returnData = Encoding.UTF8.GetString(receiveBytes);
22.                 Console.WriteLine(" This is the message come from server: " +
```

```
                        returnData.ToString( ));
23.                 Console.ReadLine( );
24.                 udpClient.Close( );
25.             }
26.             catch (Exception e){
27.                 Console.WriteLine(e.ToString( ));
28.             }
29.         }
30.     }
31. }
```

【程序说明】

（1）第 13～17 行创建 UdpClient 实例后，调用 Connect( )方法创建远程主机，向服务器发送数据。

（2）第 19～23 行等待服务器的答复，收到后显示服务器发送的信息，并结束对话。

【运行结果】

运行服务器、客户端两个程序，结果如图 10-9 和图 10-10 所示。

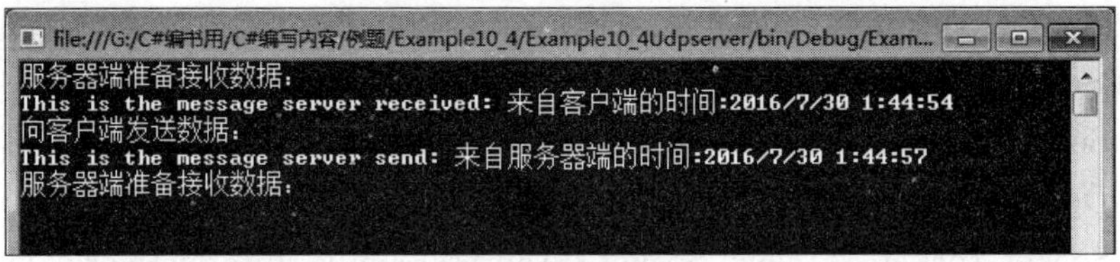

图 10-9 例 10-4 服务器端运行结果

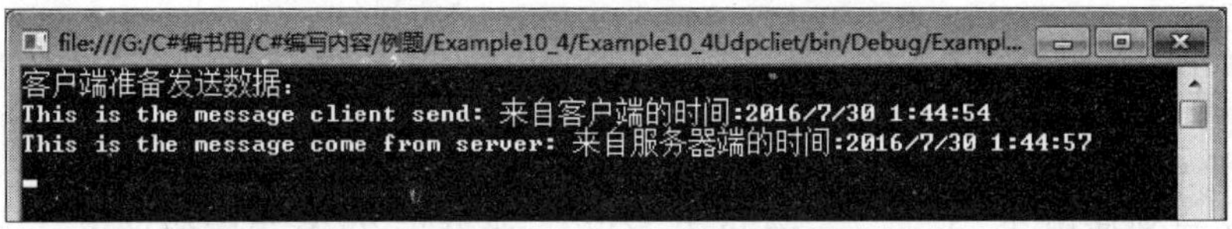

图 10-10 例 10-4 客户端运行结果

小　　结

.NET 框架在 System.Net 命名空间下提供了一系列的类用于网络通信。System.Net.Socket 命名空间下的 Socket 类提供底层的、基于传输层协议的通信，同时支持 TCP 和 UDP；TcpListen 类、TcpClient 类以及 UdpClient 类对套接字进行了封装，不需要处理连接的细节，为 Socket 通信提供了更简单、更友好的用户接口。

课　后　练　习

一、选择题

1. Socket 类所在的命名空间是(　　)。

　　A. System.Net　　　　　　　　　　　　B. System.Net.Socket

  C. System.Net.Sockets   D. System.Net.Mail

2. 在使用 TCP 套接字时,发出连接请求的方法是(　　)。

  A. bind   B. connect   C. connected   D. socket

3. (　　)协议是面向连接的、可靠的数据流服务。

  A. UDP   B. IP   C. TCP   D. ICMP

4. 用以简化 UDP 编程的类是(　　)。

  A. IPAddress 类   B. TcpClient 类   C. TcpListener 类   D. UdpClient 类

5. 套接字应用于网络编程时,哪个不是需要包含的三个基本要素?(　　)

  A. 网络类型   B. 主机信息   C. 采用的网络协议   D. 数据传输类型

6. IPAddress 类的(　　)属性表示本地系统可用的任何 IP 地址。

  A. Any   B. Broadcast   C. Loopback   D. None

7. 在 C# 中,Dns 类的 GetHostByName 方法返回的类型是(　　)。

  A. int   B. string   C. Socket   D. IPHostEntry

8. 在 C# 中,生成 TCP 套接字的语句,以下错误的是(　　)。

  A. Socket socket = new Socket(AddressFamily.InterNetwork,SocketType.Stream,ProtocolType.Tcp)

  B. Socket socket = new Socket(AddressFamily.InterNetwork,SocketType.Dgram,ProtocolType.Udp)

  C. Socket socket = new Socket(AddressFamily.InterNetwork,SocketType.Raw,ProtocolType.Raw)

  D. Socket socket = new Socket(AddressFamily.InterNetwork,SocketType.Raw,ProtocolType.Ip)

二、简答题

1. UDP 一般采用哪两种方法建立默认远程主机?

2. 简单描述使用 TcpListener 类和 TcpClient 类开发 TCP 程序的过程。

3. 什么是网络流?网络流的基本操作有哪些?

4. UdpClient 的 Connect 方法和 TcpClient 的 Connect 方法语法形式基本一致,其作用是否相同?

三、编程题

1. 编写获取本机 IP 和主机名的程序。

2. 编写一个 Windows 应用程序,应用 TcpListener 类与 TcpClient 类在本机完成网络通信,在窗体中使用 TextBox 控件分别输入要连接的主机及端口号,RichTextBox 控件用来显示远程主机的连接状态。

第11章　进程和线程技术

Windows 系统是一个基于多进程的操作系统。每个正在操作系统上运行的应用程序都是一个进程(Process)，一个进程可以包括一个或多个线程(Thread)。线程是操作系统配置时间给处理器的一个基本单元，在进程中可以有多个线程同时执行代码，每个线程都具备自己的异常处理程序、调度优先级和一些操作系统所给的数据，这些数据称为线程上下文(Thread Context)。线程上下文包含运行时所需的所有信息。

在 C♯语言中，System.Threading 命名空间提供了一些可以进行多线程编程的类和接口，包括多线程编程最重要的类——Thread 类，该类用于创建和控制线程、设置其优先级并获取其状态。

本章首先介绍了进程管理的基本方法，而后对 C♯多线程程序设计进行详细讲解。

11.0　问 题 导 入

【导入问题】　如果让计算机一次只完成一件事情，无疑是清晰明了的，但事实上很多事情都是同时进行的。比如火车的售票系统，不可能只设置一个售票窗口，让大家都到一起来排队买火车票，而是会在不同的地方设置很多个售票窗口。这样就出现一个问题，如果两个人刚好同时来买同一趟车的火车票，这张票卖给谁呢？这种售票系统是怎样来保证不会出现一票两卖的局面呢？

【初步分析】　这是一个典型的需要利用 C♯中多线程来工作的例子。两个人同时购买同一趟列车的车票时，就需要想办法在售票系统中添加一些功能，当一个售票窗口出售某张车票时，收回其他窗口再次访问和售出这张车票的可能性。这些功能就是多线程系统所要完成的工作，也是本章所要讲解的内容。

11.1　进程与线程

进程(Process)是程序在计算机内存中的运行活动，是系统资源分配和调度的基本单位，是程序(Program)即指令集合和相关数据的动态体现。进程和程序的区别如下。

(1) 进程描述的是程序的动态行为，而程序是一个指令序列和相关数据的静态描述。

(2) 进程是程序的一次运行活动，具有暂时性，而程序可以脱离机器长期保存，具有永久性。

(3) 一个程序可以对应多个进程，一个进程也可以对应多个程序，二者没有确定的对应关系。

进程是为了刻画程序内部运行状态而引入的一个概念。程序一旦运行，进程就随之产生,操作系统为每个进程分配一定的独立的地址空间,进程间内存空间相互独立,并按约定规则进行管理和调度。每个进程拥有的资源随着进程的生成而产生,又随着进程的终止而撤销。

线程是由进程创建的可执行单元,线程依附于进程的存在而共享进程的内存空间,由应用程序提供多个线程执行控制。线程也可以创建线程。线程和进程一样具有一个生存周期,在这个生存周期中,总是处于某种状态之中,诸如就绪态、运行态或等待(阻塞)态。当进程退出运行以后,线程也随之消失,所占用的资源也一同释放。

11.2 进 程

进程是指应用程序的一次动态执行,它包括运行中的程序、程序使用的内存和系统资源。通过"Windows 任务管理器"→"进程"选项卡可以查看当前系统中正在运行的所有进程,在其中列出了这些进程的 ID 标识、用户名、CPU 和内存使用等信息。

System.Diagnostics 命名空间下定义了一个 Process 类,通过它可以访问和管理当前系统中的进程。像 Windows 任务管理器中的进程列表,就可以使用 Process 类的静态方法 GetProcesses() 来获得:

```
process[] ps = Process.GetProcesses();
```

该方法返回一个 Process 类型的数组,其每个元素对应一个进程对象。之后就可以通过 Process 类提供的各个公有属性来获取进程信息,表 11-1 对其中的常用属性进行了说明。

表 11-1 Process 类的常用公有属性

属 性 名	类 型	含 义
ProcessName	string	进程名
Id	int	进程的唯一标识符
MachineName	string	进程所运行在的计算机名称
MainModule	ProcessModule	进程启动的主模块(指.exe 或.dll 文件)
Modules	ProcessModule[]	进程所加载的模块集合
BasePriority	int	进程的基本优先级
StartTime	DateTime	进程的启动时间
ExitTime	DateTime	进程的退出时间
HasExited	bool	判断进程是否已退出
ExitCode	int	进程的退出代码
TotalProcessorTime	TimeSpan	进程总共使用的处理器时间
UserProcessorTime	TimeSpan	进程在应用程序部分所使用的处理器时间
PrivilegeProcessorTime	TimeSpan	进程在操作系统内核中所使用的处理器时间
PrivateMemorySize64	long	为进程分配的专用内存大小
WorkingSet64	long	为进程分配的物理内存大小
VirtualMemorySize64	long	为进程分配的虚拟内存大小
PagedMemorySize64	long	为进程分配的分页内存大小
NonpagedMemorySize64	long	为进程分配的非分页内存大小
PeekVirtualMemorySize64	long	进程可使用的最大虚拟内存
PeekPagedMemorySize64	long	进程可使用的最大分页内存
Threads	Thread[]	进程中的线程集合

如果知道一个进程的名称或 ID 号,那么可分别通过 Process 类的静态方法 GetProcessesByName()和 GetProcessById()来获取进程对象。进程的名称有可能重复,而 ID 却是唯一的,因此,前者返回一个 Process 数组,而后者返回一个 Process 对象。例如,通过下面这行语句可获得当前系统中的所有 Word 进程(GetProcessesByName 方法的参数中不含程序扩展名.exe 或.dll):

```
Process[] ps = Process.GetProcessesByName("Winword");
```

Process 的静态方法 GetCurrentProcess 用于返回当前进程对象,即正在执行当前代码的进程本身。Process 类的其他成员方法则提供了对进程的直接操作。首先,通过其静态方法 Start 可以启动一个进程,例如,下面的代码用于打开 Windows 记事本:

```
Process.Start("Notepad.exe");
```

其中的参数表示应用程序的文件名。如果程序支持命令行参数,那么还可以在 Start 方法的第二个参数中指定,例如,下面的代码可使用 Windows 记事本打开 C 盘上的 bootlog.txt 文件:

```
Process proc = Process.Start("Notepad.exe", "C:\\bootlog.txt");
```

Start 方法返回一个表示进程本身的 Process 对象,通过它就可以访问进程的属性,并执行对进程的各种操作。

Process 提供了两种关闭进程的方式,一种是使用 Kill 方法强制结束进程,这相当于在 Windows 任务管理器中结束进程,例如:

```
proc.Kill();
```

对于拥有用户界面的进程,Process 的 CloseMainWindow 方法表示向进程的主窗口发送关闭消息,这相当于用户正常退出应用程序(如单击程序主窗体的"关闭"按钮);之后还可以使用 Close 方法来释放进程所占用的系统资源,例如:

```
proc.CloseMainWindow();
proc.Close();
```

【例 11-1】 用进程操作 Windows 应用程序示例。在窗体上添加 7 个按钮,分别用于启动和关闭 Windows 画笔、计算器和记事本进程。

```
01.  using System;
02.  using System.Collections.Generic;
03.  using System.Windows.Forms;
04.  using System.Diagnostics;
05.  namespace Example11_1
06.  {
07.      public partial class Form1 : Form
08.      {
09.          private List<Process> m_processes;
10.          public Form1()
11.          {
12.              InitializeComponent();
```

```csharp
13.            m_processes = new List<Process>();
14.        }
15.        private void btnStartPaint_Click(object sender, EventArgs e)
16.        {
17.            m_processes.Add(Process.Start("mspaint.exe"));
18.        }
19.        private void btnClosePaint_Click(object sender, EventArgs e)
20.        {
21.            Process[] ps = Process.GetProcessesByName("mspaint");
22.            if (ps != null & ps.Length > 0)
23.            {
24.                ps[ps.Length - 1].CloseMainWindow();
25.                ps[ps.Length - 1].Close();
26.            }
27.        }
28.        private void btnStartCal_Click(object sender, EventArgs e)
29.        {
30.            m_processes.Add(Process.Start("calc.exe"));
31.        }
32.        private void btnCloseCal_Click(object sender, EventArgs e)
33.        {
34.            Process[] ps = Process.GetProcessesByName("calc");
35.            if (ps != null & ps.Length > 0)
36.            {
37.                ps[ps.Length - 1].CloseMainWindow();
38.                ps[ps.Length - 1].Close();
39.            }
40.        }
41.        private void btnStartNotepad_Click(object sender, EventArgs e)
42.        {
43.            m_processes.Add(Process.Start("Notepad.exe"));
44.        }
45.        private void btnCloseNotepad_Click(object sender, EventArgs e)
46.        {
47.            Process[] ps = Process.GetProcessesByName("Notepad");
48.            if (ps != null & ps.Length > 0)
49.            {
50.                ps[ps.Length - 1].CloseMainWindow();
51.                ps[ps.Length - 1].Close();
52.            }
53.        }
54.        private void btnCloseProcess_Click(object sender, EventArgs e)
55.        {
56.            foreach (Process p in m_processes)
57.                if (!p.HasExited)
58.                    p.Kill();
59.        }
60.    }
61. }
```

【运行结果】

单击工具栏中的"开始"按钮,即可在窗体中输出如图 11-1 所示的结果。

【程序说明】

(1) 为了使用泛型列表在第 2 行引用了 System.Collections.Generic 命名空间,为了调用进程类的相关方法在第 4 行引用了 System.Diagnostics 命名空间。

(2) 首先在第 9 行定义了一个 Process 类型列表 m_processes,在第 13 行对其进行了初始化,用于存放进程信息。

图 11-1 例 11-1 运行结果

(3) 当单击"启动画笔"按钮时,执行第 15~18 行代码,通过 Process 类的 Start()方法启动画笔进程程序 mspaint.exe。

(4) 当单击"关闭画笔"按钮时,执行第 19~27 行代码,通过 Process 类的 GetProcessesByName()获取画笔进程,如果画笔进程正在运行,则调用 CloseMainWindow()方法关闭该进程,然后调用 Close()方法释放所占用的系统资源。

11.3 线程概述

如果一次只完成一件事情,无疑是清晰明了的,但事实上很多事情都是同时进行的。在 C♯中为了模拟这种状态,引入了线程机制。简单地说,当程序同时完成多件事情时,就是所谓的多线程程序。多线程运用广泛,开发人员可以使用多线程对要执行的操作分段执行,这样可以大大提高程序的运行速度和效率。

11.3.1 线程的定义和分类

每个正在操作系统上运行的应用程序都是一个进程,一个进程可以包括一个或多个线程。线程是操作系统分配处理器时间的基本单元。在进程中可以有多个线程同时执行代码,每个线程都维护异常处理程序、调度优先级,都有自己的寄存器(栈指针、程序计数器等),但代码区是共享的,即不同的线程可以执行同样的函数。

每个进程启动时都将创建一个默认线程,称为进程的"主线程";对于 C♯程序,主线程执行的就是 Main 方法代码。执行过程中始终只有一个线程的程序,称为"单线程程序",否则是"多线程程序"。每个线程都可以创建新的线程,而主线程之外的其他线程都称为"辅助线程"。

11.3.2 多线程的使用

多线程是指程序中包含多个执行流,即在一个程序中可以同时运行多个不同的线程来执行不同的任务,也就是说,允许单个程序创建多个并行执行的线程来完成各自的任务。浏览器就是一个很好的多线程例子,在浏览器中可以在下载 Java 小应用程序或图像的同时滚动页面,在访问新页面时播放动画、声音并打印文件等。

多线程程序中,在一个线程必须等待的时候,CPU 可以运行其他线程而不是等待,这就大大提高了程序的效率。

线程具有并发执行的特点,比进程开销小,程序中线程行为就像全局函数,编程比多进程程序相对简单,而且线程间通信也很方便,与常规编程方式类似。所以,在下列情况下可以采用多线程编程技术。

(1) 为了提高运行效率,在同一时间内运行多个任务时;

(2) 处理数据量比较大,需要等待时;

(3) 同一程序内没有顺序关系的代码段时;

(4) 应用系统采用客户/服务器机制时。

然而,我们也必须认识到线程本身可能存在影响系统性能的不利方面,才能正确使用线程。主要不利方面有以下几点。

(1) 线程也是程序,所以线程需要占用内存,线程越多占用内存也越多;

(2) 多线程需要协调和管理,所以需要占用 CPU 时间来跟踪线程;

(3) 线程之间对共享资源的访问会相互影响,必须解决争用共享资源的问题;

(4) 线程太多会导致控制太复杂,最终可能造成很多 Bug。

11.3.3 线程的生命周期和状态

线程具有生命周期,其中包含三种状态,分别称为出生状态、就绪状态和运行状态。出生状态就是用户在创建线程时所处的状态,在用户使用该线程实例调用 Start 方法之前,线程都处于出生状态;当用户调用 Start 方法后,线程处于就绪状态(也称为可执行态);当线程得到系统资源后则进入运行状态。

一旦线程进入可执行状态,它会在就绪状态与运行状态下循环,同时也有可能进入等待、休眠、阻塞或死亡状态。当处于运行状态下的线程调用 Thread 类的 Suspend 方法时,该线程处于等待状态。进入等待状态的线程必须调用 Thread 类的 Resume 方法才能被唤醒。当线程调用 Thread 类的 Sleep 方法时,该线程就进入休眠状态。如下一个线程在运行状态下发出输入/输出请求,该线程将进入阻塞状态。在其等待输入/输出结束时,线程进入就绪状态。对于被阻塞的线程来说,即使系统资源空闲,线程依然不能回到运行状态。当线程执行完毕时,线程进入死亡状态。图 11-2 描述了线程的生命周期和各种状态。

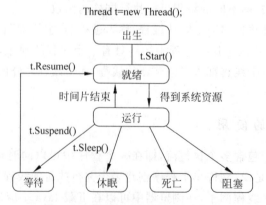

图 11-2 线程生命周期的各种状态

虽然多线程看起来好像同时执行,但事实上在同一时间点上只有一个线程被执行,只是线程之间切换较快,所以才会使人产生线程是同时执行的假象。在 Windows 操作系统中,系统会为每个线程分配一小段 CPU 时间片,当 CPU 时间结束时,即使该线程没有结束,也会将当前线程转换到下一个线程。

11.3.4 线程对象和属性

Thread 类有一个静态属性 CurrentThread,它返回一个 Thread 对象,表示当前代码运行时所属的进程。

和 Process 类似,在得到一个 Thread 对象后,就可以通过其属性来访问线程的有关信息,如 Name 属性表示线程名、Priority 属性表示线程优先级、IsAlive 属性表示线程是否活动、IsBackground 属性表示线程是否为后台线程等。通过 ThreadState 属性可以获取线程所处的状态,其类型为 ThreadState 枚举,它在各种情况下可能的取值如表 11-2 所示。

表 11-2 ThreadState 属性

名 称	含 义	名 称	含 义
Aborted	线程已中止	AbortRequested	正在请求中止
Background	线程在后台执行	Running	线程正在运行
Stopped	线程已被停止	StopRequested	正在请求停止
Suspended	线程已被挂起	SuspendRequested	正在请求挂起
Unstarted	尚未启动	WaitSleepJoin	在等待

11.4 线程调度

线程调度就是对线程的操作,主要包括线程的创建、挂起、恢复、休眠、终止及设置线程的优先级,本节将对其进行讲解。

11.4.1 创建线程

创建一个线程非常简单,只需将其声明为线程类并为其提供线程起始点处的方法委托即可。创建新的线程时,需要使用 Thread 类。Thread 类具有接收一个 ThreadStart 委托或 ParameterizedThreadStart 委托的构造函数,该委托包装了调用 Start 方法时由新线程调用的方法。创建 Thread 类的对象后,线程对象已存在并已配置,但此时并未创建实际的线程,只有在调用 Start 方法后,才会创建实际的线程。

Start 方法用来使线程被安排执行,使操作系统将当前实例的状态更改为 ThreadState.Running,它有以下两种重载形式。

(1) public void Start()

(2) public void Start(Object parameter)

说明:在第二种重载形式中,参数 parameter 是一个对象,包含线程执行的方法要使用的数据。

【例 11-2】 使用 ParameterizedThreadStart 委托创建线程示例。

```
01.   using System;
02.   using System.Threading;
03.   class Example11_2
04.   {
05.       public static void createThread(object name)
06.       {
07.           Console.Write("创建线程,Name = {0}", name);
08.       }
09.       static void Main(string[] args)
10.       {
11.           Thread myThread;
12.           myThread = new Thread(new ParameterizedThreadStart(createThread));
13.           myThread.Start("T1");
14.           Console.Read();
15.       }
16.   }
```

【运行结果】

单击工具栏中的"开始"按钮,即可在控制台中输出如图 11-3 所示的结果。

图 11-3 例 11-2 运行结果

【程序说明】

(1) 程序为了使用 Thread 类,因此在第 2 行引用了 System.Threading 命名空间。

(2) 第 12 行,调用 Thread 的构造函数创建一个 Thread 对象,其参数是一个 ParameterizedThreadStart 委托。new ParameterizedThreadStart(createThread)创建了一个委托,指明了线程的入口方法。

(3) 本例中线程入口方法 createThread()带有一个参数,所以第 13 行调用 Start()方法执行线程时给出一个参数。

11.4.2 线程休眠

线程休眠主要通过 Thread 类的 Sleep 方法实现,该方法用来将当前线程阻止指定的时间。它有以下两种重载的形式。

(1) public static void Sleep(int millsecondsTimeout)

(2) public static void Sleep(TimeSpan timeout)

说明:

(1) 第一种重载形式中,参数 millsecondsTimeout 是线程被阻止的毫秒数。

(2) 第二种重载形式中,参数 timeout 是线程被阻止的时间量的 TimeSpan。

(3) 无论哪种重载形式,指定零表示应挂起此线程以使其他等待线程能够执行;指定 Timeout.Infinite 表示无限期阻止线程。

【例 11-3】 本示例使用 Sleep(TimeSpan)方法重载来阻挡应用程序的主线程三次,每次持续 3s。

```
01.    class Example11_3
02.    {
03.        static void Main(string[] args)
04.        {
05.            TimeSpan interval = new TimeSpan(0, 0, 3);
06.            for (int i = 0; i < 3; i++)
07.            {
08.                Console.WriteLine("Sleep for 3 seconds.");
09.                Thread.Sleep(interval);
10.            }
11.            Console.WriteLine("Main thread exits.");
12.            Console.ReadLine();
13.        }
14.    }
```

【运行结果】

单击工具栏中的"开始"按钮,即可在控制台中输出如图 11-4 所示的结果。

图 11-4 例 11-3 运行结果

【程序说明】

第 5 行创建了一个 TimeSpan 对象,在其构造函数中有三个参数,分别指明时间间隔的小时、分、秒数。

11.4.3 终止线程

终止线程可以使用 Thread 类的 Abort 方法和 Join 方法来实现,下面对这两个方法分别进行介绍。

1. Abort 方法

Abort 方法用来终止线程,它有两种重载形式,下面分别介绍。

(1)终止线程,在调用此方法的线程上引发 ThreadAbortException 异常,以开始终止此线程的过程。其语法格式如下。

public void Abort()

(2)终止线程,在调用此方法的线程上引发 ThreadAbortException 异常,以开始终止此线程并提供有关线程终止的异常信息的过程。其语法格式如下。

public void Abort(Object stateInfo)

说明:参数 stateInfo 是一个对象,它包含应用程序特定的信息(如状态),该信息可供正被终止的线程使用。

【例 11-4】 创建一个控制台应用程序，在其中开始一个线程，然后调用 Thread 类的 Abort 方法终止已开启的线程。代码如下。

```
01.   class Example11_4
02.   {
03.       static void TestMethod()
04.       {
05.           try
06.           {
07.               while (true)
08.               {
09.                   Console.WriteLine("New thread running.");
10.                   Thread.Sleep(1000);
11.               }
12.           }
13.           catch (ThreadAbortException abortException)
14.           {
15.               Console.WriteLine((string)abortException.ExceptionState);
16.           }
17.       }
18.       static void Main(string[] args)
19.       {
20.           Thread newThread = new Thread(new ThreadStart(TestMethod));
21.           newThread.Start();
22.           Thread.Sleep(1000);
23.           Console.WriteLine("Main aborting new thread.");
24.           newThread.Abort("Information from Main.");
25.           Console.WriteLine("New thread terminated - Main exiting.");
26.           Console.Read();
27.       }
28.   }
```

【运行结果】

单击工具栏中的"开始"按钮，即可在控制台中输出如图 11-5 所示的结果。

图 11-5　例 11-4 运行结果

【程序说明】

（1）第 20 行，主函数中创建了一个线程对象 newThread，它的入口方法是第 3 行定义的 TestMethod()，当线程未被终止时始终循环执行第 9 和第 10 行两行代码。

（2）第 22 行利用 Sleep() 方法使主线程暂停 1s，然后主程序中利用 Abort() 方法终止线程 newThread 的执行。此时将引发 ThreadAbortException 异常，该异常的 ExceptionState 属性是 object 类型的,该对象包含与线程终止相关的应用程序特定的信息。

(3) 线程的 Abort 用于永久地停止托管线程,一旦线程被中止,它将无法重新启动。

2. Join 方法

Join 方法用来阻止调用线程,直到某个线程终止时为止。它有三种重载形式,下面分别介绍。

(1) public void Join()

(2) public bool Join(int millsecondsTimeout)

(3) public bool Join (TimeSpan timeout)

说明:

(1) 第二种重载形式中,参数 millsencondsTimeout 是等待线程终止的毫秒数。

(2) 第三种重载形式中,参数 timeout 是等待线程终止的时间间隔。

(3) 在后两种重载形式中,如果线程在指定时间内终止,返回值为 true;如果线程在经过了指定的时间后未终止,则返回值为 false。

【例 11-5】 创建一个控制台应用程序,在其中调用 Thread 类的 Join 方法等待线程终止。代码如下。

```
01.    class Example11_5
02.    {
03.        static void Main(string[ ] args)
04.        {
05.            Thread subT = new Thread(new ThreadStart(ShowInfo));
06.            for (int j = 0; j < 20; j++)
07.            {
08.                if (j == 10)
09.                {
10.                    subT.Start();
11.                    subT.Join();
12.                }
13.                else
14.                {
15.                    Console.WriteLine("MainThread print:" + j);
16.                }
17.            }
18.            Console.Read();
19.        }
20.        private static void ShowInfo()
21.        {
22.            for (int i = 0; i < 5; i++)
23.            {
24.                Console.WriteLine("SubThread print:" + i);
25.            }
26.        }
27.    }
```

【运行结果】

单击工具栏中的"开始"按钮,即可在控制台中输出如图 11-6 所示的结果。

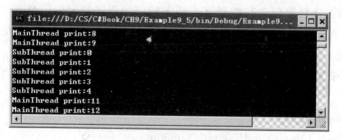

图 11-6　例 11-5 运行结果

【程序说明】

（1）主程序中创建了一个子线程 subT，该线程的入口方法是 ShowInfo()方法。

（2）主函数中，当循环体中 j 的值等于 10 时，用 Start()方法启动子线程，随后调用了 Join()方法，此时阻塞了主线程（即调用 subT 的线程）的执行，当线程 subT 执行结束后，主线程继续执行。

说明：由上面的实例可以看到，Abort()方法会立即结束正在运行的线程，而 Join()方法会阻止调用线程，等待其作用的线程运行结束后再使调用线程继续运行，相当于两个线程串行运行。

关于线程的挂起和继续，从 .NET Framework 2.0 版以后，Thread.Suspend 和 Thread.Resume 方法已标记为过时。由于 Thread.Suspend 和 Thread.Resume 不依赖于受控制线程的协作，因此，它们极具侵犯性并且会导致严重的应用程序问题，例如，如果挂起的线程占有另一个线程需要的资源，就会发生死锁。

某些应用程序确实需要控制线程的优先级以提高性能。为了做到这一点，应该使用 Priority 属性而不是 Thread.Suspend。

如果为了实现线程同步，请使用 9.6 节中介绍的方法。

11.5　线程优先级

线程优先级是指一个线程相对于另一个线程的优先级，每个线程都有一个分配的优先级。当线程之间争夺 CPU 时间时，CPU 按照线程的优先级给予服务。在 C#应用程序中，用户可以设定 5 个不同的优先级，由高到低分别是：Hightest、AboveNormal、Normal、BelowNormal 和 Lowest，在创建线程时如果不指定优先级，系统将默认为 ThreadPriority.Normal。给一个线程指定优先级，可以使用如下代码：

```
myThread.Priority = ThreadPriority.Lowest;
```

通过设定线程的优先级，可以安排一些相对重要的线程优先执行，如对用户的响应等。

【例 11-6】　创建一个控制台应用程序，在其中创建两个 Thread 线程类对象，并设置第一个 Thread 类对象的优先级为最低，然后调用 Start 方法开启这两个线程。代码如下。

```
01.   class Example11_6
02.   {
03.       static void Main(string[] args)
```

```
04.     {
05.         Thread thread1 = new Thread(new ThreadStart(Thread1));
06.         thread1.Priority = ThreadPriority.Lowest;
07.         Thread thread2 = new Thread(new ThreadStart(Thread2));
08.         thread1.Start();
09.         thread2.Start();
10.         Console.ReadLine();
11.     }
12.     static void Thread1()
13.     {
14.         Console.WriteLine("线程 1");
15.     }
16.     static void Thread2()
17.     {
18.         Console.WriteLine("线程 2");
19.     }
20. }
```

【运行结果】

单击工具栏中的"开始"按钮,即可在控制台中输出如图 11-7 所示的结果。

图 11-7 例 11-6 运行结果

【程序说明】

在第 6 行设定线程 thread1 的优先级为最低优先级,而线程 thread2 的优先级默认是正常级别,所以线程 thread2 要优先于线程 thread1 执行。

11.6 线程同步

在单线程程序中,每次只能做一件事情,后面的事情需要等待前面的事情完成后才可以进行,显然效率较低;而多线程程序虽然解决了效率问题,但也会发生诸如两个线程抢占资源的问题,例如,两个人同时说话、两个人同时过同一座独木桥等。因此,在多线程编程中需要防止这些资源访问的冲突。C♯提供了线程同步机制来防止资源访问的冲突。其中主要用到 lock 关键字、Monitor 类和 Mutex 类。本节将对线程同步机制及其实现进行讲解。

11.6.1 线程同步机制

应用程序中使用多线程的一个好处是每个线程都可以异步执行。对于 Windows 应用程序,耗时的任务可以在后台执行,而使应用程序窗口和控件保持响应。对于服务器应用程序,多线程处理提供了用不同线程处理每个传入请求的能力。否则,在完全满足前一个请求之前,将无法处理新请求。然而,多线程的异步性意味着必须协调对资源的访问,否则两个或更多的线程可能在同一时间访问相同的资源,而每个线程都不知道其他线程的操作,结果将产生不可预知的数据损坏。

线程同步是指并发线程高效、有序地访问共享资源所采用的一种技术。所谓同步,是指某一时刻只有一个线程可以访问资源,只有当资源所有者主动放弃了代码或资源的所有权时,其他线程才可以使用这些资源。

11.6.2 使用 lock 关键字实现线程同步

C#提供了一个关键字 lock,它可以把一段代码定义为互斥段。互斥段在一个时刻只允许一个线程进入执行,而其他线程必须等待。这样 lock 关键字可以用来确保代码完成运行,而不会被其他线程中断。在 C#中,关键字 lock 定义如下。

```
lock(expression) statement_block
```

说明:

(1) expression 代表希望跟踪的对象,通常是对象引用。一般地,保护一个类的实例,可以使用 this;而保护一个静态变量(如互斥代码段在一个静态方法内部)使用类名就可以了。

(2) statement_block 就是互斥段的代码,这段代码在一个时刻只能被一个线程执行。

【例 11-7】 lock 关键字使用举例。

```
01.  namespace Example11_7
02.  {
03.      class Account
04.      {
05.          private Object thisLock = new Object();
06.          int balance;
07.          Random r = new Random();
08.          public Account(int initial)
09.          {
10.              balance = initial;
11.          }
12.          int Withdraw(int amount)
13.          {
14.              if (balance < 0)
15.              {
16.                  throw new Exception("Negative Balance");
17.              }
18.              lock (thisLock)
19.              {
20.                  if (balance >= amount)
21.                  {
22.                      Console.WriteLine("Balance before Withdrawal:" + balance);
23.                      Console.WriteLine("Amount to Withdraw: -" + amount);
24.                      balance = balance - amount;
25.                      Console.WriteLine("Balance after Withdrawal:" + balance);
26.                      return amount;
27.                  }
28.                  else
```

```csharp
29.                 {
30.                     return 0;
31.                 }
32.             }
33.         }
34.         public void DoTransactions()
35.         {
36.             for (int i = 0; i < 100; i++)
37.             {
38.                 Withdraw(r.Next(1, 100));
39.             }
40.         }
41.     }
42.     class Example11_7
43.     {
44.         static void Main(string[] args)
45.         {
46.             Thread[] threads = new Thread[10];
47.             Account acc = new Account(1000);
48.             for (int i = 0; i < 10; i++)
49.             {
50.                 Thread t = new Thread(new ThreadStart(acc.DoTransactions));
51.                 threads[i] = t;
52.             }
53.             for (int i = 0; i < 10; i++)
54.             {
55.                 threads[i].Start();
56.             }
57.             Console.Read();
58.         }
59.     }
60. }
```

【运行结果】

单击工具栏中的"开始"按钮,即可在控制台中输出如图 11-8 所示的结果。

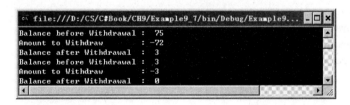

图 11-8　例 11-7 运行结果

【程序说明】

(1) Account 类中定义了一个 Withdraw() 取款方法,该方法内首先判断余额是否充足,如果余额不足抛出异常,如果余额充足则进行取款操作,此时使用 lock 将第 18～32 行的语句块标记为临界区,保证同一时刻只有一个线程可以访问此区域。

(2) 在 Main 函数中同时有 10 个线程进行取款操作,由于使用 lock 设置了临界区,所以可以保证数据的正确性，balance 永远不会是负数。

（3）读者可以试试去掉 Withdraw() 方法中的 lock，看看会发生什么情况。

11.6.3 使用 Monitor 驱动对象实现线程同步

多线程公用一个对象时，也会出现和公用代码类似的问题，这种问题就不应使用 lock 关键字，而要使用 System.Threading 中的类 Monitor，称为监视器，Monitor 提供了使线程共享资源的方案。

Monitor 类可以锁定一个对象，一个线程只有得到这把锁才能对该对象进行操作。对象锁机制保证了在可能引起混乱的情况下，一个时刻只有一个线程可以访问这个对象。当一个线程拥有对象锁时，其他任何线程都不能获取该锁。

Monitor 类的主要功能如下。

（1）它必须和一个具体的对象相关联；

（2）它是未绑定的，也就是说可以直接从任何上下文调用它；

（3）它是一个静态的类，不能用来定义对象，而且它的所有方法都是静态的，不能使用对象来引用，也不能创建 Monitor 类的实例。

下面的代码说明了使用 Monitor 锁定一个对象的情形。

```
...
Queueue myQueue = new Queue();
...
Monitor.Enter(myQueue);
...                              //现在 myQueue 对象只能被当前线程操纵了
Monitor.Exit(myQueue);           //释放锁
```

如上所示，当一个线程调用 Monitor.Enter() 方法锁定一个对象时，这个对象就归它所有了，其他线程要访问这个对象，只有等它用 Monitor.Exit() 方法释放锁以后。为了保证线程最终都能释放锁，可以把 Monitor.Exit() 方法写在 try-catch-finally 结构中的 finally 代码块中。

【例 11-8】 Monitor 类使用举例。

```
01.   using System;
02.   using System.Collections ;
03.   using System.Threading ;
04.   class Example11_8
05.   {
06.       private Queue m_inputQueue;
07.       public Example11_8()
08.       {
09.           m_inputQueue = new Queue();
10.       }
11.       public void AddElement(object qValue)
12.       {
13.           m_inputQueue.Enqueue(qValue);
14.       }
15.       public void PrintAllElements()
```

```
16.        {
17.            IEnumerator elmEnum = m_inputQueue.GetEnumerator();
18.            while(elmEnum.MoveNext())
19.            {
20.                Console.WriteLine(elmEnum.Current.ToString());
21.            }
22.        }
23.        public void DoWork(object data)
24.        {
25.            Monitor.Enter(m_inputQueue);
26.            Console.WriteLine("队列已被线程{0}锁定", data);
27.            for (int i = 0; i < 20; i++)
28.                AddElement(string.Format("{0}:{1}", data, i));
29.            PrintAllElements();
30.            Monitor.Exit(m_inputQueue);
31.            Console.WriteLine("队列已被线程{0}释放", data);
32.        }
33.        static void Main(string[] args)
34.        {
35.            Example11_8 sample = new Example11_8();
36.            Thread t1 = new Thread(sample.DoWork);
37.            Thread t2 = new Thread(sample.DoWork);
38.            t1.Start("T1");
39.            t2.Start("T2");
40.            Console.Read();
41.        }
42.    }
```

【运行结果】

单击工具栏中的"开始"按钮,即可在控制台中输出如图 11-9 所示的结果。

图 11-9 例 11-8 运行结果

【程序说明】

(1) 第 15~22 行定义了一个方法 PrintAllElements(),用于输出队列中的所有元素。该方法内通过 Queue 类的 GetEnumerator()方法,返回用于循环访问队列的枚举器,然后利用枚举器的 MoveNext()方法依次获取队列中的元素。

(2) 第 23~32 行定义了一个 DoWork()方法,该方法首先调用 Monitor 类的 Enter 方法锁定队列对象 m_inputQueue,然后向其中添加元素并输出所有元素,最后调用 Monitor 类的 Exit 方法释放队列对象 m_inputQueue。

(3) 读者可以试着去掉第 25 行和第 30 行代码,看看会发生什么情况。

11.6.4 使用 Mutex 类实现线程同步

当两个或更多线程需要同时访问一个共享资源时,系统需要使用同步机制来确保一次只有一个线程使用该资源。Mutex 类是同步基元,它只向一个线程授予对共享资源的独占访问权。如果一个线程获取了互斥体,则要获取该互斥体的第二个线程将被挂起,直到第一个线程释放该互斥体。Mutex 类与 Monitor 类似,可以防止多个线程在某一时间同时执行某个代码块,然而与监视器不同的是,监视器是在指定对象上设置排他锁,而 Mutex 类则是创建一个新的互斥对象,这个对象在任一时刻只能被一个线程所拥有。

线程可以使用 WaitHandle.WaitOne()方法请求互斥体的所属权,拥有互斥体的线程可以在对 WaitOne()方法的重复调用中请求相同的互斥体而不会阻止其执行,但线程必须调用同样多次数的 ReleaseMutex()方法释放互斥体的所属权,而在此期间,其他想要获取这个 Mutex 对象的线程只有等待。Mutex 类强制线程标识,因此互斥体只能由获得它的线程释放。

使用 Mutex 类实现线程同步很简单。

首先实例化一个 Mutex 类对象,其构造函数中比较常用的有:

(1) public Mutex()

(2) public Mutex(bool initallyOwned)

说明:

第二种构造方法中,参数 initallyOwned 指定了创建该对象的线程是否希望立即获得其所有权,当在一个资源得到保护的类中创建 Mutex 类对象时,常将该参数设置为 false。

然后在需要单线程访问的地方调用其等待方法,请求 Mutex 对象的所有权,这时如果该所有权被另一个线程所拥有,则阻塞请求线程,并将其放入等待队列中,请求线程将保持阻塞,直到 Mutex 对象收到了其所有者线程发出将其释放的信号为止。所有者线程在终止时释放 Mutex 对象,或者调用 ReleaseMutex 方法来释放 Mutex 对象。

【例 11-9】 Mutex 类使用示例。

```
01.    class Example11_9
02.    {
03.        private static Mutex mut = new Mutex();
04.        private const int numThreads = 3;
05.        private static void UseResource()
06.        {
07.            mut.WaitOne();
08.            Console.WriteLine("{0} has entered the protected area", Thread.CurrentThread.Name);
09.            Thread.Sleep(500);
10.            Console.WriteLine("{0} is leaving the protected area", Thread.CurrentThread.Name);
11.            mut.ReleaseMutex();
12.        }
13.        static void Main(string[] args)
14.        {
15.            for (int i = 0; i < numThreads; i++)
16.            {
17.                Thread myThread = new Thread(new ThreadStart(UseResource));
```

```
18.             myThread.Name = String.Format("Thread{0}", i + 1);
19.             myThread.Start();
20.         }
21.         Console.Read();
22.     }
23. }
```

【运行结果】

单击工具栏中的"开始"按钮,即可在控制台中输出如图 11-10 所示的结果。

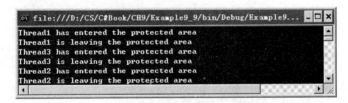

图 11-10　例 11-9 运行结果

【程序说明】

(1) 第 5~12 行定义了一个方法 UseResource(),模拟需要同步访问的受保护资源。该方法首先调用 Mutex 类的 WaitOne()方法请求互斥体的所属权,然后执行要做的工作,工作结束后调用 Mutex 类的 ReleaseMutex()方法释放互斥体的所属权。

(2) 主函数中通过 Thread 对象的 Name 属性,为每个线程设置名称。

11.7　问题解决

通过以上知识的学习对于火车站售票问题,可以采取下面的步骤来加以解决。
(1) 每个售票窗口用一个线程来模拟。
(2) 当某个窗口准备售票时,锁定售票段代码,售票完成后再释放该资源。
根据以上思路,解决问题的完整代码如下。

【例 11-10】　模拟火车售票程序。

```
01. using System;
02. using System.Threading;
03. namespace Example11_10
04. {
05.     class Example11_10
06.     {
07.         static void Main(string[] args)
08.         {
09.             TicketAgency ta = new TicketAgency();
10.             Thread[] ts = new Thread[4];
11.             for (int i = 0; i < 4; i++)
12.             {
13.                 ts[i] = new Thread(new ThreadStart(ta.RandomSell));
14.                 ts[i].Name = "窗口" + i;
15.                 ts[i].Start();
```

```csharp
16.              }
17.              Console.Read();
18.          }
19.      }
20.      public class TicketAgency
21.      {
22.          private int m_num = 0;
23.          private Random rand = new Random();
24.          public void Sell()
25.          {
26.              lock(this)
27.              {
28.                  if (m_num < 66)
29.                  {
30.                      int tmp = m_num + 1;
31.                      Thread.Sleep(1);
32.                      m_num = tmp;
33.                      Console.WriteLine("{0}:售出{1}号车票", Thread.CurrentThread.Name, tmp);
34.                  }
35.                  else
36.                  {
37.                      Console.WriteLine("{0}：车票已售罄", Thread.CurrentThread.Name);
38.                  }
39.              }
40.          }
41.          public void RandomSell()
42.          {
43.              int time = rand.Next(20);
44.              for(int i = 0; i < 20; i++)
45.              {
46.                  Thread.Sleep(time);
47.                  this.Sell();
48.              }
49.          }
50.      }
51. }
```

【运行结果】

单击工具栏中的"开始"按钮，即可在控制台中输出如图11-11所示的结果。

图11-11　例11-10运行结果

【程序说明】

（1）第 20 行定义了一个类 TicketAgency，该类中定义了一个私有字段 m_num 用于存放最后售出车票的座位号，方法 Sell() 用于售出下一张车票，方法 RandomSell() 模拟随机售票。

（2）在 Sell() 方法中，用于出售车票的代码被包含在 lock 代码段中，当一个线程进行售票操作时其他线程不能访问字段 m_num，售票完成后再释放该字段。

（3）RandomSell() 方法调用 Sell() 方法模拟随机售票，售票的时间间隔是随机的，调用 Thread.Sleep 方法模拟售票的间隔时间。

（4）在 Main 方法中创建了一个 TicketAgency 对象，但创建了 4 个线程来执行其 Random Sell() 方法，以模拟 4 个不同的售票窗口。

小 结

应用程序的每次动态执行都将创建一个进程，使用 Process 类可以对进程进行各种操作。进程又可细分为线程，其中至少包含一个主线程，还可以有多个辅助线程，使用 Thread 类可以对线程进行各种操作。

同一进程中所有线程共享进程的虚拟地址空间和系统资源，这在运行过程中可能引发冲突。.NET Framework 提供了简单锁、监视器、互斥对象、同步上下文、互锁操作等途径来实现线程同步，它们有着各自的特点和应用场合。

课 后 练 习

一、选择题

1. 关于多线程程序，以下说法正确的是(　　)。
   A. 网络访问效率更高
   B. 应用程序间切换效率更高
   C. 占用更少的 CPU 时间
   D. 使用后台数据处理时，前台仍响应用户操作

2. 关于进程与线程的关系，以下说法正确的是(　　)。
   A. 一个线程对应一个进程　　　　B. 一个线程可以包含多个进程
   C. 一个进程可以包含多个线程　　D. 进程和线程是同一个概念

3. 关于线程的终止，以下说法正确的是(　　)。
   A. 线程终止是显式调用线程对象的 Abort 方法完成的
   B. 线程终止是显式调用线程对象的 Suspend 方法完成的
   C. 调用线程对象的 Abort 方法后，该线程中会发生 ThreadAbortException 异常
   D. 调用线程对象的 Abort 方法后，线程立即结束

4. 执行完成下面的程序后，变量 j 的最终值为(　　)。

```
int i = 0, j = 1;
Thread t1 = new Thread(delegate(){
```

```
    for(i = 0; i < 1000; i++)
        Console.Write(j++);});
Thread t2 = new Thread(delegate(){j * = 2;});
t1.Start();
t2.Start();
```

A. 2002   B. 1001   C. 1002   D. 不确定

二、问答题

1. 什么是线程？它和进程的区别是什么？
2. 线程包括哪几个优先级？优先顺序如何？
3. 如何启动线程和终止线程？
4. 线程同步的意义是什么？线程的同步对象有哪些？它们是如何实现的？

第 12 章　综合实例——图书馆管理系统

C#的语言特性、ADO.NET 的数据操纵能力、ASP.NET 的数据呈现功能,共同为开发 Web 应用系统项目提供了一个强大的、灵活的技术平台。如何选择、使用它们所包含的技术,在实际项目中加以采纳与高效应用,对于从事项目开发至关重要。良好项目的经验对于开发实践起着参考与借鉴的作用。

12.1　开发背景

到目前为止,已经学习了 C#的基础知识和核心技术。现在,开始综合利用 C#的知识来实践项目开发。

随着信息技术的发展,图书馆管理系统已摆脱了人工管理,信息化管理模式大大提高了工作效率,节省了人力资源成本。通过管理系统对图书馆的管理,也为图书馆提供了大量的、关键的数据,根据这些数据可以及时做出管理决策,进行调整,提高图书馆的服务和管理水平。

现需要为客户开发一套图书馆管理系统,用于满足图书管理、读者管理、借阅管理及相关信息的查询等。

按照项目开发的基本步骤,针对本项目,采用如下步骤来解决。

(1) 进行需求分析;
(2) 执行系统架构设计;
(3) 执行数据库设计;
(4) 实现数据访问层设计;
(5) 实现业务逻辑层设计;
(6) 实现数据呈现层设计;
(7) 发布和部署应用。

12.2　需求分析

在开发一个项目之前,第一步就是需要确定项目的需求。图书馆管理系统的主要用户是管理员,系统需要提供如下功能。

(1) 系统管理:可以添加、删除系统管理员;对各个管理员的权限可以设置;编辑书架信息。
(2) 图书类型管理:可以添加、修改、删除图书类型,可设置每类图书的借阅天数。
(3) 图书管理:可以添加新图书,可以修改、删除图书信息。
(4) 读者类型管理:可以添加、修改、删除读者类型,可设置每类读者的借阅数量。

(5) 读者管理：可以添加、修改、删除读者信息。

(6) 借阅管理：当读者借阅图书时，首先要判断是否是合法的读者，然后搜索图书信息，如果有该图书则可借阅，读者的可借数量要减掉借阅数量。

(7) 还书管理：当读者归还图书时，首先获取读者和图书信息，然后进行归还操作，此时读者的可借数量要加上归还数量。

(8) 图书续借：当读者续借图书时，首先获取读者和图书信息，然后进行续借操作，延长读者的归还日期。

(9) 系统查询：可以查询图书馆所有图书的详细信息；可以查询图书的借阅信息。

(10) 更改口令：管理员可以修改自己的登录密码。

12.3 系统设计

12.3.1 系统目标

根据图书馆日常图书管理工作的需求和图书借阅的管理流程，该系统实施后，应达到以下目标。

(1) 界面设计友好、美观，数据存储安全、可靠。

(2) 基本信息设置保证图书信息和读者信息的分类管理。

(3) 实现对图书借阅、续借、归还过程的全程数据信息跟踪。

(4) 提供借阅到期提醒功能，使管理者可以及时了解已经到期的图书借阅信息。

(5) 设置读者借阅和图书借阅排行榜，为图书馆管理提供真实的数据信息。

(6) 强大的查询功能，保证数据查询的灵活性。

(7) 提供灵活、方便的权限设置功能，使整个系统的管理分工明确。

(8) 系统要最大限度地实现易维护性和易操作性。

12.3.2 业务流程图

图书馆管理系统的图书借阅业务处理流程如图 12-1 所示。

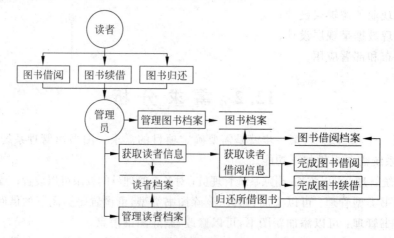

图 12-1 系统流程图

12.3.3 系统功能结构

根据图书馆管理系统的特点,可以将其分为系统设置、读者管理、图书管理、图书借还、系统查询等部分,其中各个部分及其包括的具体功能模块如图 12-2 所示。

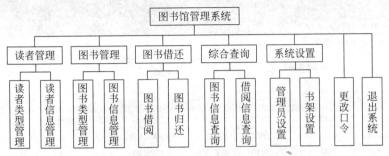

图 12-2 系统功能结构图

12.3.4 系统预览

为使读者对图书管理系统有初步的了解,下面给出系统中的几个页面,未给出的其他页面可参见本书提供的源程序。

系统登录页面如图 12-3 所示,系统首页如图 12-4 所示。

图 12-3 系统登录页面

图 12-4 系统首页

图书管理页面如图 12-5 所示,图书借阅页面如图 12-6 所示。

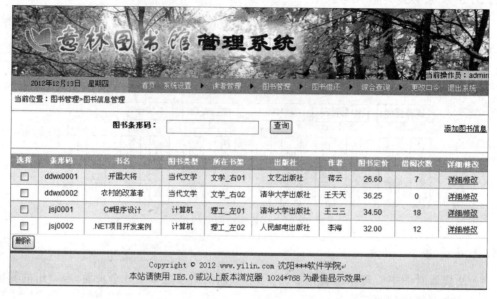

图 12-5　图书信息管理页面

图 12-6　图书借阅页面

12.3.5　数据库设计

本系统采用 SQL Server 2005 数据库,名称为 LibraryDb,其中包含 8 张表,下面分别给出数据表 E-R 图及各个数据表的结构。

1. 数据库概念设计

通过对本系统进行的需求分析、系统流程设计以及系统功能结构的确定,规划出系统中使用的数据库实体对象,E-R 图如图 12-7 所示。

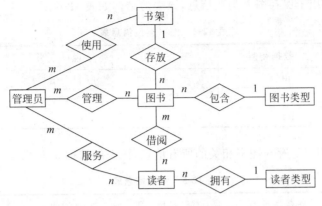

图 12-7 系统 E-R 图

2. 数据库逻辑结构设计

在设计完数据库实体 E-R 图之后，需要根据实体 E-R 图设计数据表结构。下面给出各个表的数据结构和用途。

表 adminInfo 用于保存所有管理员信息，该表的结构如表 12-1 所示。

表 12-1 管理员信息表

字段名	数据类型	长度	说明	描述
adminID	int	4	自动增长	管理员编号
adminName	nvarchar	20	主键	管理员名称
adminPwd	nvarchar	20		管理员密码

表 adminSet 用于保存与管理员权限设置相关的信息，该表的结构如表 12-2 所示。

表 12-2 管理员权限设置表

字段名	数据类型	长度	说明	描述
adminName	nvarchar	20	主键	管理员名称
systemSet	bit	1	默认值 0	系统设置
readerManage	bit	1	默认值 0	读者管理
bookManage	bit	1	默认值 0	图书管理
bookBorrow	bit	1	默认值 0	图书借还
systemSearch	bit	1	默认值 1	系统查询

表 bookCase 用于保存书架的详细信息，该表的结构如表 12-3 所示。

表 12-3 书架信息表

字段名	数据类型	长度	说明	描述
bookCaseID	int	4	主键，自动增长	书架编号
bookCaseName	nvarchar	20		书架名称

表 bookType 用于保存图书类型信息,该表的结构如表 12-4 所示。

表 12-4 图书类型信息表

字 段 名	数据类型	长度	说 明	描 述
bookTypeID	int	4	自动增长	图书类型编号
bkTypeName	nvarchar	20	主键	图书类型名称
borrowDays	int	4		可借天数

表 bookInfo 用于保存与图书相关的所有信息,该表的结构如表 12-5 所示。

表 12-5 图书信息表

字 段 名	数据类型	长度	说 明	描 述
bookBarcode	nvarchar	20	主键	图书条形码
bookName	nvarchar	40		图书名称
bookTypeID	int	4		图书类型
bookCaseID	int	4		书架编号
bookConcern	nvarchar	40		出版社名称
author	nvarchar	20		作者名称
price	decimal	8,2		图书价格
borrowSum	int	4	默认值 0	借阅次数

表 readerType 用于保存所有读者类型信息,该表的结构如表 12-6 所示。

表 12-6 读者类型信息表

字 段 名	数据类型	长度	说 明	描 述
readerTypeID	int	4	自动增长	读者类型编号
rdTypeName	nvarchar	20	主键	读者类型名称
borrowNum	int	4		可借数量

表 readerInfo 用于保存所有读者信息,该表的结构如表 12-7 所示。

表 12-7 读者信息表

字 段 名	数据类型	长度	说 明	描 述
readerBarcode	nvarchar	20	主键	读者条形码
readerName	nvarchar	20		读者姓名
sex	nchar	1		读者性别
readerTypeID	int	4		读者类型编号
certificateType	nvarchar	20		读者证件名称
certificateID	nvarchar	20		读者证件号码
tel	nvarchar	12	允许为空	读者联系电话
email	nvarchar	40	允许为空	读者电子邮件
remark	nvarchar	300	默认值"无"	备注

表 bookBorrow 用于保存所有已借阅图书的信息，该表的结构如表 12-8 所示。

表 12-8　图书借阅信息表

字　段　名	数据类型	长度	说　　明	描　　述
borrowID	int	4	主键	借阅流水号
bookBarcode	nvarchar	20		图书条形码
bookName	nvarchar	40		图书名称
borrowTime	datetime	8	系统当前时间	借阅日期
returnTime	datetime	8		应还日期
readerBarCode	nvarchar	20		读者条形码
readerName	nvarchar	20		读者姓名
isReturn	bit	1	默认值 0	是否归还

12.4　系统架构的设计与实现

意林图书馆管理系统基于 SQL Server 2005＋ADO.NET＋ASP.NET 技术平台实现。系统架构采用分层框架结构，分为数据访问层、业务逻辑层和呈现层。呈现层为用户操作提供界面，采用 ASP.NET 实现。呈现层调用业务逻辑层的功能，业务逻辑层为呈现层提供业务操作支持。数据访问层为业务逻辑层提供数据库数据操作的功能，主要使用 ADO.NET 对数据库进行操作。

系统架构的实现利用"动软代码生成器"来生成，具体操作步骤如下。

启动"动软代码生成器"，进入如图 12-8 所示的界面。

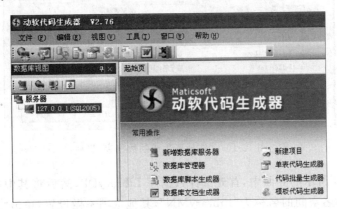

图 12-8　动软代码生成器起始页

在数据库视图中单击第一个按钮（新增服务器注册），选择数据源类型，然后选择要连接到的数据库服务器（保证服务器已打开），连接成功后会在服务器下面出现服务器名。选中要使用的数据库服务器，然后单击起始页中的"新建项目"，进入"新建项目"界面，如图 12-9 所示。

在"新建项目"界面中选择"简单三层结构（管理）"模板，填写项目名称、选择项目保存位置和开发工具版本，然后单击"下一步"按钮进入选择数据表界面，如图 12-10 所示。

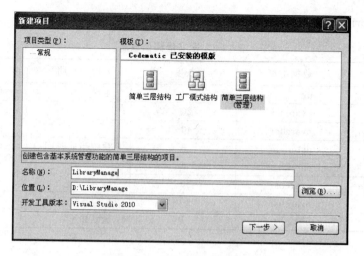

图 12-9 "新建项目"界面

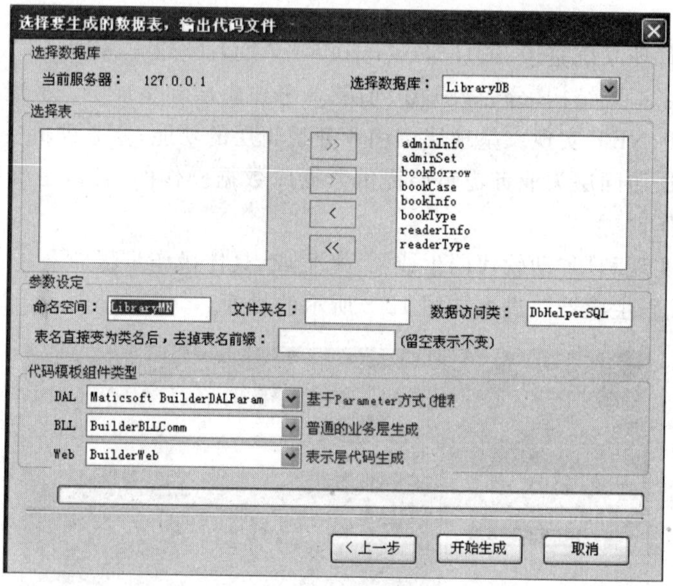

图 12-10 "选择要生成的数据表"界面

在如图 12-10 所示的界面中,首先选择数据库 LibraryDB,然后将其中的所有数据表导入到右侧,设定命名空间的名称为"LibraryMN",其他选项不做设置,单击"开始生成"按钮,生成项目文件。生成的项目文件的组织结构如图 12-11 所示。

图 12-11 系统文件组织结构图

生成的项目文件中包括 5 个类库和一个 Web 应用程序,每个项目中都包含很多文件,对于不需要的文件可以删除。

DBUtility 类库中的文件只用到 DbHelperSQL.cs 和 CommandInfo.cs 是公共基础类,主要完成对数据库的访问,实现对数据表的增、删、改、查操作,对于 DbHelperSQL 类中的各个方法不再做具体介绍,读者参看第 7 章中的内容即可。

DbHelperSQL 和 Command Info 类的默认命名空间为 Maticsoft.DBUtility，将其修改为 LibraryMN.DBUtility，以与其他文件保持同样的命名空间前缀。在 VS 2010 环境下当第一次在 DbHelperSQL.cs 文件中将 Maticsoft 修改为 LibraryMN 时，在 LibraryMN 的右下角会出现一个小红线，将光标移到上面单击下拉箭头，选择"将'Maticsoft'修改为'LibraryMN'"，则所有文件中都做了修改，不必——修改。

Common 类库中的文件也是公共基础类，主要完成消息显示、时间处理、字符串处理、数据校验等功能。本系统中用到 MessageBox.cs、TimeParser.cs 和 PageValidate.cs 三个文件。同样将这几个文件的命名空间前缀修改为"LibraryMN"。

DAL 类库中的文件利用 DbHelperSQL 类实现对各个数据表的具体操作。Model 类库中定义了与各个数据表相对应的实体类，类中的属性与数据表中的字段相对应。BLL 类库中的文件完成系统的业务逻辑功能。

Web 应用程序中包含很多自动生成的页面文件，可以根据需要选用，在本系统中我们自己进行页面设计而没有选用系统自动生成的页面。打开 Web 应用程序下面的 Web.congfig 文件，找到以下代码行。

```
<appSettings>
    …
    <add key = "ConnectionString" value = "server = 127.0.0.1; database = codematic; uid = sa; pwd = 1"/>
    …
</appSettings>
```

将连接数据库的参数修改为需要的值，如在作者的代码中修改如下。

```
<add key = "ConnectionString" value = "Data Source = PC2012031212TEQ\ SQLSERVER05; database = LibraryDB; uid = sa; pwd = sasa"/>
```

本行代码的含义，参见第 7 章中数据库连接部分，不再赘述。

下面对每一部分内容进行详细讲解。

12.5　数据访问层的设计与实现

数据访问层用于对业务逻辑层提供数据访问接口，对数据库提供数据操纵支持，它位于数据库与业务逻辑层之间。主要通过 Model 类库和 DAL 类库实现数据访问层的功能。

12.5.1　数据实体类的设计与实现

本系统中对数据的访问是以数据实体类为基础的，在此以 Model 类库中的 bookInfo 类为例进行讲解。bookInfo 类与 LibraryDb 数据库中的 bookInfo 表相对应，代码如下。

```
01.   using System;
02.   namespace LibraryMN.Model
03.   {
04.       ///<summary>
```

```
05.    ///bookInfo:实体类(属性说明自动提取数据库字段的描述信息)
06.    ///</summary>
07.    [Serializable]
08.    public partial class bookInfo
09.    {
10.        public bookInfo()
11.        { }
12.        #region Model
13.        private string _bookbarcode;
14.        private string _bookname;
15.        private int _booktypeid;
16.        private int _bookcaseid;
17.        private string _bookconcern;
18.        private string _author;
19.        private decimal? _price;
20.        private int _borrowsum = 0;
21.        public string bookBarcode
22.        {
23.            set{ _bookbarcode = value;}
24.            get{return _bookbarcode;}
25.        }
26.        public string bookName
27.        {
28.            set{ _bookname = value;}
29.            get{return _bookname;}
30.        }
31.        public int bookTypeID
32.        {
33.            set{ _booktypeid = value;}
34.            get{return _booktypeid;}
35.        }
36.        public int bookCaseID
37.        {
38.            set{ _bookcaseid = value;}
39.            get{return _bookcaseid;}
40.        }
41.        public string bookConcern
42.        {
43.            set{ _bookconcern = value;}
44.            get{return _bookconcern;}
45.        }
46.        public string author
47.        {
48.            set{ _author = value;}
49.            get{return _author;}
50.        }
51.        public decimal? price
52.        {
53.            set{ _price = value;}
54.            get{return _price;}
55.        }
```

```
56.         public int borrowSum
57.         {
58.             set{ _borrowsum = value;}
59.             get{return _borrowsum;}
60.         }
61.         #endregion Model
62.     }
63. }
```

该类中包含 8 个私有字段和 8 个公有属性,通过公有属性实现数据的读取和写入,一个实体对象相当于数据表中的一条记录。

12.5.2 数据访问类的设计与实现

在此以 DAL 类库中的 bookInfo 类为例进行讲解。代码如下。

```
01. using System;
02. using System.Data;
03. using System.Text;
04. using System.Data.SqlClient;
05. using LibraryMN.DBUtility;
06. namespace LibraryMN.DAL
07. {
08.     ///<summary>
09.     ///数据访问类:bookInfo
10.     ///</summary>
11.     public partial class bookInfo
12.     {
13.         public bookInfo()
14.         {}
15.         #region Method
16.         //是否存在该记录
17.         public bool Exists(string bookBarcode)
18.         {
19.             StringBuilder strSql = new StringBuilder();
20.             strSql.Append("select count(1) from bookInfo");
21.             strSql.Append(" where bookBarcode = @bookBarcode ");
22.             SqlParameter[] parameters = {
23.                     new SqlParameter("@bookBarcode", SqlDbType.NVarChar, 20)};
24.             parameters[0].Value = bookBarcode;
25.             return DbHelperSQL.Exists(strSql.ToString(),parameters);
26.         }
27.         //增加一条数据
28.         public bool Add(LibraryMN.Model.bookInfo model)
29.         {
30.             StringBuilder strSql = new StringBuilder();
31.             strSql.Append("insert into bookInfo(");
32.             strSql.Append("bookBarcode, bookName, bookTypeID, bookCaseID, bookConcern, author, price, borrowSum)");
33.             strSql.Append(" values (");
```

```
34.            strSql.Append(" @bookBarcode,@bookName,@bookTypeID,@bookCaseID,@
               bookConcern,@author,@price,@borrowSum)");
35.            SqlParameter[] parameters = {
36.                    new SqlParameter("@bookBarcode", SqlDbType.NVarChar,20),
37.                    new SqlParameter("@bookName", SqlDbType.NVarChar,40),
38.                    new SqlParameter("@bookTypeID", SqlDbType.Int,4),
39.                    new SqlParameter("@bookCaseID", SqlDbType.Int,4),
40.                    new SqlParameter("@bookConcern", SqlDbType.NVarChar,40),
41.                    new SqlParameter("@author", SqlDbType.NVarChar,20),
42.                    new SqlParameter("@price", SqlDbType.Decimal,5),
43.                    new SqlParameter("@borrowSum", SqlDbType.Int,4)};
44.            parameters[0].Value = model.bookBarcode;
45.            parameters[1].Value = model.bookName;
46.            parameters[2].Value = model.bookTypeID;
47.            parameters[3].Value = model.bookCaseID;
48.            parameters[4].Value = model.bookConcern;
49.            parameters[5].Value = model.author;
50.            parameters[6].Value = model.price;
51.            parameters[7].Value = model.borrowSum;
52.            int rows = DbHelperSQL.ExecuteSql(strSql.ToString(), parameters);
53.            if (rows > 0)
54.            {
55.                return true;
56.            }
57.            else
58.            {
59.                return false;
60.            }
61.        }
62.        //更新一条数据
63.        public bool Update(LibraryMN.Model.bookInfo model)
64.        {
65.            …
66.        }
67.        //删除一条数据
68.        public bool Delete(string bookBarcode)
69.        {
70.
71.            StringBuilder strSql = new StringBuilder();
72.            strSql.Append("delete from bookInfo ");
73.            strSql.Append(" where bookBarcode = @bookBarcode ");
74.            SqlParameter[] parameters = {
75.                    new SqlParameter("@bookBarcode", SqlDbType.NVarChar,20)};
76.            parameters[0].Value = bookBarcode;
77.            int rows = DbHelperSQL.ExecuteSql(strSql.ToString(), parameters);
78.            if (rows > 0)
79.            {
80.                return true;
81.            }
82.            else
83.            {
```

```
84.            return false;
85.        }
86.    }
87.    //批量删除数据
88.    public bool DeleteList(string bookBarcodelist )
89.    {
90.        StringBuilder strSql = new StringBuilder();
91.        strSql.Append("delete from bookInfo ");
92.        strSql.Append(" where bookBarcode in (" + bookBarcodelist + ") ");
93.        int rows = DbHelperSQL.ExecuteSql(strSql.ToString());
94.        …
95.    }
96.    //得到一个对象实体
97.    public LibraryMN.Model.bookInfo GetModel(string bookBarcode)
98.    {
99.        StringBuilder strSql = new StringBuilder();
100.       strSql.Append("select top 1 bookBarcode,bookName,bookTypeID,bookCaseID,bookConcern,author,price,borrowSum from bookInfo ");
101.       strSql.Append(" where bookBarcode = @bookBarcode ");
102.       SqlParameter[] parameters = {
103.               new SqlParameter("@bookBarcode", SqlDbType.NVarChar, 20)};
104.       parameters[0].Value = bookBarcode;
105.       LibraryMN.Model.bookInfo model = new LibraryMN.Model.bookInfo();
106.       DataSet ds = DbHelperSQL.Query(strSql.ToString(),parameters);
107.       if(ds.Tables[0].Rows.Count > 0)
108.       {
109.           if(ds.Tables[0].Rows[0]["bookBarcode"]!= null && ds.Tables[0].Rows[0]["bookBarcode"].ToString()!= "")
110.           {
111.               model.bookBarcode = ds.Tables[0].Rows[0]["bookBarcode"].ToString();
112.           }
113.           if(ds.Tables[0].Rows[0]["bookName"]!= null && ds.Tables[0].Rows[0]["bookName"].ToString()!= "")
114.           {
115.               model.bookName = ds.Tables[0].Rows[0]["bookName"].ToString();
116.           }
117.           if(ds.Tables[0].Rows[0]["bookTypeID"]!= null && ds.Tables[0].Rows[0]["bookTypeID"].ToString()!= "")
118.           {
119.               model.bookTypeID = int.Parse(ds.Tables[0].Rows[0]["bookTypeID"].ToString());
120.           }
121.           if(ds.Tables[0].Rows[0]["bookCaseID"]!= null && ds.Tables[0].Rows[0]["bookCaseID"].ToString()!= "")
122.           {
123.               model.bookCaseID = int.Parse(ds.Tables[0].Rows[0]["bookCaseID"].ToString());
124.           }
125.           if(ds.Tables[0].Rows[0]["bookConcern"]!= null && ds.Tables[0].Rows[0]["bookConcern"].ToString()!= "")
126.           {
```

```
127.                    model.bookConcern = ds.Tables[0].Rows[0]["bookConcern"].ToString();
128.                }
129.                if(ds.Tables[0].Rows[0]["author"]!= null && ds.Tables[0].Rows[0]
                    ["author"].ToString()!= "")
130.                {
131.                    model.author = ds.Tables[0].Rows[0]["author"].ToString();
132.                }
133.                if(ds.Tables[0].Rows[0]["price"]!= null && ds.Tables[0].Rows[0]
                    ["price"].ToString()!= "")
134.                {
135.                    model.price = decimal.Parse(ds.Tables[0].Rows[0]["price"].
                        ToString());
136.                }
137.                if(ds.Tables[0].Rows[0]["borrowSum"]!= null && ds.Tables[0].Rows[0]
                    ["borrowSum"].ToString()!= "")
138.                {
139.                    model.borrowSum = int.Parse(ds.Tables[0].Rows[0]["borrowSum"].
                        ToString());
140.                }
141.                return model;
142.            }
143.            else
144.            {
145.                return null;
146.            }
147.        }
148.        //获得数据列表
149.        public DataSet GetList(string strWhere)
150.        {
151.            StringBuilder strSql = new StringBuilder();
152.            strSql.Append("select bookBarcode,bookName,bookTypeID,bookCaseID,bookConcern,
                author,price,borrowSum ");
153.            strSql.Append(" FROM bookInfo ");
154.            if(strWhere.Trim()!= "")
155.            {
156.                strSql.Append(" where " + strWhere);
157.            }
158.            return DbHelperSQL.Query(strSql.ToString());
159.        }
160.        //获得前几行数据
161.        public DataSet GetList(int Top,string strWhere,string filedOrder)
162.        {
163.            StringBuilder strSql = new StringBuilder();
164.            strSql.Append("select ");
165.            if(Top > 0)
166.            {
167.                strSql.Append(" top " + Top.ToString());
168.            }
169.            strSql.Append(" bookBarcode,bookName,bookTypeID,bookCaseID, bookConcern,
                author,price,borrowSum ");
170.            strSql.Append(" FROM bookInfo ");
```

```csharp
171.            if(strWhere.Trim()!="")
172.            {
173.                strSql.Append(" where " + strWhere);
174.            }
175.            strSql.Append(" order by " + filedOrder);
176.            return DbHelperSQL.Query(strSql.ToString());
177.        }
178.        #endregion Method
179.        #region 自定义方法
180.        //从 vw_BookInfo 中获取图书详细信息
181.        public DataSet GetListFromView(string strWhere)
182.        {
183.            StringBuilder strSql = new StringBuilder();
184.            strSql.Append("select bookBarcode,bookName,bookConcern,author,price,borrowSum,bookCaseName,bkTypeName,borrowDays");
185.            strSql.Append(" FROM vw_BookInfo ");
186.            if (strWhere.Trim() != "")
187.            {
188.                strSql.Append(" where " + strWhere);
189.            }
190.            return DbHelperSQL.Query(strSql.ToString());
191.        }
192.        //判断书架上是否有图书
193.        public bool BookCaseIsUse(int bookCaseID)
194.        {
195.            StringBuilder strSql = new StringBuilder();
196.            strSql.Append("select count(*) from bookInfo where bookCaseID=@bookCaseID");
197.            SqlParameter[] parameters = {
198.                    new SqlParameter("@bookCaseID", SqlDbType.Int,4) };
199.            parameters[0].Value = bookCaseID;
200.            return DbHelperSQL.Exists(strSql.ToString(), parameters);
201.        }
202.        //判断是否有该类型的图书
203.        public bool BookTypeIsUse(int bookTypeID)
204.        {
205.            StringBuilder strSql = new StringBuilder();
206.            strSql.Append("select count(*) from bookInfo where bookTypeID=@bookTypeID");
207.            SqlParameter[] parameters = {
208.                    new SqlParameter("@bookTypeID", SqlDbType.Int,4) };
209.            parameters[0].Value = bookTypeID;
210.            return DbHelperSQL.Exists(strSql.ToString(), parameters);
211.        }
212.        #endregion
213.    }
214. }
```

下面对 bookInfo 类中的几个主要方法进行详细讲解。

1. Add()方法

Add()方法的参数是一个 Model.bookInfo 类型的对象,也就是将一个实体类对象添加到数据表中。该方法利用 insert 语句向 bookInfo 表中添加一条记录,记录的各个属性值来自命令参数。第 44~51 行利用实体类的属性来为各个参数赋值,然后调用 DbHelperSQL 类的 ExecuteSql()方法执行命令语句。

2. GetModel()方法

该方法根据图书条形码从 bookInfo 表中查询相应的记录,如果存在相应的记录,则将各个字段的值赋给 Model.bookInfo 类型的实体类对象,然后返回该实体类对象。

3. GetList()方法

该方法有两种重载形式,其中第 161 行的第二种重载形式有三个参数。第一个参数表示要选取的记录条数,第二个参数是查询条件,第三个参数是排序字段。第二种重载形式利用 select top 返回查询结果中指定的前几行数据,调用 DbHelperSQL 类的 Query()方法执行查询语句,返回结果为 DataSet 类型。

第 180~211 行之间的代码是自定义的方法,之前的代码是"动软代码生成器"自动生成的。

4. GetListFromView()方法

为了将图书信息表中的图书类型编号和书架编号替换成相应的文本,在数据库中建立了一个视图 vw_BookInfo,该视图的 SQL 语句代码如下。

```
SELECT a.bookBarcode, a.bookName, a.bookConcern, a.author, a.price, a.borrowSum, b.
bookCaseName, c.bkTypeName, c.borrowDays
FROM bookInfo AS a INNER JOIN bookCase AS b ON a.bookCaseID = b.bookCaseID INNER JOIN bookType
AS c ON a.bookTypeID = c.bookTypeID
```

GetListFromView()方法从该视图中获取图书的详细信息。

5. BookCaseIsUse()方法

该方法有一个书架编号参数,根据书架编号在 bookInfo 表中查询是否有相应的记录,如果有则说明该书架被使用,返回为 true,否则返回 false。如果书架被使用则此书架不能被删除。

同样 BookTypeIsUse()方法判断是否存在指定类型的图书,如果存在则相应的图书类型不能被删除。

12.5.3 其他问题说明

1. 视图 vw_ReaderInfo 的建立

为了将读者信息表中的读者类型编号替换成相应的文件,以及获取读者可借阅的图书数量,在数据库中建立了视图 vw_ReaderInfo,该视图的 SQL 语句代码如下。

```
SELECT a.readerBarcode, a.readerName, a.sex, b.rdTypeName, a.certificateType, a.certificateID, a.
tel, a.email, a.remark, b.borrowNum
FROM readerInfo AS a INNER JOIN readerType AS b
ON a.readerTypeID = b.readerTypeID
```

2. 触发器 addAdmin 的建立

在管理员信息表中添加一个新的管理员时,也应将新添加的管理员名称添加到管理员权限设置表中。为达到此目的对 adminInfo 表建立一个 insert 触发器,SQL 语句代码如下。

```
ALTER TRIGGER addAdmin ON adminInfo
    AFTER INSERT
AS
BEGIN
    SET NOCOUNT ON;
    insert into adminSet (adminName) select inserted.adminName from inserted
END
```

12.6 业务逻辑层的设计与实现

业务逻辑层位于呈现层与数据访问层之间,提供对业务功能的封装。向上为呈现层提供业务功能,向下调用数据访问层方法操纵数据。

在此以 BLL 类库中的 bookInfo 类为例进行讲解。代码如下。

```
01.  using System;
02.  using System.Data;
03.  using LibraryMN.Model;
04.  namespace LibraryMN.BLL
05.  {
06.      public partial class bookInfo
07.      {
08.          private readonly LibraryMN.DAL.bookInfo dal = new LibraryMN.DAL.bookInfo();
09.          public bookInfo()
10.          { }
11.          #region Method
12.          //是否存在该记录
13.          public bool Exists(string bookBarcode)
14.          {
15.              return dal.Exists(bookBarcode);
16.          }
17.          //增加一条数据
18.          public bool Add(LibraryMN.Model.bookInfo model)
19.          {
20.              return dal.Add(model);
21.          }
22.          //更新一条数据
23.          public bool Update(LibraryMN.Model.bookInfo model)
24.          {
25.              return dal.Update(model);
26.          }
27.          //删除一条数据
28.          public bool Delete(string bookBarcode)
29.          {
30.              return dal.Delete(bookBarcode);
31.          }
32.          //删除批量数据
33.          public bool DeleteList(string bookBarcodelist)
34.          {
35.              return dal.DeleteList(bookBarcodelist);
```

```
36.        }
37.        //得到一个对象实体
38.        public LibraryMN.Model.bookInfo GetModel(string bookBarcode)
39.        {
40.            return dal.GetModel(bookBarcode);
41.        }
42.        //获得数据列表
43.        public DataSet GetList(string strWhere)
44.        {
45.            return dal.GetList(strWhere);
46.        }
47.        //获得前几行数据
48.        public DataSet GetList(int Top,string strWhere,string filedOrder)
49.        {
50.            return dal.GetList(Top,strWhere,filedOrder);
51.        }
52.        //获得全部数据列表
53.        public DataSet GetAllList()
54.        {
55.            return GetList("");
56.        }
57.         #endregion Method
58.        #region 自定义方法
59.        //从视图获得数据列表
60.        public DataSet GetListFromView(string strWhere)
61.        {
62.            return dal.GetListFromView(strWhere);
63.        }
64.        //从视图获得全部数据列表
65.        public DataSet GetAllFromView()
66.        {
67.            return dal.GetListFromView("");
68.        }
69.         #endregion
70.    }
71. }
```

从代码中可以看到，BLL.bookInfo 类中的功能主要通过调用 DAL.bookInfo 类中的方法来实现。相比于 DAL.bookInfo 类增加了 GetAllList()和 GetAllFromView()方法，但也都是调用 DAL.bookInfo 类中的方法来实现，通过将查询条件设置为空来实现获取全部数据的功能。

DAL.bookInfo 类中的方法 BookCaseIsUse()和 BookTypeIsUse()，将分别在 BLL 类库中的 bookCase 类和 bookType 类中被调用，用于判断书架上是否有图书和是否有指定类型的图书。

12.7　呈现层的设计与实现

呈现层为用户提供了图形用户界面。意林图书馆管理系统的呈现层采用了 ASP.NET 的 Web 窗体来加以实现，虽然本书中没有讲过 Web 窗体设计，但是学过 Windows 程序设计,其中控件的用法有很多相似之处,所以读者并不会感到陌生。

12.7.1 母版页的设计

母版页用于规划网站的整体布局与风格,用来放置一些公共内容,如系统菜单、友情链接、注册与登录控件等,在很多地方被内容页引用,避免为每个页面重复添加这些公有内容。

1. 设计步骤

(1) 在 Web 项目中添加一个母版页,命名为"MasterPage.master"。
(2) 在 Web 窗体中添加 Table 表格,用于页面的布局。
(3) 在 Table 表格中添加相关的服务器控件,控件的属性设置及其用途如表 12-9 所示。

表 12-9 母版页页面中控件属性设置及用途

控件类型	控件名称	主要属性设置	控件用途
A Label	labAdmin	BackColor="#CCE8CF"	显示登录的用户名
	labDate	Font-Size="9pt"	显示当前日期
	labXQ	Font-Size="9pt"	显示当前星期几
Menu	menuNav	BackColor="#42BAB6" ForeColor="White"	系统导航菜单

母版页的设计效果如图 12-12 所示。

图 12-12 母版页设计界面

MasterPage.master 源文件中关于菜单部分的代码如下。

```
<td width="606" align="center" bgcolor="#42BAB6" class="daohang1">
<asp:Menu ID="menuNav" runat="server" BackColor="#42BAB6" DynamicHorizontalOffset="2"
Font-Names="宋体" Font-Size="9pt" ForeColor="White" Orientation="Horizontal"
StaticSubMenuIndent="10px" OnMenuItemClick="menuNav_MenuItemClick"
DynamicPopOutImageTextFormatString="">
    <StaticMenuItemStyle HorizontalPadding="5px" VerticalPadding="2px" />
```

```
            <DynamicHoverStyle BackColor = "#666666" ForeColor = "White" />
            <DynamicMenuStyle BackColor = "#42BAB6" />
            <StaticSelectedStyle BackColor = "#1C5E55" />
            <DynamicSelectedStyle BackColor = "#1C5E55" />
            <DynamicMenuItemStyle HorizontalPadding = "5px" VerticalPadding = "2px" />
            <Items>
                <asp:MenuItem Text = "首页" Value = "首页" NavigateUrl = "~/Index.aspx"></asp:MenuItem>
                <asp:MenuItem Text = "系统设置" Value = "系统设置">
                    <asp:MenuItem Text = "管理员设置" Value = "管理员设置" NavigateUrl = "~/SystemSet/AdminMN.aspx"></asp:MenuItem>
                    <asp:MenuItem Text = "书架管理" Value = "书架设置" NavigateUrl = "~/SystemSet/BookCaseMN.aspx"></asp:MenuItem>
                </asp:MenuItem>
                <asp:MenuItem Text = "读者管理" Value = "读者管理">
                    <asp:MenuItem Text = "读者类型管理" Value = "读者类型管理" NavigateUrl = "~/ReaderManage/ReaderTypeMN.aspx"></asp:MenuItem>
                    <asp:MenuItem Text = "读者信息管理" Value = "读者信息管理" NavigateUrl = "~/ReaderManage/ReaderMN.aspx"></asp:MenuItem>
                </asp:MenuItem>
                <asp:MenuItem Text = "图书管理" Value = "图书管理">
                    <asp:MenuItem Text = "图书类型管理" Value = "图书类型管理" NavigateUrl = "~/BookManage/BookTypeMN.aspx"></asp:MenuItem>
                    <asp:MenuItem Text = "图书信息管理" Value = "图书信息管理" NavigateUrl = "~/BookManage/BookMN.aspx"></asp:MenuItem>
                </asp:MenuItem>
                <asp:MenuItem Text = "图书借还" Value = "图书借还">
                    <asp:MenuItem Text = "图书借阅" Value = "图书借阅" NavigateUrl = "~/BookBRManage/BookBorrow.aspx"></asp:MenuItem>
                    <asp:MenuItem Text = "图书归还" Value = "图书归还" NavigateUrl = "~/BookBRManage/BookReturn.aspx"></asp:MenuItem>
                </asp:MenuItem>
                <asp:MenuItem Text = "综合查询" Value = "综合查询">
                    <asp:MenuItem Text = "图书信息查询" Value = "图书信息查询" NavigateUrl = "~/InfoQuery/BookInfoQuery.aspx"></asp:MenuItem>
                    <asp:MenuItem Text = "借阅信息查询" Value = "借阅信息查询" NavigateUrl = "~/InfoQuery/BorrowInfoQuery.aspx"></asp:MenuItem>
                </asp:MenuItem>
                <asp:MenuItem Text = "更改口令" Value = "更改口令" NavigateUrl = "~/SystemSet/ChangePwd.aspx"></asp:MenuItem>
                <asp:MenuItem Text = "退出系统" Value = "退出系统"></asp:MenuItem>
            </Items>
            <StaticHoverStyle BackColor = "#666666" ForeColor = "White" />
        </asp:Menu>
    </td>
```

2. 实现代码

编写母版页的后台功能代码，主要判断用户是否登录，如果登录根据其权限决定菜单中的可用项。代码如下：

```
01.    public partial class MasterPage : System.Web.UI.MasterPage
```

```csharp
02. {
03.     protected void Page_Load(object sender, EventArgs e)
04.     {
05.         if (Session["adminName"] == null)
06.         {
07.             Response.Redirect("~/Login.aspx");
08.         }
09.         else
10.         {
11.             LibraryMN.Model.adminSet adminSetMdl;
12.             LibraryMN.BLL.adminSet adminSetBll = new BLL.adminSet();
13.             labDate.Text = DateTime.Now.Year + "年" + DateTime.Now.Month + "月" + DateTime.Now.Day + "日";
14.             labXQ.Text = TimeParser.getWeek();
15.             if (Session["adminName"] != null)
16.                 labAdmin.Text = Session["adminName"].ToString();
17.             adminSetMdl = adminSetBll.GetModel(Session["adminName"].ToString().Trim());
18.             bool sysset = Convert.ToBoolean(adminSetMdl.systemSet);
19.             bool readset = Convert.ToBoolean(adminSetMdl.readerManage);
20.             bool bookset = Convert.ToBoolean(adminSetMdl.bookManage);
21.             bool borrow = Convert.ToBoolean(adminSetMdl.bookBorrow);
22.             bool sysquery = Convert.ToBoolean(adminSetMdl.systemSearch);
23.             if (sysset == true)
24.             {
25.                 menuNav.Items[1].Enabled = true;
26.             }
27.             else
28.             {
29.                 menuNav.Items[1].Enabled = false;
30.             }
31.             if (readset == true)
32.             {
33.                 menuNav.Items[2].Enabled = true;
34.             }
35.             else
36.             {
37.                 menuNav.Items[2].Enabled = false;
38.             }
39.             if (bookset == true)
40.             {
41.                 menuNav.Items[3].Enabled = true;
42.             }
43.             else
44.             {
45.                 menuNav.Items[3].Enabled = false;
46.             }
47.             if (borrow == true)
48.             {
49.                 menuNav.Items[4].Enabled = true;
50.             }
51.             else
```

```
52.                {
53.                    menuNav.Items[4].Enabled = false;
54.                }
55.                if (sysquery == true)
56.                {
57.                    menuNav.Items[5].Enabled = true;
58.                }
59.                else
60.                {
61.                    menuNav.Items[5].Enabled = false;
62.                }
63.            }
64.        }
65.        protected void menuNav_MenuItemClick(object sender, MenuEventArgs e)
66.        {
67.            if (menuNav.SelectedValue == "退出系统")
68.            {
69.                Response.Write("<script>window.close();</script>");
70.            }
71.        }
72.    }
```

【程序说明】

(1) 第 5 行首先利用 Session 对象判断用户的登录状态,如果 Session 中存在的变量为空说明用户未登录,将跳转到系统登录界面。

(2) 第 13 行利用 DateTime.Now 属性获取当前的年月日。第 14 行利用 LibraryMN.Common 命名空间下 TimeParser 类的 getWeek()方法计算出当前日期是星期几。

(3) 如果用户已登录,第 17 行利用 BLL.adminSet 类的 GetModel()方法根据用户名获取 Model.adminSet 类对象,将返回的对象赋给变量 adminSetMdl,然后根据 adminSetMdl 的各个属性值决定用户可以进行哪些操作。

12.7.2 系统首页的设计

首页是用户能够访问的第一个页面,在 Web 设计中占据很重要的位置,需要良好规划。

1. 设计步骤

(1) 在 Web 项目中添加一个使用母版页的 Web 窗体,命名为"Index.aspx",选择母版页为刚才所创建的 MasterPage.master。

(2) 在 Web 窗体中添加 Table 表格,用于页面的布局。

(3) 在 Table 表格中添加相关的服务器控件,控件的属性设置及其用途如表 12-10 所示。

表 12-10 首页页面中控件属性设置及用途

控件类型	控件名称	主要属性设置	控件用途
GridView	gvBookBrSort	AutoGenerateColumns = " False"（去掉 GridView 控件自动生成的列）	显示图书借阅排行榜信息
Image	Image1	ImageUrl = " ~/Images/main_booksort.JPG"	显示图书借阅排行榜图片

首页的设计效果如图 12-13 所示。

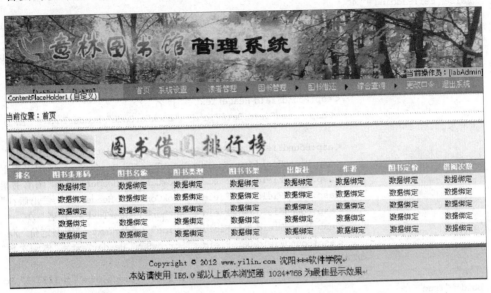

图 12-13　首页设计界面

整个 Index.aspx 源文件如下所示。

```
<%@ Page Title="" Language="C#" MasterPageFile="~/MasterPage.master" AutoEventWireup="true" CodeBehind="Index.aspx.cs" Inherits="LibraryMN.Web.Index" %>
<asp:Content ID="Content1" ContentPlaceHolderID="ContentPlaceHolder1" runat="server">
    <table border="0" cellpadding="0" cellspacing="0" style="width: 803px; text-align: center;
        border-right: #339900 1px solid; border-top: #339900 1px solid; border-left: #339900 1px solid;
        border-bottom: #339900 1px solid; background-color: #ffffff;" align="center">
        <tr>
            <td align="left" style="width: 100px; height: 9px; text-align: left;">
                <span style="color: #cc0000">
                    <br />
                    当前位置：首页</span>
            </td>
        </tr>
        <tr>
            <td align="left" style="width: 100px">
            </td>
        </tr>
        <tr>
            <td style="width: 100px">
                <asp:Image ID="Image2" runat="server" ImageUrl="~/Images/main_booksort.JPG" Width="812px" />
            </td>
        </tr>
        <tr>
            <td style="width: 100px; height: 98px" valign="top">
```

```
            <asp:GridView ID="gvBookBrSort" runat="server" AutoGenerateColumns=
"False" CellPadding="4"
                ForeColor="#333333" GridLines="None" PageSize="10" Width="815px"
OnRowDataBound="gvBookBrSort_RowDataBound">
                <FooterStyle BackColor="#507CD1" Font-Bold="True" ForeColor=
"White" />
                <Columns>
                    <asp:BoundField HeaderText="排名" />
                    <asp:BoundField DataField="bookBarCode" HeaderText="图书条形
码" />
                    <asp:BoundField DataField="bookName" HeaderText="图书名称" />
                    <asp:BoundField DataField="bookTypeID" HeaderText="图书类型" />
                    <asp:BoundField DataField="bookCaseID" HeaderText="图书书架" />
                    <asp:BoundField DataField="bookConcern" HeaderText="出版社" />
                    <asp:BoundField DataField="author" HeaderText="作者" />
                    <asp:BoundField DataField="price" HeaderText="图书定价" />
                    <asp:BoundField DataField="borrowSum" HeaderText="借阅次数" />
                </Columns>
                <SelectedRowStyle BackColor="#D1DDF1" ForeColor="#333333" Font-
Bold="True" />
                <PagerStyle BackColor="#2461BF" ForeColor="White" HorizontalAlign=
"Center" />
                <HeaderStyle BackColor="#99C89D" Font-Bold="True" ForeColor=
"White" />
                <AlternatingRowStyle BackColor="White" />
                <RowStyle BackColor="#EFF3FB" />
                <EditRowStyle BackColor="#2461BF" />
            </asp:GridView>
        </td>
    </tr>
    <tr>
        <td style="width: 100px">
        </td>
    </tr>
</table>
</asp:Content>
```

2. 实现代码

在首页中显示图书借阅排行榜，查找出借阅频率高的图书信息绑定到 GridView 控件上。实现代码如下。

```
01.   public partial class Index : System.Web.UI.Page
02.   {
03.       LibraryMN.Model.bookType bookTypeMDL;
04.       LibraryMN.Model.bookCase bookCaseMDL;
05.       LibraryMN.BLL.bookInfo bookInfoBLL = new BLL.bookInfo();
06.       LibraryMN.BLL.bookType bookTypeBLL = new BLL.bookType();
07.       LibraryMN.BLL.bookCase bookCaseBLL = new BLL.bookCase();
08.       protected void Page_Load(object sender, EventArgs e)
09.       {
10.           BindBookInfo();
```

```
11.        }
12.        protected void BindBookInfo()              //绑定图书借阅排行榜
13.        {
14.            gvBookBrSort.DataSource = bookInfoBLL.GetList(10, "", "borrowSum desc");
15.            gvBookBrSort.DataBind();
16.        }
17.        protected void gvBookBrSort_RowDataBound(object sender, GridViewRow EventArgs e)
18.        {
19.            if (e.Row.RowIndex != -1)              //判断 GridView 控件中是否有值
20.            {
21.                int id = e.Row.RowIndex + 1;
22.                e.Row.Cells[0].Text = id.ToString();
23.            }
24.            if (e.Row.RowType == DataControlRowType.DataRow)
25.            {
26.                //绑定图书类型
27.                string bookTypeID = e.Row.Cells[3].Text.ToString();
28.                bookTypeMDL = bookTypeBLL.GetModel(Convert.ToInt32 (bookTypeID));
29.                e.Row.Cells[3].Text = bookTypeMDL.bkTypeName;
30.                //绑定书架
31.                string bookCaseID = e.Row.Cells[4].Text.ToString();
32.                bookCaseMDL = bookCaseBLL.GetModel(Convert.ToInt32 (bookCaseID));
33.                e.Row.Cells[4].Text = bookCaseMDL.bookCaseName;
34.                //设置鼠标悬行的颜色
35.                e.Row.Attributes.Add("onMouseOver", "Color = this.style.backgroundColor;
                   this.style.backgroundColor = 'lightBlue'");
36.                e.Row.Attributes.Add("onMouseOut", "this.style.backgroundColor = Color;");
37.            }
38.        }
39.    }
```

【程序说明】

(1) 第 12~16 行自定义 BindBookInfo() 方法，来实现将图书借阅排行榜信息绑定到 GridView 控件 gvBookBrSort 上。利用 BLL.bookInfo 类的 GetList() 方法获取借阅率排在前 10 位的图书。

(2) 在图书信息表 bookInfo 中，图书类型和书架存储的是编号，为了查看方便将编号转换成对应的文本，此功能在 GridView 控件的 RowDataBound 事件中实现。

(3) 第 19 行判断 GridView 控件中是否有值，如果有值，第 21 行将当前行的索引加上 1 赋值给整型变量 id，第 22 行将变量 id 的值传给 GridView 控件每一行第一列的单元格中，作为第一列排名的值。

(4) 第 27~29 行实现图书类型的绑定，根据图书类型编号调用 BLL.bookType 类的 GetModel() 方法获取一个实体类对象，利用实体类对象的 bkTypeName 属性获得图书类型的文本值。同理，第 31~33 行实现书架名称的绑定。

12.7.3 典型模块的设计

对于系统中的众多功能模块，本节主要以图书信息管理模块呈现层的设计与实现来讲解一下。图书信息管理模块主要包括查看图书详细信息、添加图书信息、修改和删除图书信息4个功能。选择"图书管理"→"图书信息管理"菜单项,进入图书信息管理页面。

图书信息管理页面的实现过程如下。

1. 设计步骤

(1) 在 Web 项目中添加一个使用母版页的 Web 窗体,命名为"BookMN.aspx",选择母版页为刚才所创建的 MasterPage.master。

(2) 在 Web 窗体中添加 Table 表格,用于页面的布局。

(3) 在 Table 表格中添加相关的服务器控件,控件的属性设置及其用途如表 12-11 所示。

表 12-11　图书信息管理页面中控件属性设置及用途

控件类型	控件名称	主要属性设置	控件用途
GridView	gvBookMN	AutoGenerateColumns = " False " (去掉 GridView 控件自动生成的列);AllowPaging 属性设置为 True(允许分页);PageSize 属性设置为 10(每页显示 10 条数据)	显示图书详细信息
HyperLink	hpLinkAddBook	NavigateUrl = "Add_Book.aspx"	跳转到添加图书页面
TextBox	txtBarcode	均为默认值	输入图书条形码,用于查询图书
Button	btnSearch	Text = "查询"	查找图书
Button	btnDelete	Text = "删除"	删除选中的图书

图书信息管理页面的设计效果如图 12-14 所示。

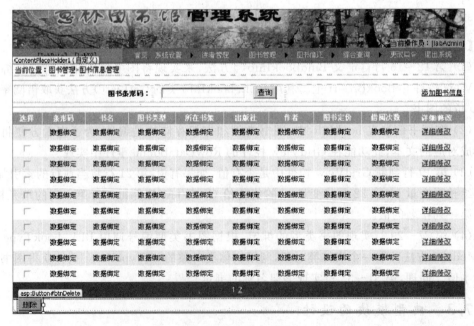

图 12-14　图书信息管理设计界面

BookMN.aspx 源文件中 GridView 部分的源代码如下。

```
<asp:GridView ID="gvBookMN" runat="server" AllowPaging="True" Width="100%" CellPadding
="3" OnPageIndexChanging="gvBookMN_PageIndexChanging" BorderWidth="1px"
AutoGenerateColumns="false" PageSize="10" RowStyle-HorizontalAlign="Center">
    <FooterStyle BackColor="#507CD1" Font-Bold="True" ForeColor="White" />
    <Columns>
        <asp:TemplateField ControlStyle-Width="30" HeaderText="选择">
            <ItemTemplate>
                <asp:CheckBox ID="DeleteThis" onclick="javascript:CCA(this);" runat=
"server" />
            </ItemTemplate>
        </asp:TemplateField>
        <asp:BoundField DataField="bookBarcode" HeaderText="条形码" ReadOnly="true" />
        <asp:BoundField DataField="bookName" HeaderText="书名" />
        <asp:BoundField DataField="bkTypeName" HeaderText="图书类型" />
        <asp:BoundField DataField="bookCaseName" HeaderText="所在书架" />
        <asp:BoundField DataField="bookConcern" HeaderText="出版社" />
        <asp:BoundField DataField="author" HeaderText="作者" />
        <asp:BoundField DataField="price" HeaderText="图书定价" />
        <asp:BoundField DataField="borrowSum" HeaderText="借阅次数" />
        <asp:HyperLinkField HeaderText="详细/修改" ControlStyle-Width="60"
DataNavigateUrlFields="bookBarcode" DataNavigateUrlFormatString="Add_Book.aspx?id={0}"
Text="详细/修改" />
    </Columns>
    <SelectedRowStyle BackColor="#D1DDF1" ForeColor="#333333" Font-Bold="True" />
    <PagerStyle BackColor="#2461BF" ForeColor="White" HorizontalAlign="Center" />
    <HeaderStyle BackColor="#99C89D" Font-Bold="True" ForeColor="White" />
    <AlternatingRowStyle BackColor="White" />
    <RowStyle BackColor="#EFF3FB" />
    <EditRowStyle BackColor="#2461BF" />
</asp:GridView>
```

2. 实现代码

在图书信息管理页面中显示图书详细信息列表，可以删除图书信息，也可以跳转到添加和修改图书信息页面。实现代码如下。

```
01.    public partial class BookMN : System.Web.UI.Page
02.    {
03.        LibraryMN.BLL.bookInfo bookInfoBLL = new BLL.bookInfo();
04.        protected void Page_Load(object sender, EventArgs e)
05.        {
06.            this.Title = "图书管理页面";
07.            if (!IsPostBack)
08.            {
09.                BindBookInfo();
10.                btnDelete.Attributes.Add("onclick", "return confirm(\"确认要删除吗?\")");
11.            }
12.        }
13.        public void BindBookInfo()
```

```csharp
14.        {
15.            gvBookMN.DataSource = bookInfoBLL.GetAllFromView();
16.            gvBookMN.DataKeyNames = new string[] { "bookBarcode" };
17.            gvBookMN.DataBind();
18.        }
19.        private string GetIDlist()
20.        {
21.            string idlist = "";
22.            bool BxsChkd = false;
23.            for (int i = 0; i < gvBookMN.Rows.Count; i++)
24.            {
25.                CheckBox ChkBxItem = (CheckBox)gvBookMN.Rows[i].FindControl("DeleteThis");
26.                if (ChkBxItem != null && ChkBxItem.Checked)
27.                {
28.                    BxsChkd = true;
29.                    if (gvBookMN.DataKeys[i].Value != null)
30.                    {
31.                        idlist += "'" + gvBookMN.DataKeys[i].Value.ToString() + "',";
32.                    }
33.                }
34.            }
35.            if (BxsChkd)
36.            {
37.                idlist = idlist.Substring(0, idlist.LastIndexOf(","));
38.            }
39.            return idlist;
40.        }
41.        protected void btnSearch_Click(object sender, EventArgs e)
42.        {
43.            gvBookMN.DataSource = bookInfoBLL.GetListFromView("bookBarcode = '" + txtBarcode.Text.Trim() + "'");
44.            gvBookMN.DataKeyNames = new string[] { "bookBarcode" };
45.            gvBookMN.DataBind();
46.        }
47.        protected void btnDelete_Click(object sender, EventArgs e)
48.        {
49.            string idlist = GetIDlist();
50.            if (idlist.Trim().Length == 0)
51.                return;
52.            bookInfoBLL.DeleteList(idlist);
53.            BindBookInfo();
54.        }
55.        protected void gvBookMN_PageIndexChanging(object sender, GridViewPageEventArgs e)
56.        {
57.            gvBookMN.PageIndex = e.NewPageIndex;
58.            BindBookInfo();
59.        }
60.    }
```

【程序说明】

(1) 第 13～18 行自定义 BindBookInfo() 方法,来实现将图书信息绑定到 GridView 控件 gvBookMN 上。第 15 行利用 BLL.bookInfo 类的 GetAllFromView() 方法获取所有图书的详细信息。第 16 行设置 gvBookMN 的主键字段为 bookBarcode。

(2) 第 19～40 行自定义了 GetIDlist() 方法,用来获取选中行的 bookBarcode 列表。首先定义一个空字符串 idlist,然后对 gvBookMN 中的每一行进行检查,如果第一列的复选框被选中,则将该行的 bookBarcode 追加到 idlist 中,最后返回字符串 idlist。

(3) 第 41～46 行代码完成图书查找功能,重新绑定图书信息列表。第 43 行利用 BLL.bookInfo 类的 GetListFromView() 方法,根据条件"bookBarcode = txtBarcode.Text.Trim()"来获取图书信息,然后重新绑定 gvBookMN 的信息。

(4) 第 47～54 行实现删除选中的图书信息。首先调用 GetIDlist() 方法获取选中行的 bookBarcode 列表,如果返回的列表不为空,则调用 BLL.bookInfo 类的 DeleteList() 方法删除所有选中的图书。

(5) 第 55～59 行实现控件 gvBookMN 的翻页功能。

添加/修改图书信息页面的实现过程如下。

1. 设计步骤

(1) 在 Web 项目中添加一个使用母版页的 Web 窗体,命名为"Add_Book.aspx",选择母版页为刚才所创建的 MasterPage.master。

(2) 在 Web 窗体中添加 Table 表格,用于页面的布局。

(3) 在 Table 表格中添加相关的服务器控件,控件的属性设置及其用途如表 12-12 所示。

表 12-12 添加图书信息页面中控件属性设置及用途

控件类型	控件名称	主要属性设置	控件用途
TextBox	txtBookBarcode	均为默认值	显示或修改图书条形码
	txtBookName	均为默认值	显示或修改图书名称
	txtAuthor	均为默认值	显示或修改图书作者
	txtBookConcern	均为默认值	显示或修改图书出版社
	txtPrice	均为默认值	显示或修改图书价格
DropDownList	ddlBookType	均为默认值	显示或设置图书类型
	ddlBookCase	均为默认值	显示或设置图书书架
Button	btnAdd	Text="添加"	添加图书
	btnModify	Text="修改"	修改图书信息
	btnCancle	Text="返回"	返回到图书管理页面

添加和修改图书信息页面的设计效果如图 12-15 所示。

2. 实现代码

添加和修改图书信息页面可以添加新入库的图书信息或修改已入库的图书信息。实现代码如下。

图 12-15 添加和修改图书信息设计界面

```
01.    public partial class Add_Book : System.Web.UI.Page
02.    {
03.        LibraryMN.BLL.bookInfo bookInfoBLL = new BLL.bookInfo();
04.        protected void Page_Load(object sender, EventArgs e)
05.        {
06.            this.Title = "添加/修改图书信息页面";
07.            if (!IsPostBack)
08.            {
09.                BindBookType();
10.                BindBookcase();
11.                if (Request["id"] == null)
12.                {
13.                    btnAdd.Enabled = true;
14.                    btnModify.Enabled = false;
15.                    txtBookBarcode.Enabled = true;
16.                }
17.                else
18.                {
19.                    LibraryMN.Model.bookInfo bookInfoMDL;
20.                    btnAdd.Enabled = false;
21.                    btnModify.Enabled = true;
22.                    txtBookBarcode.Text = Request["id"].ToString();
23.                    txtBookBarcode.Enabled = false;
24.                    bookInfoMDL = bookInfoBLL.GetModel(txtBookBarcode.Text.Trim());
25.                    txtBookName.Text = bookInfoMDL.bookName;
26.                    ddlBookType.SelectedValue = bookInfoMDL.bookTypeID.ToString();
27.                    txtAuthor.Text = bookInfoMDL.author;
28.                    txtBookConcern.Text = bookInfoMDL.bookConcern;
29.                    txtPrice.Text = bookInfoMDL.price.ToString();
30.                    ddlBookCase.SelectedValue = bookInfoMDL.bookCaseID.ToString();
```

```
31.            }
32.        }
33.    }
34.    //绑定图书类型下拉列表
35.    public void BindBookType()
36.    {
37.        LibraryMN.BLL.bookType bookTypeBLL = new BLL.bookType();
38.        ddlBookType.DataSource = bookTypeBLL.GetAllList();
39.        ddlBookType.DataTextField = "bkTypeName";
40.        ddlBookType.DataValueField = "bookTypeID";
41.        ddlBookType.DataBind();
42.    }
43.    //绑定书架下拉列表
44.    public void BindBookcase()
45.    {
46.        LibraryMN.BLL.bookCase bookCaseBLL = new BLL.bookCase();
47.        ddlBookCase.DataSource = bookCaseBLL.GetAllList();
48.        ddlBookCase.DataTextField = "bookCaseName";
49.        ddlBookCase.DataValueField = "bookCaseID";
50.        ddlBookCase.DataBind();
51.    }
52.    //验证数据
53.    protected int ValidateData()
54.    {
55.        StringBuilder strErr = new StringBuilder("");
56.        if (this.txtBookBarcode.Text.Trim().Length == 0)
57.        {
58.            strErr.Append("图书条形码不能为空!\\n");
59.        }
60.        if (this.txtBookName.Text.Trim().Length == 0)
61.        {
62.            strErr.Append("图书名称不能为空!\\n");
63.        }
64.        if (this.txtAuthor.Text.Trim().Length == 0)
65.        {
66.            strErr.Append("图书作者不能为空!\\n");
67.        }
68.        if (this.txtBookConcern.Text.Trim().Length == 0)
69.        {
70.            strErr.Append("出版社不能为空!\\n");
71.        }
72.        if (this.txtPrice.Text.Trim().Length == 0)
73.        {
74.            strErr.Append("图书价格不能为空!\\n");
75.        }
76.        if (strErr.ToString() != "")
77.        {
78.            MessageBox.Show(this, strErr.ToString());
79.            return 0;
80.        }
81.        else
```

```
82.            return 1;
83.        }
84.    //添加图书信息
85.    protected void btnAdd_Click(object sender, EventArgs e)
86.    {
87.        if (ValidateData() == 1)
88.        {
89.            LibraryMN.Model.bookInfo bookInfoMDL = new Model.bookInfo();
90.            bookInfoMDL.bookBarcode = txtBookBarcode.Text.Trim();
91.            bookInfoMDL.bookName = txtBookName.Text.Trim();
92.            bookInfoMDL.bookTypeID = Convert.ToInt32(ddlBookType.SelectedValue);
93.            bookInfoMDL.author = txtAuthor.Text.Trim();
94.            bookInfoMDL.bookConcern = txtBookConcern.Text.Trim();
95.            bookInfoMDL.price = Convert.ToDecimal(txtPrice.Text);
96.            bookInfoMDL.bookCaseID = Convert.ToInt32(ddlBookCase.SelectedValue);
97.            if (bookInfoBLL.Add(bookInfoMDL))
98.                MessageBox.ShowAndRedirect(this, "添加成功!", "BookMN.aspx");
99.            else
100.               MessageBox.Show(this, "添加失败!");
101.       }
102.   }
103.   //修改图书信息
104.   protected void btnModify_Click(object sender, EventArgs e)
105.   {
106.       if (ValidateData() == 1)
107.       {
108.           LibraryMN.Model.bookInfo bookInfoMDL = new Model.bookInfo();
109.           bookInfoMDL.bookBarcode = txtBookBarcode.Text.Trim();
110.           bookInfoMDL.bookName = txtBookName.Text.Trim();
111.           bookInfoMDL.bookTypeID = Convert.ToInt32(ddlBookType.SelectedValue);
112.           bookInfoMDL.author = txtAuthor.Text.Trim();
113.           bookInfoMDL.bookConcern = txtBookConcern.Text.Trim();
114.           bookInfoMDL.price = Convert.ToDecimal(txtPrice.Text);
115.           bookInfoMDL.bookCaseID = Convert.ToInt32(ddlBookCase.SelectedValue);
116.           if (bookInfoBLL.Update(bookInfoMDL))
117.               MessageBox.ShowAndRedirect(this, "修改成功!", "BookMN.aspx");
118.           else
119.               MessageBox.Show(this, "修改失败!");
120.       }
121.   }
122.   protected void btnCancle_Click(object sender, EventArgs e)
123.   {
124.       Response.Redirect("BookMN.aspx");
125.   }
126. }
```

【程序说明】

(1) 第11行利用 Request 对象判断当前操作是添加图书信息还是修改图书信息,如果 Request 中存在的变量为空表示进行添加操作,否则进行修改操作。如果是修改操作则列出当前图书的所有信息。

(2) 第 35～42 行自定义了一个方法 BindBookType()，通过 BLL.bookType 类的 GetAllList()方法获取所有图书类型，绑定到 DropDownList 控件上。通过 Drop DownList 控件的 DataTextField 和 DataValueField 设置下拉项的显示文本和数据值。BindBookcase()方法实现书架信息的绑定。

(3) 第 53～83 行自定义了一个方法 ValidateData()，该方法判断各个信息是否为空，如果为空则弹出提示信息。

(4) 单击"添加"按钮时执行第 86～102 行的代码，先调用 ValidateData()方法进行数据验证，如果验证成功再执行添加数据操作。首先实例化一个 Model.bookInfo 类的对象 bookInfoMDL，将各个控件的值赋给 bookInfoMDL 对象的相应属性，然后调用 BLL.bookInfo 类的 Add()方法完成添加操作。"修改"操作采用同样的策略。

(5) 单击"返回"按钮时执行第 124 行的代码，返回到图书信息管理页面。

12.8 发布和部署应用

当完成上述图书管理系统的设计与编码之后，可以将网站执行发布操作，部署到 IIS 应用服务器上。具体操作步骤如下。

(1) 首先建立一个 IIS 虚拟目录，如图 12-16 所示在 IIS 信息服务器的默认网站上右击，然后选择"新建"→"虚拟目录"，在虚拟目录创建向导界面单击"下一步"按钮进入到如图 12-17 所示的界面，设置虚拟目录别名，再单击"下一步"按钮进入到如图 12-18 所示的界面设置物理目录的路径。

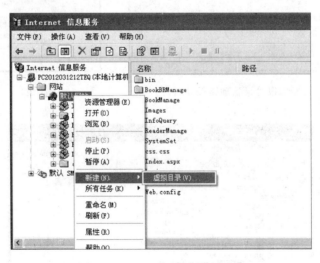

图 12-16　Internet 信息服务界面

(2) 在 Visual Studio 2012 中选中 Web 项目，单击鼠标右键，在弹出的菜单中选择"发布网站"命令，将打开如图 12-19 所示的"发布网站"对话框，目标位置选择图 12-18 中所设置的物理路径。

(3) 单击"确定"按钮，执行发布操作，发布成功后，将在 IIS 信息服务管理器中看到所发布的网站 LibraryMN 包含网站文件，如图 12-20 所示。

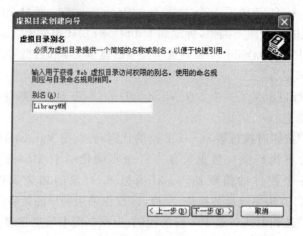

图 12-17　设置虚拟目录别名界面

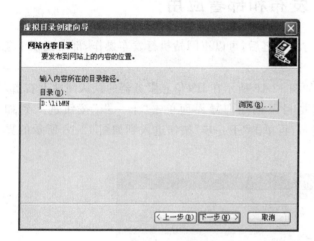

图 12-18　设置虚拟目录物理路径界面

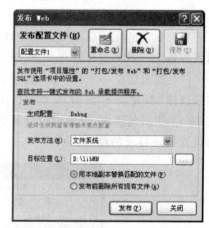

图 12-19　发布网站

图 12-20　发布之后的网站内容

（4）在 IIS 信息服务器中右击所发布的网站 LibraryMN，在弹出的快捷菜单中选择"属性"命令，打开网站的"属性定义"对话框，选择"文档"选项卡，定义网站的起始页，如图 12-21 所示。再选择 ASP.NET 选项卡，选择 ASP.NET 版本为 4.0。

图 12-21　定义网站的起始页

（5）上述操作都完成之后，可以在局域网内进行访问了，输入网站地址运行效果如图 12-22 所示。

图 12-22　局域网内运行结果

说明：在发布网站时，Visual Studio 会编译网站中的可执行文件，并将输出写入到指定文件夹中。发布网站同简单地将网站复制到目标 Web 服务器相比，具有以下优点：一是通过预编译可以发现任何编译错误，并在配置文件中标识错误；二是单独页的初始响应速度更快，如果不先编译页就将其复制到网站，则将在第一次请求时编译页，并缓存其编译输出，导致速度较慢；三是不会向网站部署任何程序代码，从而为文件提供了一项安全措施。

小　　结

实现项目开发的第一步是执行需求分析，确定项目的需求。在需求的基础上，执行系统设计，首先要考虑的是架构设计。很多系统都采用分层架构模式：呈现层、业务逻辑层、数据访问层。

数据访问层主要用于封装对底层数据源的操纵，通常都包括 ADO.NET 的调用。业务逻辑层主要用于实现用户的业务逻辑操作，它为数据呈现层提供服务，向下调用数据访问层的接口。

呈现层为用户提供操纵界面，基于 ASP.NET 技术实现。在呈现层中，利用母版页来规范和简化界面设计风格。

当完成了项目的编码之后，需要执行编译和发布，将网站发布到 IIS 上，然后通过浏览器测试系统功能。

第13章　实训指导

13.1　实训1　熟悉C#开发环境

13.1.1　实训目的和要求

(1) 掌握C#程序创建、编译和运行的基本步骤；
(2) 掌握控制台输入输出的基本方法；
(3) 初步熟悉Visual Studio 2012集成开发环境。

13.1.2　题目1　如何运行和中断程序

1. 任务描述

在Visual Studio 2012集成开发环境下创建一个应用程序，学会运行程序和中断当前程序的运行。

2. 任务要求

(1) 分别用工具栏中的按钮和菜单启动程序。
(2) 分别用工具栏中的按钮和菜单中断正在运行的程序。

3. 知识点提示

本任务主要用到以下知识点。
(1) Visual Studio 2012集成开发环境下应用程序的创建。
(2) 启动调试程序、停止调试程序。
(3) 输入输出语句的使用。

4. 操作步骤提示

实现方式不限，在此以控制台应用程序为例简单提示一下操作步骤。
(1) 创建C#控制台应用程序SX1_1。
(2) 在Main方法中，编写程序代码，内含输入语句，以便使用中断程序的功能。
(3) 运行程序：可以通过单击工具栏中的"启动调试"按钮开始运行程序，也可以在菜单栏中选择"调试"→"启动调试"或"开始执行(不调试)"命令来开始运行程序。如果选择"启动调试"命令，则在运行程序过程中会自动判断程序中是否有断点或其他标记，以便进行调试；如果选择"开始执行(不调试)"命令，则在运行程序过程中完全忽略断点或其他标记。
(4) 中断程序的运行：可以通过单击工具栏中的"停止调试"按钮，中断正在运行的程序；也可以在菜单栏中选择"调试"→"停止调试"命令来中断程序的运行。

13.1.3 题目2 模拟邮箱注册

1. 任务描述

模拟邮箱注册过程,用户同意服务条款后输入用户名和密码,然后输出用户邮箱信息和密码。

2. 任务要求

(1) 用户同意服务条款后进行邮箱注册,否则退出。
(2) 用户名和密码均为字符串类型。

3. 知识点提示

本任务主要用到以下知识点。
(1) Visual Studio 2012 集成开发环境下应用程序的创建。
(2) 输入输出语句的使用。
(3) if 语句的使用。

4. 操作步骤提示

实现方式不限,在此以控制台应用程序为例简单提示一下操作步骤。
(1) 创建 C#控制台应用程序 SX1_2。
(2) 在 Main 方法中,编写程序代码。
(3) 用户同意服务条款后输入用户名和密码,然后输出用户邮箱信息和密码。
(4) 保存源程序文件,编译、运行程序,检查程序的运行情况。运行效果示例如图 13-1 所示。

图 13-1 程序 SX1_2 运行效果示例

13.1.4 题目3 创建和调用C#类库程序

1. 任务描述

创建一个类库程序,然后在另一个项目中进行调用。

2. 任务要求

(1) 创建一个类库程序 SX1_dll,在其中定义两个方法 OutInfo_ch 和 OutInfo_en,分别输出中文欢迎信息和英文欢迎信息。
(2) 在另一项目中引用 SX1_dll,在主程序中根据用户的选择决定调用上述两个方法中的哪一个。

3. 知识点提示

本任务主要用到以下知识点。
(1) 类库程序的创建和调用。

(2) 输入输出语句的使用。
(3) if 语句的使用。

4. 操作步骤提示

实现方式不限,在此以控制台应用程序为例简单提示一下操作步骤。

(1) 启动 Visual Studio 2012 集成开发环境,新建项目,选择 Visual C♯的"类库"模板,指定项目名称为 SX1_dll。

(2) 打开 SX1_dll 下 Class1.cs 的代码视图,在其中定义 OutInfo_ch 和 OutInfo_en 方法,然后保存文件。

(3) 在解决方案中添加新建项目,加入一个 C♯控制台应用程序 SX1_3。

(4) 在解决方案资源管理器中选定项目 SX1_3,通过单击右键菜单命令"添加引用",为其添加对项目 SX1_dll 的引用。而后打开 SX1_3 下 SX1_3.cs 的代码视图,在文件开头引入命名空间 SX1_dll。

(5) 在 SX1_3 的 Main 方法中,询问用户的选择,根据用户的按键决定调用的方法。

(6) 保存源程序文件,编译、运行程序,检查程序的运行情况。运行效果示例如图 13-2 所示。

图 13-2 程序 SX1_3 运行效果示例

13.2 实训 2 C♯数据类型与数组

13.2.1 实训目的和要求

(1) 掌握数值类型的使用方法;
(2) 理解值类型和引用类型之间的区别;
(3) 掌握隐式数值转换和显式数值转换;
(4) 掌握数组的定义和使用。

13.2.2 题目 1 定义用户结构体

1. 任务描述

用户在使用电子商务系统时需要进行注册,注册的信息包括:用户号、用户名、登录密码、年龄、性别、信誉度、是否为 VIP 客户。

2. 任务要求

(1) 请根据实际情况对每个属性选用适当的数据类型,既满足要求又要节省空间。
(2) 通过键盘完成用户信息的输入,然后将用户的所有信息输出显示。
(3) 对输出信息进行合理的布局,使输出信息清晰有序。

说明：现实应用中用户号一般是由系统自动生成，以后可以尝试通过程序自动生成用户号；是否为 VIP 客户一般也是根据用户信誉度和交易情况等来为用户进行升级的，有机会在实用程序中来试试吧。

3. 知识点提示

本任务主要用到以下知识点。

（1）数据类型的选用、变量的定义和赋值。

（2）数据类型的转换，Console.ReadLine()返回的是字符串，要将其转换为特定的数据类型。

（3）输入输出语句的使用。

4. 操作步骤提示

实现方式不限，在此以控制台应用程序为例简单提示一下操作步骤。

（1）创建 C#控制台应用程序 SX2_1。

（2）在 Main 方法中，定义描述用户各个信息的变量。

（3）为各个变量输入相应的值。

（4）利用输出语句输出用户的完整信息。

（5）保存源程序文件，编译、运行程序，检查程序的运行情况。运行效果示例如图 13-3 所示。

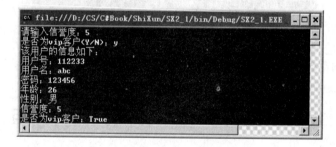

图 13-3　程序 SX2_1 运行效果示例

13.2.3　题目 2　数组的统计运算

1. 任务描述

现有一组数据，需要计算数组中所有元素的平均值、总和、最大值和最小值。

2. 任务要求

（1）定义一个一维数组，元素为 int 或 double 类型，长度为 10。

（2）计算数组中所有元素的平均值、总和、最大值和最小值。

（3）输出数组中所有元素的值及各个统计结果。

3. 知识点提示

本任务主要用到以下知识点。

（1）数组的定义和赋值。

（2）各个统计值的获取，可以利用数组的 Average()、Sum()、Max()和 Min()方法来实现，这些方法都是实例方法，通过数组对象来调用。

(3) 输入输出语句的使用。

4. 操作步骤提示

实现方式不限,在此以控制台应用程序为例简单提示一下操作步骤。

(1) 创建 C♯ 控制台应用程序 SX2_2。

(2) 在 Main 方法中,定义数组并为其赋值。

(3) 调用相应方法实现各个统计值的计算。

(4) 利用输出语句输出统计结果。

(5) 编译、运行程序,查看程序的运行情况。运行效果示例如图 13-4 所示。

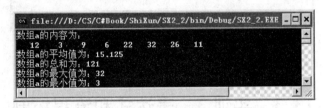

图 13-4　程序 SX2_2 运行效果示例

13.2.4　题目 3　使用 DateTime 结构

1. 任务描述

根据输入的年、月、日三个数值,将其转换为一个 DateTime 变量,并显示出日历控件中的对应日期。

2. 任务要求

(1) 根据输入的年、月、日值,转换为日历控件中的日期。

(2) 将日历控件中选中日期的年、月、日分量分别显示出来。

3. 知识点提示

本任务主要用到以下知识点。

(1) DateTime 结构的使用:DateTime 对时间值进行了封装,其属性 Year、Month、Day、Hour、Minute、Second 分别对应于时间的年、月、日、时、分、秒等分量。

(2) MonthCalendar 日历控件的使用:MonthCalendar 控件的界面就是一个标准的日历风格,用户可以在其中方便地选取日期。该控件与 System 程序集中定义的 DateTime 结构密切相关。

(3) 数据类型的转换。

(4) Windows 窗体控件的使用。

4. 操作步骤提示

实现方式不限,在此以 Windows 应用程序为例简单提示一下操作步骤。

(1) 创建 C♯ Windows 应用程序 SX2_3。

(2) 在程序主窗体的设计视图中,向其添加一个 MonthCalendar 控件、三个 TextBox 控件、三个 Label 控件和两个 Button 控件,控件内容和布局如图 13-5 所示。

(3) 编写数值转换为日期的代码,通过 new DateTime(int y, int m, int d) 来实现,然后调用 MonthCalendar 对象的 SetDate() 方法设置为日历的选定日期。

（4）编写日历日期转换为数值的代码,通过 MonthCalendar 对象的 SelectionStart 属性获取日历控件中的首个选定日期。

（5）编译、运行程序,查看程序的运行情况。运行效果示例如图 13-5 所示。

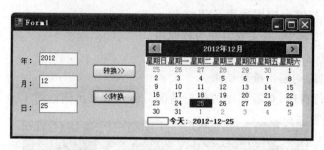

图 13-5　程序 SX2_3 运行效果示例

13.3　实训 3　表达式和流程控制

13.3.1　实训目的和要求

（1）掌握各种表达式的使用；

（2）进一步理解 C#运算过程中的类型转换；

（3）进一步熟悉顺序、选择、循环这三种基本程序结构；

（4）深入理解循环结构的执行流程。

13.3.2　题目 1　计算购物金额

1. 任务描述

根据顾客消费额的多少,计算不同折扣策略下的购物金额。正常情况下打 97 折,如果商品总价超过 300 元打 92 折,如果超过 500 元打 88 折。

2. 任务要求

（1）通过键盘输入商品的单价和数量。

（2）使用算术运算和三元条件表达式,计算不同折扣策略下的购物金额。

（3）要求总金额保留两位小数,输出折后商品总金额和为顾客节省的钱数。

3. 知识点提示

本任务主要用到以下知识点。

（1）算术表达式和三元条件表达式的用法。

（2）数据类型转换。

4. 操作步骤提示

实现方式不限,在此以控制台应用程序为例简单提示一下操作步骤。

（1）创建 C#控制台应用程序 SX3_1。

（2）在 Main 方法中,定义变量分别用来保存商品单价、数量、折扣和总金额,价格定义为 decimal 类型。

(3) 根据输入的商品单价和数量,利用三元条件表达式计算总额和折后总金额。

(4) 实现总金额保留两位小数的方法：首先将总金额转换为以分为单位的小数进行取整,然后再转换为以元为单位的小数。

(5) 编译、运行程序,观察不同情况下的计算结果。运行效果示例如图 13-6 所示。

图 13-6　程序 SX3_1 运行效果示例

13.3.3　题目 2　计算最小公倍数和最大公约数

1. 任务描述

利用辗转相除法来求两个整数的最小公倍数和最大公约数。

2. 任务要求

(1) 通过键盘输入两个整数,并能判断格式是否正确。

(2) 利用辗转相除法求出两个整数的最小公倍数和最大公约数。

3. 知识点提示

本任务主要用到以下知识点。

(1) uint.TryParse()方法可以判断输入的字符串是否可以转换为正整数,如果能返回 true,否则返回 false。

(2) 循环语句的使用。

(3) 辗转相除法求最大公约数：设 a>b,反复执行 c=a%b；a=b；b=c；直至 a%b==0,此时 b 就是最大公约数。用 a*b 的值除以最大公约数就得到了最小公倍数。

4. 操作步骤提示

实现方式不限,在此以控制台应用程序为例简单提示一下操作步骤。

(1) 创建 C#控制台应用程序 SX3_2。

(2) 在 Main 方法中,定义三个 uint 类型的变量,输入两个正整数。

(3) 利用循环语句进行求值,并输出结果。

(4) 编译、运行程序,通过不同的输入查看输出结果。运行效果示例如图 13-7 所示。

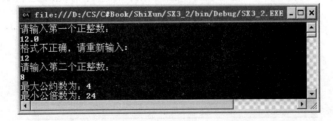

图 13-7　程序 SX3_2 运行效果示例

13.3.4 题目3 冒泡排序算法的实现

1. 任务描述

算法在编程中是必不可少的,排序算法是最常用的算法之一。通过冒泡排序算法实现对一组数据的排序。

2. 任务要求

(1) 通过键盘输入一组整数数据,保存到数组中。
(2) 利用冒泡排序算法对输入的数据实现由小到大排序。
(3) 输出排序结果。

3. 知识点提示

本任务主要用到以下知识点。
(1) 数组的定义和使用。
(2) 循环语句的使用。
(3) 冒泡排序算法:可以把一组数据看成一连串的泡泡,如果下面的泡泡比上面的大,就让下面的泡泡升上来,小的泡泡将沉下去。从第一个数据开始将相邻的两个数据进行比较,如果后面的比前面的大则交换位置(由大到小排序),如果是 n 个数据则需比较 $n-1$ 次之后得到最小的数据,此时为第一趟排序结束,下一趟只需要在前 $n-1$ 个数据内比较 $n-2$ 次就可以了,共需比较 $n-1$ 趟。如图 13-8 所示。

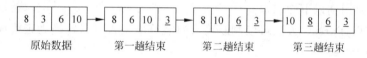

图 13-8 冒泡法排序过程演示图

4. 操作步骤提示

实现方式不限,在此以控制台应用程序为例简单提示一下操作步骤。
(1) 创建 C#控制台应用程序 SX3_3。
(2) 定义一个静态方法 BubbleSort(int[] arr),在该方法内对数组 arr 利用冒泡排序算法进行排序。
(3) 在 Main 方法中,定义一个 int 类型的一维数组并输入数据,然后调用自定义方法 BubbleSort 对其进行排序并输出排序结果。
(4) 保存源程序文件,编译、运行程序,检查程序的运行情况。运行效果示例如图 13-9 所示。

图 13-9 程序 SX3_3 运行效果示例

13.4 实训 4 类和结构

13.4.1 实训目的和要求

(1) 熟悉面向对象的基本概念；
(2) 进一步掌握类的各种成员的使用方法；
(3) 熟练掌握方法的声明，理解并学会使用方法的参数传递、方法的重载等；
(4) 掌握结构的使用方法。

13.4.2 题目 1 圆类

1. 任务描述

创建一个圆类，定义和使用类的成员。

2. 任务要求

(1) 创建一个圆类 Circle，为其定义三个私有字段，分别表示圆心的坐标和半径。
(2) 为 Circle 类定义三个公有属性，分别用于封装对(1)中三个字段的读写访问。
(3) 定义 Circle 类的带参构造函数，在其中完成对圆心的坐标和半径的初始化。
(4) 为 Circle 类定义公有方法 Zoom(int zr)，用于按指定的半径大小对圆进行缩放；再定义一个公有方法 Move(int dx, int dy)，用于按指定的水平距离和垂直距离移动圆心坐标。
(5) 对 Circle 类进行相等和不等操作符重载，如果两个圆的圆心和半径都相同，则它们相等。

3. 知识点提示

本任务主要用到以下知识点。
(1) 类的定义，类中各种成员的使用。
(2) 通过构造函数实现对象的初始化。
(3) 操作符的重载。

4. 操作步骤提示

实现方式不限，在此以控制台应用程序为例简单提示一下操作步骤。
(1) 创建 C#控制台应用程序 SX4_1。
(2) 定义一个 Circle 类，按任务要求完成各个成员的定义。
(3) 在 Main 方法中，实例化一个 Circle 类对象 crl1，分别调用 Zoom 和 Move 方法实现对其缩放和移动。
(4) 再实例化一个 Circle 类对象 crl2，利用"=="判断其是否与 crl1 相等，并输出判断结果。
(5) 编译、运行程序，检查程序的运行情况。运行效果示例如图 13-10 所示。

图 13-10 程序 SX4_1 运行效果示例

13.4.3 题目 2 用户注册登录模型

1. 任务描述

为了更好地服务用户或了解用户,很多网站都提供用户注册和登录功能。注册时需要用户填写很多个人信息,登录时需要根据用户名和密码进入网站。将用户看作一个类,利用面向对象的编程思想,实现用户的注册和登录功能。

2. 任务要求

(1) 创建一个用户类 User,为其定义两个私有字段,分别表示用户名、密码,通过构造函数可以实现 User 对象的初始化。

(2) 为 User 类添加一个 ShowInfo()方法,当用户注册后,输出用户填写的信息,以便用户进行确认。

(3) 为 User 类添加一个 Welcome()方法,当用户登录后,输出提示信息。

(4) 用户的信息不保存在数据库或文件中,根据用户选择的功能键确定是注册还是登录,然后分别调用上面的两个不同方法输出提示信息。

3. 知识点提示

本任务主要用到以下知识点。

(1) 类的定义,类中各种成员的使用。

(2) 通过构造函数实现对象的初始化。

4. 操作步骤提示

实现方式不限,在此以控制台应用程序为例简单提示一下操作步骤。

(1) 创建 C#控制台应用程序 SX4_2。

(2) 定义一个 User 类,按任务要求完成各个成员的定义。

(3) 在 Main 方法中,首先提示用户选择注册还是选择登录。

(4) 如果选择注册,输入用户名和密码后,实例化 User 对,然后调用 ShowInfo()方法输出用户信息。

(5) 如果选择登录,输入用户名和密码后,实例化 User 对,然后调用 Welcome()方法输出欢迎用户使用的信息。

(6) 编译、运行程序,检查程序的运行情况。运行效果示例如图 13-11 所示。

图 13-11 程序 SX4_2 运行效果示例

13.4.4 题目 3 按销量对图书排序

1. 任务描述

在购物网站进行购物时,可以按商品的价格或销量等对商品进行排序。为了方便用户对图书的查找,现编写一程序实现图书按销量进行排序。

2. 任务要求

(1) 定义一个结构体 Book,为其定义 4 个公有字段,分别表示图书名、作者、单价和销量。

(2) 为 Book 添加两个方法,一个方法用来实现输入图书的信息,一个方法用来实现输出图书的信息。

(3) 定义一个排序方法,带一个 Book 类型的数组参数,实现按销量由高到低对图书进行排序。

3. 知识点提示

本任务主要用到以下知识点。

(1) 结构的定义及使用。

(2) 排序算法。

(3) 方法中的参数传递。

4. 操作步骤提示

实现方式不限,在此以控制台应用程序为例简单提示一下操作步骤。

(1) 创建 C♯ 控制台应用程序 SX4_3。

(2) 定义一个结构体 Book,按任务要求完成各个成员的定义。

(3) 在 Main 方法所在的类中,定义一个静态方法 SortBook(Book[] arr),在该方法内对数组 arr 进行排序。

(4) 在 Main 方法中,定义 Book 数组,输入每本图书的信息,然后调用 SortBook 进行排序。

(5) 按排序后的顺序,输出每本图书的信息。

(6) 编译、运行程序,查看程序的运行情况。运行效果示例如图 13-12 所示。

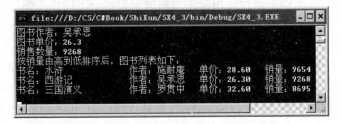

图 13-12 程序 SX4_3 运行效果示例

13.5 实训 5 继承和多态

13.5.1 实训目的和要求

(1) 进一步掌握类和对象的使用方法;

(2) 掌握继承和多态的实现方法。

13.5.2 题目1 顾客类的派生

1. 任务描述

顾客分为普通顾客和VIP顾客两种,普通顾客只保存姓名,VIP顾客还保存VIP卡号,从普通顾客中派生出VIP顾客。

2. 任务要求

(1)普通顾客类中定义一个带参数的构造函数实现顾客姓名的初始化,再定义一个输出顾客信息的方法。

(2)VIP顾客类的构造函数继承父类的构造函数,完成姓名和VIP卡号的初始化;输出顾客信息的方法中姓名信息的输出调用父类的输出方法。

(3)为VIP顾客类再定义一个只有姓名参数的构造函数,VIP卡号取默认值none,通过(2)中的构造函数来实现。

3. 知识点提示

本任务主要用到以下知识点。

(1)类的定义及使用。

(2)带参数的构造函数的继承。

(3)方法的覆盖与重载。

(4)派生类调用基类中的方法。

(5)同一个类中利用已有的构造函数再去创建构造函数的参考示例如下。

```
public VIPCustomer(string name, string vipNo) {实现代码}
public VIPCustomer(string name):this(name,"none") {}
```

4. 操作步骤提示

实现方式不限,在此以控制台应用程序为例简单提示一下操作步骤。

(1)创建C#控制台应用程序SX5_1。

(2)定义一个Customer类,按任务要求完成各个成员的定义。

(3)定义一个VIPCustomer类,该类继承Customer类,按任务要求完成各个成员的定义。

(4)在Main方法中,实例化Customer对象和VIPCustomer对象,然后调用输出方法输出顾客信息。

(5)编译、运行程序,查看程序的运行情况。运行效果示例如图13-13所示。

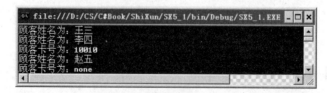

图13-13 程序SX5_1运行效果示例

13.5.3 题目2 汽车类的派生与多态

1. 任务描述

定义一个汽车的基类 Vehicle,并在基类中定义一个虚方法 Speak(),然后从此类中派生出 Car 类和 Truck 类,分别对虚方法 Speak()进行重写以实现多态性。

2. 任务要求

(1) 在 Vehicle 类中定义轮子个数和重量两个字段,通过构造函数可以实现这两个字段的初始化,再定义一个虚方法 Speak()输出汽车鸣笛的信息。

(2) 定义 Car 类继承 Vehicle 类,增加一个乘客数字段,继承 Vehicle 类的构造函数实现三个字段信息的初始化;重写父类的 Speak()方法,发出"嘀嘀"的声音。

(3) 定义 Truck 类继承 Vehicle 类,增加一个载重量字段,继承 Vehicle 类的构造函数实现三个字段信息的初始化;重写父类的 Speak()方法,发出"嘟嘟"的声音。

(4) 在主程序中,测试 Speak()方法的多态性。

3. 知识点提示

本任务主要用到以下知识点。

(1) 类的定义及使用。

(2) 带参数的构造函数的继承。

(3) 类中多态性的实现。

4. 操作步骤提示

实现方式不限,在此以控制台应用程序为例简单提示一下操作步骤。

(1) 创建 C#控制台应用程序 SX5_2。

(2) 定义一个 Vehicle 类,按任务要求完成各个成员的定义。

(3) 定义一个 Car 类,该类继承 Vehicle 类,按任务要求完成各个成员的定义。

(4) 定义一个 Truck 类,该类继承 Vehicle 类,按任务要求完成各个成员的定义。

(5) 在主程序中,创建不同类的对象,让 Vehicle 类的对象分别指向 Car 类和 Truck 类的对象,然后调用 Speak()方法进行测试。

(6) 编译、运行程序,查看程序的运行情况。运行效果示例如图 13-14 所示。

图 13-14 程序 SX5_2 运行效果示例

13.5.4 题目3 管理学生信息

1. 任务描述

定义一个 Student 类,再定义 Student 的派生类 Undergraduate,保存在文件 Student.cs 中。用这两个类创建多个学生对象,在窗体中根据输入的学生学号显示该学生的信息。

2. 任务要求

（1）为 Student 类添加私有字段 sno，sname，ssex，grade 和 sclass，分别表示学生的学号、姓名、性别、年级和班级；再为这些字段定义对应的封装属性 Sno，Sname，Ssex，Grade 和 SClass，其中，Grade 定义为虚拟属性。

（2）为 Undergraduate 类定义字段 department 及其封装属性 Department，表示学生所在的院系。

（3）在 Undergraduate 中重载 Grade 属性，要求 Undergraduate 的年级范围在 1～4 之间。

3. 知识点提示

本任务主要用到以下知识点。

（1）类的定义及使用。

（2）属性的定义及使用，属性的重载。

（3）数据类型的强制转换。

（4）Windows 窗体控件的使用。

4. 操作步骤提示

实现方式不限，在此以 Windows 应用程序为例简单提示一下操作步骤。

（1）创建 C♯ Windows 应用程序 SX5_3。

（2）在程序项目中添加一个类文件 Student.cs，在该文件中按任务要求定义 Student 类和 Undergraduate 类。

（3）在程序主窗体的设计视图中，向其添加一组 Label 控件和 TextBox 控件，以及一个 Button 控件，控件内容和布局如图 13-15 所示。

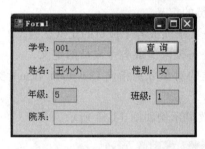

图 13-15　程序 SX5_3 运行效果示例

（4）定位到程序主窗体的代码视图，为窗体类 Form1 增加一个 Student[]类型的数组字段 students，并在 Form1 的构造函数中创建 4 个不同类型的学生数组元素。

（5）定义一个 ShowStuInfo()方法，用于将学生的各项信息分别显示在窗体的各个文本框中。

（6）为"查询"按钮控件编写 Click 事件代码，根据输入的学号在 students 数组中查找指定的学生对象，如果找到了调用 ShowStuInfo()方法来显示学生信息，如果没有找到用 MessageBox.Show()方法给出提示信息。

（7）编译、运行程序，查看程序的运行情况。运行效果示例如图 13-15 所示。

13.6　实训 6　接口和泛型

13.6.1　实训目的和要求

（1）掌握接口的定义和使用方法；

（2）理解接口和抽象类的区别；

(3) 进一步理解继承和多态的概念；
(4) 掌握泛型方法的定义和使用；
(5) 掌握泛型类的用法。

13.6.2　题目1　接口定义和实现

1. 任务描述

在C#中声明和使用接口。如图13-16所示是一个IShape接口的示意图，其中有一个求面积的方法，它有三个具体的形状类：矩形、圆形、三角形。分别实现三个形状类的求面积方法，最后在主程序中进行测试，输出计算结果。

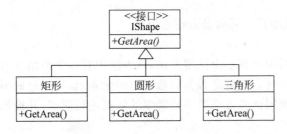

图13-16　IShape接口示意图

2. 任务要求

(1) 使用接口类型定义IShape形状(和抽象类十分相似，但不用使用override关键字)。

(2) 定义三个形状类继承这个IShape接口，并且分别定义各自形状的方法和成员。

(3) 在测试程序中，通过每个形状类对象本身调用求面积方法，再利用IShape接口对象去调用每个类的求面积方法。

3. 知识点提示

本任务主要用到以下知识点。

(1) 接口类的定义、继承。

(2) 接口类实现多态。

(3) 三角形求面积：假设三个边长分别为$a,b,c,p=(a+b+c)/2$；则$p*(p-a)*(p-b)*(p-c)$的平方根为三角形的面积。

4. 操作步骤提示

实现方式不限，在此以控制台应用程序为例简单提示一下操作步骤。

(1) 创建C#控制台应用程序SX6_1。

(2) 声明IShape接口，并在此接口类下定义一个GetArea()方法。

(3) 继承IShape实现矩形类，类中含长和宽两个字段以及求面积方法。

(4) 继承IShape实现三角形类，类中含三个边长字段以及求面积方法。

(5) 继承IShape实现圆形类，类中含半径字段以及求面积方法。

(6) 在主程序中，分别实例化每一种图形的一个对象，调用其求面积方法，计算其面积并输出。

(7) 在主程序中，实例化一个接口对象，让其分别指向每一种图形的一个对象，调用具体图形的求面积方法，计算面积并输出。

(8) 编译、运行程序,检查程序的运行情况。运行效果示例如图 13-17 所示。

图 13-17　程序 SX6_1 运行效果示例

13.6.3　题目 2　泛型方法

1. 任务描述

利用泛型方法,判断指定元素是否在数组中。

2. 任务要求

(1) 定义一个类其中含有一个泛型方法,该方法中有一个数组参数和一个变量参数。

(2) 在泛型方法中判定变量是否为该数组里的元素,如果是返回 true,否则返回 false。

(3) 在主程序中调用泛型方法对不同类型的数据进行测试,并输出结果。

3. 知识点提示

本任务主要用到以下知识点。

(1) 泛型方法的定义。

(2) 泛型调用的过程。

(3) foreach 语句和 Equals 方法的用法。

4. 操作步骤提示

实现方式不限,在此以控制台应用程序为例简单提示一下操作步骤。

(1) 创建 C♯控制台应用程序 SX6_2。

(2) 定义一个类其中含有一个泛型方法,该方法有一个数组参数和一个变量参数,使用 foreach 语句依次取出数组中的每一个元素,利用 Equals 方法判定变量是否为该数组里的元素。

(3) 在 Main 方法中,定义数组并为其赋值,然后调用上面类的泛型方法。

(4) 输出测试结果。运行效果示例如图 13-18 所示。

图 13-18　程序 SX6_2 运行效果示例

13.6.4　题目 3　泛型集合

1. 任务描述

创建一个员工类 Employee,该类的字段包括员工编号、员工姓名和所在部门,将多名员工信息添加到泛型集合 List 中,然后按照员工编号进行排序,输出排序结果。

2. 任务要求

(1) 通过员工类 Employee 的构造函数可以实现员工信息的初始化。

(2) 类 Employee 继承接口 Icomparable，并重写其 CompareTo()方法，实现两个对象按员工编号的比较，以便可以调用 List 的 Sort()方法进行排序。

(3) 在主程序中，实例化多个 Employee 对象，然后添加到 List<Employee>对象中，排序后输出结果。

3. 知识点提示

本任务主要用到以下知识点。

(1) List 泛型集合定义方法。

(2) 使用 Foreach 语句遍历数组元素。

(3) 使用 List 的 Sort()方法排序，使用 List 的 Add()方法添加元素。

(4) Employee 类实现接口 Icomparable 的 CompareTo()方法参考代码如下。

```
public int CompareTo(object obj)
{
    if (obj is Employee)
    {
        Employee anotherEmployee = obj as Employee;
        return this.ID - anotherEmployee.ID;
    }
    else return 0;
}
```

4. 操作步骤提示

实现方式不限，在此以控制台应用程序为例简单提示一下操作步骤。

(1) 创建 C#控制台应用程序 SX6_3。

(2) 定义 Employee 类（继承 Icomparable），实现该类内的各个成员。

(3) 在 Main 方法中，创建一个 List<Employee>的对象。

(4) 在 Main 方法中，使用 List<Employee>对象的 Add()方法增加 5 个 Employee 对象，调用 Sort()方法进行排序，然后按排序后的顺序输出每个员工的信息。

(5) 编译、运行程序，查看程序的运行情况。运行效果如图 13-19 所示。

图 13-19　程序 SX6_3 运行效果示例

13.7　实训 7　Windows 应用程序

13.7.1　实训目的和要求

(1) 掌握 Windows 窗体设计的方法；

(2) 掌握常用窗体控件的作用、使用方法、属性等；

(3) 掌握多文档界面(MDI)的设置方法及应用。

13.7.2 题目1 计算器的设计

1. 任务描述

设计如图 13-20 所示的计算器外观,并且实现加、减、乘、除 4 个运算的功能。

图 13-20 程序 SX7_1 运行效果示例

2. 任务要求

(1) 要求在 Windows 窗体上实现计算器计算功能。

(2) 按照图 13-20 制作计算器外观。

(3) 完成窗体的计算事件。

3. 知识点提示

本任务主要用到以下知识点。

(1) Windows 窗体的创建。

(2) Button、TexBox、Label 控件的使用及属性设置。

(3) Button 控件的 Click 事件的写入。

(4) 字符串的连接、取子串操作。

4. 操作步骤提示

实现方式不限,在此以 Windows 应用程序为例简单提示一下操作步骤。

(1) 创建 C# Windows 应用程序 SX7_1。

(2) 在 Form 窗体中使用 Button、TextBox、Label 等控件设计计算器外观,修改各个控件的 Name、Text 等属性。

(3) 写入每个数字 0~9 的 Click 事件。

(4) 写加、减、乘、除 4 个运算符的 Click 事件。

(5) 写"计算"和"清空"按钮的 Click 事件。

(6) 编译、运行程序,查看程序的运行情况。

13.7.3 题目2 菜单设计

1. 任务描述

设计一个菜单,结构如图 13-21 所示,创建完成以后,需要删除"退出"菜单项,并暂时禁用"打印记录"菜单项。

图 13-21 菜单结构图

2. 任务要求

(1) 以编程方式添加菜单项。

（2）添加完成以后，删除"退出"菜单项，并暂时禁用"打印记录"菜单项。

3. 知识点提示

本任务主要用到以下知识点。

（1）用 MenuStrip 类创建菜单对象。

（2）用 ToolStripMenuItem 类创建一个菜单项，如：ToolStripMenuItem item1 = new ToolStripMenuItem("浏览");

（3）用菜单对象的 Items.AddRange()方法添加顶级菜单，假如创建的 MenuStrip 对象为 SysMenu，则为其添加两个顶级菜单项的示例代码为：SysMenu.Items.AddRange(new ToolStripItem[]{item1，item2})；。

（4）在顶级菜单下面添加二级菜单的示例代码如下：item1.DropDownItems.AddRange(new ToolStripItem[]{item3，item4，item5})；。

（5）调用 MenuStrip 对象的 Items 集合中的 Remove 方法可以删除指定的顶级菜单项；若要删除二级菜单或三级菜单，用父级的 DropDownItems.Remove 方法来实现，如：item1.DropDownItems.Remove(item4)；。

（6）禁用某一个菜单项可以使用该菜单项的 Enabled 属性。

（7）将菜单对象添加到当前窗体上的示例代码为：this.Controls.Add(SysMenu)；。

4. 操作步骤提示

实现方式不限，在此以 Windows 应用程序为例简单提示一下操作步骤。

（1）创建 C# Windows 应用程序 SX7_2。

（2）进入窗体的后台代码区，自定义一个方法 MenuOperation()，在该方法内编程实现菜单的创建。

（3）在窗体的 Load 事件中调用 MenuOperation() 方法。

（4）编译、运行程序，查看程序的运行情况。运行效果示例如图 13-22 所示。

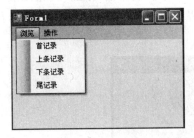

图 13-22　程序 SX7_2 运行效果示例

13.7.4　题目 3　多文档界面设计

1. 任务描述

设计一个多任务文档界面，单击菜单中的不同选项，实现子窗体的三种不同排列方式，以及实现关闭窗体功能。

2. 任务要求

（1）父窗体中实现图 13-23 中的菜单。

（2）通过单击菜单选项"水平平铺""层叠排列""垂直平铺"，实现子窗体的三种不同排列方式。

（3）可以通过父窗体的菜单项实现子窗体的关闭功能。

图 13-23　程序 SX7_3 运行效果示例

3. 知识点提示

本任务主要用到以下知识点。

（1）窗体中添加菜单项以及写菜单单击事件；

（2）多文档界面创建方法；

（3）多文档界面子窗体排列方式。

4. 操作步骤提示

实现方式不限，在此以 Windows 应用程序为例简单提示一下操作步骤。

（1）创建 C# Windows 应用程序 SX7_3，默认窗体为 Form1.cs。

（2）将窗体 Form1 的 IsMdiContainer 属性设置为 True，以用作 MDI 父窗体，然后再添加三个 Windows 窗体，用作 MDI 子窗体。

（3）在 Form1 窗体中，添加一个 MenuStrip 控件，用作该父窗体的菜单项。通过 MenuStrip 控件建立 4 个菜单项，分别为"加载子窗体""水平平铺""垂直平铺""层叠排列"和"关闭子窗体"。

（4）分别实现父窗体中各个菜单项的单击事件，实现窗体的不同排列方式。

13.7.5　题目 4　控件综合应用

1. 任务描述

使用树视图按照部门显示员工信息，用户单击员工节点可以查看详细的员工信息，并可以增加新员工、修改和删除已有的员工信息，如图 13-24 所示。当单击"添加"按钮添加信息时，"添加"按钮变为"保存"按钮，出现如图 13-25 所示界面，当用户单击"保存"按钮时，员工信息就可以存储到树形图中，如图 13-26 所示。

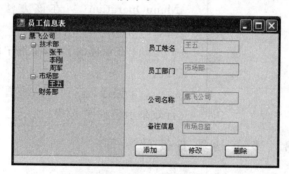

图 13-24　程序 SX7_4 主界面

图 13-25　添加员工信息界面

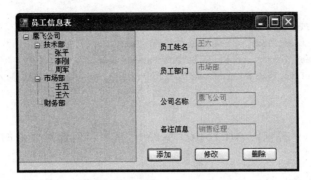

图 13-26　添加员工后界面

2. 任务要求

（1）使用 Windows 窗体 TreeView 控件建立如图 13-24 所示的公司员工信息的树状结构，并且使用窗体基本控件实现外观的显示。

（2）分别编写"添加""修改""删除"按钮的 Click 事件代码，实现员工信息的添加、修改和删除。

3. 知识点提示

本任务主要用到以下知识点。

（1）Windows 窗体的创建。

（2）Button、TexBox、Label 控件的使用及属性设置。

（3）Button 控件的 Click 事件的写入。

（4）通过 TreeView 控件的 AfterSelect 事件，实现单击节点时将员工信息显示在右侧文本框中。

（5）TreeView 控件节点的添加和修改方法。

4. 操作步骤提示

实现方式不限，在此以 Windows 应用程序为例简单提示一下操作步骤。

（1）创建 C# Windows 应用程序 SX7_4。

（2）在窗体中添加一个 TreeView 控件，通过"TreeNode 编辑器"对每个节点的 Text、Tag 和 Name 属性进行设置。Name 属性作为节点的标识，Text 和 Tag 属性可以用来保存需要的信息。设置 TreeView 控件的 Dock 属性为 Left，让其停靠在窗体左边。

（3）在窗体中添加 4 个 Lable、4 个 TextBox 和 3 个 Button 控件，分别进行属性设置和页面布局，实现如图 13-24 所示外观。

（4）定位到程序主窗体的代码视图，定义 TreeNode 类型全局变量，用来传递节点信息，实例化 TreeNode 的方法如下：

```
TreeNode tn = new TreeNode()
```

（5）编写 TreeViewShow()方法，用来读取员工信息。参考代码如下。

```
private void TreeViewShow(TreeNode treeNode)
{
    if (treeNode.Level == 2)                    //说明级别为2,即为员工节点
```

```
        {
            txtName.Text = treeNode.Text;                    //员工姓名
            txtDepartment.Text = treeNode.Parent.Text;       //所属部门
            txtCompany.Text = treeNode.Parent.Parent.Text;   //公司名称
            txtOtherInfo.Text = treeNode.Tag.ToString();     //备注信息
        }
    }
```

（6）在 TreeView 控件的 AfterSelect 事件中,获取当前选择节点的信息并显示。参考代码如下。

```
private void treeView1_AfterSelect(object sender, TreeViewEventArgs e)
{
    tn = e.Node;                    //用来保存当前选择节点
    TreeViewShow(e.Node);           //调用自定义方法,读取节点信息
}
```

（7）在窗体的 Load 事件中,使用 treeView1.ExpandAll()方法展开所有节点,并使右侧显示员工信息的文本框都处于不可用状态。

（8）编写"添加"按钮的 Click 事件代码,处理过程如下：如果"添加"按钮的 Text 属性为"添加",再判断选择的节点是否为部门节点,如果是员工姓名、所属部门和备注信息文本框变为可用,"添加"按钮的 Text 属性改为"保存",如果不是部门节点提示用户选择部门；如果"添加"按钮的 Text 属性为"保存",则将当前信息添加到左侧树状图中。

（9）添加员工信息时需要重新实例化 TreeNode,并且使用 Node 的 Add()方法,参考代码如下。

```
TreeNode tnTemp = new TreeNode(txtName.Text);
tnTemp.Tag = txtOtherInfo.Text;
tn.Nodes.Add(tnTemp);
```

添加信息后,"保存"按钮的 Text 属性改回到"添加",并且员工信息的文本框处于不可编辑状态。

（10）添加"删除"按钮 Click 事件代码,先判定是否选择的为员工节点,如果是通过 tn.Remove()方法删除节点。

（11）添加"修改"按钮事件,类似于添加 Click 事件,先判定是否为"修改"按钮,如果是转换成"保存"按钮,并且将 TextBox 中输入的姓名和备注信息赋值给树状图的节点。参考代码如下。

```
tn.Text = txtName.Text;
tn.Tag = txtOtherInfo.Text;
```

13.8 实训 8 GDI+编程

13.8.1 实训目的和要求

（1）掌握创建 Graphics 对象的三种方法；

(2) 了解创建 Graphics 对象三种方法的不同和适应环境；

(3) 掌握画笔 Pen 对象绘制基本图形的方法；

(4) 掌握 Brush 对象填充图像和画图的方法。

13.8.2 题目 1 基本图形绘制

1. 任务描述

按照如图 13-27 所示的效果，绘制 sin、cos、tan 三种数学曲线，根据选择的曲线类型，单击"绘制"按钮后在窗口中进行绘制。

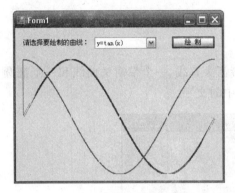

图 13-27 程序 SX8_1 运行效果示例

2. 任务要求

(1) 参照如图 13-27 所示窗体布局设计界面。

(2) 针对不同类型的曲线编写相应的绘制方法。

(3) 使用 GDI＋编程思想和方法绘制。

3. 知识点提示

本任务主要用到以下知识点。

(1) 创建 Graphic 对象和 Pen 对象绘图。

(2) Panel、ComboBox 等控件的使用。

(3) 绘图中数学公式调用。

(4) swich 控制语句的使用。

4. 操作步骤提示

实现方式不限，在此以 Windows 应用程序为例简单提示一下操作步骤。

(1) 创建 C# Windows 应用程序 SX8_1。

(2) 使用 Label、ComboBox、Button 和 Panel 控件(Panel 用来显图像)设计窗体界面。

(3) 分别创建 sin、cos、tan 绘制曲线方法。

(4) 编写"绘制"按钮的 Click 事件代码，根据选择的曲线类型调用相应的绘制方法。

13.8.3 题目 2 绘制实体图形

1. 任务描述

按照如图 13-28 所示的效果，绘制图形并且填充红色。

2. 任务要求

(1) 参照如图 13-28 所示的效果，绘制不同图形：一个三角形、一个正方形和一个饼形。

(2) 每个实体图形都将其填充为红色。

3. 知识点提示

本任务主要用到以下知识点。

(1) 创建 Graphic 对象和 Brush 对象绘图。

(2) 绘制矩形、多边形、饼形并且填充颜色。

(3) Point 对象的使用。

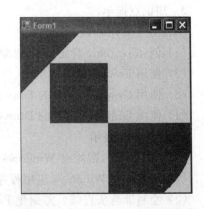

图 13-28 程序 SX8_2 运行效果示例

4. 操作步骤提示

实现方式不限,在此以 Windows 应用程序为例简单提示一下操作步骤。

(1) 创建 C# Windows 应用程序 SX8_2。

(2) 进入 Form1 的 Paint 事件代码编写区。

(3) 创建 Graphics 和 SolidBrush 对象。

(4) 新建三个 Point 类型的对象,用来作为三角形的三个顶点。

(5) 分别使用 Graphics 对象的 FillPolygon()、FillRectangle()和 FillPie()方法绘制并填充三个图形。

13.8.4 题目3 绘制图形和文字

1. 任务描述

使用画笔画出下面三个红色基本图形:一个带箭头直线、一个带箭头曲线和一个椭圆;在图形下面再使用画笔,画出如图 13-29 所示图形中的文字。

图 13-29 程序 SX8_3 运行效果示例

2. 任务要求

(1) 按照如图 13-29 所示布局显示以上基本图形。

(2) 使用 Brush 绘图工具绘制文字,设置适当的字体和字体大小等。

(3) 使用 GDI+编程思想和方法绘制。

3. 知识点提示

本任务主要用到以下知识点。

(1) 创建 Graphic 对象、Pen 对象和 Brush 对象绘图。

(2) 使用 Font 对象进行字体、字号等设置。

(3) 使用 Graphics 对象的 DrawString()方法进行文字绘制。

(4) 使用 Graphics 对象的 DrawCurve()和 DrawEllipse()方法分别绘制曲线和椭圆。

4. 操作步骤提示

实现方式不限,在此以 Windows 应用程序为例简单提示一下操作步骤。

(1) 创建 C# Windows 应用程序 SX8_3。

(2) 绘制带箭头直线:实例化 Pen 类后,对 Pen 对象的 StartCap 和 EndCap 属性进行设置,以实现绘制出带箭头的直线的效果,参考代码如下。

```
pen1.StartCap = LineCap.Triangle;
pen1.EndCap = LineCap.ArrowAnchor;
```

设置好 Pen 对象后进行直线的绘制。

(3) 绘制曲线：先定义曲线上的几个点(例如 5 个点),即实例化几个 Point 对象,然后根据这几个点的坐标进行曲线的绘制,参考代码如下。

e. Graphics.DrawCurve(pen1, new Point[] { p1, p2, p3, p4, p5 });

(4) 绘制椭圆：使用 Graphics 对象的 DrawEllipse()方法进行绘制,注意各个参数的含义以进行正确赋值。

(5) 绘制文字：定义好 Font 对象和 Brush 对象,然后使用 Graphics 对象的 DrawString()方法绘制文字,参考代码如下。

e. Graphics.DrawString("Hello C#编程", font, brush, x, y);

其中,x,y 为绘制文字的起始坐标位置。

13.9 实训 9 文件和流

13.9.1 实训目的和要求

(1) 掌握目录的创建、删除等管理操作;
(2) 掌握文件的创建、删除、复制等操作;
(3) 掌握对文件和流的读写操作方法。

13.9.2 题目 1 目录的管理

1. 任务描述

用户可以根据需要创建一个目录,也可以删除指定的目录,当创建或删除目录时需要进行确认,如果用户选择 Yes 则完成目录的创建或删除,选择 No 则放弃操作。

2. 任务要求

(1) 参照如图 13-30 所示布局制作好 Windows 窗体界面布局。
(2) 通过单击"创建文件夹"和"删除文件夹"按钮实现创建和删除文件夹的操作。
(3) 完成操作前要求弹出确认对话框,如果操作失败弹出提示信息。

3. 知识点提示

本任务主要用到以下知识点。
(1) 创建和删除文件夹的方法。
(2) Windows 弹出对话框的使用。
(3) try-catch 语句的使用,进行异常捕获。

4. 操作步骤提示

实现方式不限,在此以 Windows 应用程序为例简单提示一下操作步骤。

(1) 创建 C# Windows 应用程序 SX9_1,默认窗体为 Form1。
(2) 在 Form1 窗体中,添加一个 Label 控件、一个 TextBox 控件和两个 Button 控件。
(3) 编写两个按钮的 Click 事件代码。运行效果示例如图 13-30 和图 13-31 所示。

图 13-30　创建目录运行效果示例　　　图 13-31　删除目录运行效果示例

13.9.3　题目 2　文件的管理

1. 任务描述

用 FileStream 类编写一个显示和保存文本文件的程序。

2. 任务要求

(1) 参照如图 13-32 所示布局,制作好 Windows 窗体界面设计。

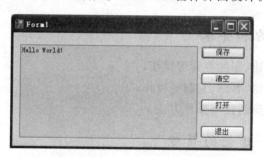

图 13-32　程序 SX9_2 运行效果示例

(2) 单击"打开"按钮时把 D:\\test.txt 文件打开,并把文件中的内容显示在文本框中;程序运行时在文本框中输入文本,单击"保存"按钮将把输入的文本保存到 D:\\test.txt 文件中;单击"清空"按钮将把文本框中输入的文本清除;单击"退出"按钮将退出应用程序。

(3) 每一项操作成功后,要求弹出提示对话框。

3. 知识点提示

本任务主要用到以下知识点。
(1) 创建和打开文件的方法。
(2) 文件的读取和写入。
(3) Windows 弹出对话框的使用。

4. 操作步骤提示

实现方式不限,在此以 Windows 应用程序为例简单提示一下操作步骤。
(1) 创建 C# Windows 应用程序 SX9_2,默认窗体为 Form1。

(2) 在窗体上添加 4 个按钮控件和 1 个文本框控件(其 MultiLine 属性设为 True)。

(3) 分别编写 4 个 Button 的 Click 事件代码。

温馨提示：利用 FileStream 类的实例来进行文件的读写操作时，由于只支持字节方式读写，因此在保存文件时需把字符转换成字节再写到文件中；读取文件时，需把读取的数据转换成字符才能在文本框中显示。读取文件时需考虑是否已到达文件结尾，读取的数据为 －1(仅对于文本文件)时即到达文件末尾。

13.10 实训 10 数据库应用

13.10.1 实训目的和要求

(1) 理解连接字符串的含义，掌握如何连接到数据库；

(2) 掌握使用 SqlCommand 对象对数据库进行操作；

(3) 掌握运用 DataAdapter 和 DataSet 对象操作数据库。

13.10.2 题目 1 数据库显示

1. 任务描述

建立与一个已存在的 SQL Server 数据库的连接，将连接状态显示在页面上，并将指定数据表的内容显示在 GridView 控件上。

2. 任务要求

(1) 一种方法使用 SqlCommand 和 SqlDataReader 对象获取数据并显示，另一种方法使用 SqlDataAdapter 和 DataSet 对象获取数据并显示。

(2) 要求页面绑定数据源。

(3) 使用 GridView 控件来显示数据。

(4) 假设数据库已经存在。

3. 知识点提示

本任务主要用到以下知识点。

(1) 创建和 SQL Server 数据库连接的方法。

(2) 判定数据库连接状态的方法。

(3) 如何建立数据源与 GridView 控件之间的绑定，并将数据显示在控件上。

4. 操作步骤提示

实现方式不限，在此以 Web 应用程序为例简单提示一下操作步骤。

方法一：使用 SqlCommand 和 DataReader 对象实现。

(1) 创建一个 Web 网站 SX10_1。

(2) 在默认的设计页面上添加 GridView 控件。

(3) 建立连接字符串。

(4) 利用 SqlCommand 对象定义 SQL 语句，获取数据库所有记录。

(5) 实例化一个 SqlDataReader 对象，接收 SqlCommand 对象的返回结果集。

(6) 将 SqlDataReader 对象作为 GridView 控件的数据源并进行绑定。

方法二：使用 SqlDataAdapter 和 DataSet 对象实现。

(1) 创建一个 Web 网站 SX10_1。

(2) 在默认的设计页面上添加 GridView 控件。

(3) 建立连接字符串。

(4) 利用 SqlCommand 对象定义 SQL 语句,获取数据库所有记录。

(5) 实例化 SqlDataAdapter 和 DataSet 对象,通过 SqlDataAdapter 对象执行命令,并将返回的结果集存到 DataSet 对象中。

(6) 将 DataSet 对象作为 GridView 控件的数据源并进行绑定。

运行效果示例如图 13-33 所示。

(本例所用的数据表为教材第 7 章 Stu 数据库中的 student 数据表。)

sno	sname	sage	ssex	sdept
100101	李小龙	18	男	电子技术
100102	李刚	19	女	计算机科学技术
100201	王小雨	20	男	生物化学
100202	赵小小	16	女	生物化学

数据库连接成功!

图 13-33　程序 SX10_1 运行效果示例

13.10.3　题目 2　数据库操作

1. 任务描述

在题目 1 的基础上完成下面的工作：根据输入的数值将女学生的年龄增加或减少指定值。

2. 任务要求

(1) 年龄变化的数值通过页面输入。

(2) 修改女同学的年龄后,如果操作成功给出提示,并刷新页面。

(3) 假设数据库已经存在。

3. 知识点提示

本任务主要用到以下知识点。

(1) SQL 语句的更新命令。

(2) 利用 ExecuteNonQuery 方法执行非查询 SQL 语句。

(3) 使用 GridView 控件显示数据。

(4) GridView 控件绑定数据源。

4. 操作步骤提示

实现方式不限,在此以 Web 应用程序为例简单提示一下操作步骤。

(1) 创建 Web 网站 SX10_2。

(2) 在默认的设计页面上添加 GridView 控件。

(3) 在 GridView 中显示数据表内容如题目 1。

(4) 进入"更新"按钮的 Click 事件代码编写区。

(5) 利用 SqlCommand 对象定义 SQL 语句,并执行更新命令完成操作。

(6) 如果更新操作执行成功,重新获取数据并在页面上显示。

运行效果示例如图 13-34 所示。

(本例所用的数据表为教材第 7 章 Stu 数据库

成功影响的行数：2

sno	sname	sage	ssex	sdept
100101	李小龙	18	男	电子技术
100102	李刚	21	女	计算机科学技术
100201	王小雨	20	男	生物化学
100202	赵小小	18	女	生物化学

年龄值：2　更新

图 13-34　程序 SX10_2 运行效果示例

中的 student 数据表,请与图 13-33 中结果进行对比。)

13.10.4 题目 3 学生信息的管理

1. 任务描述

制作一个简单的学生信息管理系统,实现学生信息的添加(相同记录不能添加)、修改和删除。

2. 任务要求

(1) 通过页面实现学生信息的输入和编辑。
(2) 各项操作成功后给出提示。
(3) 修改和删除前要进行确认。
(4) 使用控件 DataGridView 来显示数据。
(5) 实现如图 13-35 所示的控件功能。

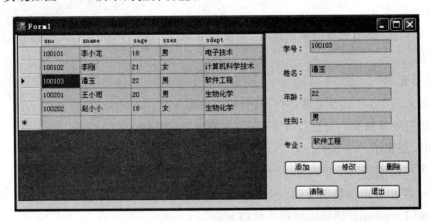

图 13-35　程序 SX10_3 运行效果示例

3. 知识点提示

本任务主要用到以下知识点。
(1) SQL 语句的插入、更新和删除命令。
(2) 使用 DataGridView 控件显示数据。
(3) DataGridView 控件绑定数据源。

4. 操作步骤提示

实现方式不限,在此以 Windows 应用程序为例简单提示一下操作步骤。
(1) 创建一个 C# Windows 应用程序,命名为 SX10_3。
(2) 在窗体中添加 DataGridView 控件及其他控件完成界面设计。
(3) 在 DataGridView 中显示学生信息表的内容,如题目 1。
(4) 编写各个按钮的 Click 事件代码。
(5) 参考题目 2 利用 SqlCommand 对象定义 SQL 语句(添加、更新和删除命令),并执行命令。
(6) 实例化 SqlDataAdapter 和 DataSet 对象,用于获取和接收数据。
(7) 将 DataSet 对象作为 DataGridView 控件的数据源并进行绑定。

(8) 运行程序，观察各个按钮的功能是否正确。

(本例所用的数据表为教材第 7 章 Stu 数据库中的 student 数据表。)

13.11 实训 11 异常处理

13.11.1 实训目的和要求

(1) 熟悉 C#语言的异常处理结构；

(2) 掌握异常处理的基本原则和技巧；

(3) 掌握几种常见的异常类型。

13.11.2 题目 1 处理运算溢出异常

1. 任务描述

进行两个 int 类型数据的乘法运算，乘积也用 int 类型保存，引发 OverflowException 类异常并捕获。

2. 任务要求

(1) 定义三个 int 类型变量，由控制台输入值。

(2) 使用异常捕捉语句进行异常捕捉，并输出异常信息。

3. 知识点提示

本任务主要用到以下知识点。

(1) int 类型表示的数据范围。

(2) 使用 try-catch 语句块捕捉异常信息。

4. 操作步骤提示

实现方式不限，在此以控制台应用程序为例简单提示一下操作步骤。

(1) 创建 C#控制台应用程序 SX11_1。

(2) 在 Main 方法中，定义三个 int 变量分别表示两个乘数和乘积。

(3) 将为两个表示乘数的变量赋值及进行乘法运算放到 try 语句块中，使用 catch 语句块捕获异常并输出异常信息。

(4) 运行程序，观察程序运行结果。运行效果示例如图 13-36 所示。

图 13-36 程序 SX11_1 运行效果示例

13.11.3 题目2 自定义异常及处理

1. 任务描述

编写一完成整数除法运算的方法,如果分母的值是 0,则通过 throw 语句抛出 DivideByZeroException 异常,该异常在 Main 方法中进行捕获并输出异常信息。

2. 任务要求

(1) 定义整数除法运算的方法。
(2) 抛出异常。
(3) 在 Main 方法中捕捉异常。

3. 知识点提示

本任务主要用到以下知识点。
(1) 使用 throw 语句抛出异常。
(2) try-catch-finally 语句块实现异常捕捉。
(3) 异常传播。

4. 操作步骤提示

实现方式不限,在此以控制台应用程序为例简单提示一下操作步骤。
(1) 创建 C#控制台应用程序 SX11_2。
(2) 在实现整数除法功能的方法中使用 throw 语句抛出 DivideByZeroException 异常。
(3) 在 Main 方法中使用 catch 语句块捕获异常,并输出异常信息。
(4) 运行程序,观察程序运行结果。运行效果示例如图 13-37 所示。

图 13-37 程序 SX11_2 运行效果示例

参 考 文 献

[1] 谭浩强. C程序设计(第四版). 北京:清华大学出版社,2010.
[2] 徐子珊. 算法设计、分析与实现:C、C++和Java. 北京:人民邮电出版社,2012.
[3] [美]Roger S. Pressman 著. 软件工程:实践者的研究方法(第7版). 郑人杰,马素霞译. 北京:机械工业出版社,2011.
[4] [美]Jeffrey Richter 著. CLR via C#(第4版). 周靖译. 北京:清华大学出版社,2015.
[5] Karli Watson,Christian Nagel etc.. Beginning Visual C# 2010. Indianapolis,Indiana:Wiley Publishing, Inc.,2010.
[6] Andrew Troelsen. Pro C# 2010 and the .NET 4 Platform (5th edition). Apress,2010.
[7] [美]Jay Hilyard,Stephen Teilhet 著. C#经典实例(第4版). 徐敬德译. 北京:人民邮电出版社,2016.
[8] 周家安. C#6.0学习笔记——从第一行C#代码到第一个项目设计. 北京:清华大学出版社,2016.
[9] 姜晓东. C# 4.0权威指南. 北京:机械工业出版社,2011.
[10] 张敬普,丁士锋. 精通C# 5.0与.NET 4.5高级编程——LINQ、WCF、WPF和WF. 北京:清华大学出版社,2014.
[11] 李春葆,等. C#语言与数据库技术基础教程. 北京:清华大学出版社,2016.
[12] 明日科技,郑齐心,等. ASP.NET项目开发案例全程实录(第2版). 北京:清华大学出版社,2011.
[13] [美]Christian Nagel,等著. C#高级编程(第9版)——C# 5.0 & .NET 4.5.1. 李铭译. 北京:清华大学出版社,2014.
[14] 张子阳. .NET之美:.NET关键技术深入解析. 北京:机械工业出版社,2014.
[15] [法]Fabrice Marguerie,[美]Steve Eichert,[美]Jim Wooley 著. LINQ实战. 陈黎夫译. 北京:人民邮电出版社,2009.
[16] 王小科,等. C#开发实战宝典. 北京:清华大学出版社,2010.
[17] 韩啸,王瑞敬,等. ASP.NET WEB开发学习实录. 北京:高等教育出版社,2011.
[18] 张正礼. C# 4.0程序设计与项目实战. 北京:清华大学出版社,2012.
[19] 曹党生,陈捷,陈怡帆. C#程序设计. 北京:清华大学出版社,2014.
[20] [美]Christian Nagel,Bill Evjen,Jay Glynn. C#高级编程(第7版). 李铭译. 北京:清华大学出版社,2010.
[21] http://www.csdn.net.
[22] http://msdn.microsoft.com/zh-cn/default.aspx.
[23] http://www.csharpwin.com.

图书资源支持

感谢您一直以来对清华版图书的支持和爱护。为了配合本书的使用,本书提供配套的素材,有需求的用户请到清华大学出版社主页(http://www.tup.com.cn)上查询和下载,也可以拨打电话或发送电子邮件咨询。

如果您在使用本书的过程中遇到了什么问题,或者有相关图书出版计划,也请您发邮件告诉我们,以便我们更好地为您服务。

我们的联系方式:

地　　址:北京海淀区双清路学研大厦 A 座 707

邮　　编:100084

电　　话:010-62770175-4604

资源下载:http://www.tup.com.cn

电子邮件:weijj@tup.tsinghua.edu.cn

QQ:883604(请写明您的单位和姓名)

扫一扫
资源下载、样书申请
新书推荐、技术交流

用微信扫一扫右边的二维码,即可关注清华大学出版社公众号"书圈"。